技术工程师的
24堂设计思维课

[美] 乔治·W. 安德森（George W. Anderson）◎著

张松 张凯峰 ◎译

TDESIGN THINKING FOR TECH

Solving Problems and Realizing Value in 24 Hours

U0336797

機械工业出版社
CHINA MACHINE PRESS

北京市版权局著作权合同登记　图字：01-2023-4936 号。

图书在版编目（CIP）数据

技术工程师的 24 堂设计思维课 /（美）乔治·W. 安德森（George W. Anderson）著；张松，张凯峰译 .

北京：机械工业出版社，2025. 2. -- ISBN 978-7-111 -77713-7

Ⅰ. TB21

中国国家版本馆 CIP 数据核字第 202523WD21 号

机械工业出版社（北京市百万庄大街 22 号　邮政编码 100037）
策划编辑：刘松林　　　　　　　　责任编辑：刘松林　章承林
责任校对：张雨霏　张慧敏　景　飞　责任印制：常天培
北京铭成印刷有限公司印刷
2025 年 4 月第 1 版第 1 次印刷
185mm × 205mm · 14.166 印张 · 440 千字
标准书号：ISBN 978-7-111-77713-7
定价：99.00 元

电话服务　　　　　　　　　　网络服务
客服电话：010-88361066　　　机　工　官　网：www.cmpbook.com
　　　　　010-88379833　　　机　工　官　博：weibo.com/cmp1952
　　　　　010-68326294　　　金　书　网：www.golden-book.com
封底无防伪标均为盗版　　机工教育服务网：www.cmpedu.com

"爱好技术的程序员只需要写好代码，时间越久，经验就越丰富，从而成长为架构师，进而设计出完美的软件架构。"时至今日，技术世界的变迁有目共睹，但程序员进阶之路似乎只此一条，至少大多数人都是这样的想法，原来的我也这么认为。

直到我加入一家叫作 Thoughtworks 的公司——一家以倡导敏捷方法著称的软件公司。这里的人每天做的、讨论的，让我对上述观点有了不同的认识。程序员不仅要使用那些如今已经耳熟能详的工程和管理实践方式，还得从整个周期的视角来看待软件构建这件事；不仅要写好代码，还要保障质量、上线维护，以及满足客户需求。毋庸置疑，这些是正确的做法。

技术的世界已经高深莫测，为什么要费这些功夫去了解技术之外的事情？从我 13 年的工作经验来看，人的生命和多数时间着实被浪费在错误的动机、错误的想法、错误的计划和错误的实现方面。软件构建这件事也不例外。以至于到后来我会一直提醒自己，今天写的代码和做的事情，很可能半年或一年后就被认为是无效的。

另外一点颇深的感受就是，我们多数人当下在做的只是一件更大、更久的事中的一个环节，对其全力以赴当然应该，但过度关注会失去整体的平衡，从而忽略前期的假设和后期的验证，让整件事打了折扣。越复杂的软件构建过程，越是这样。

对于这两点有期待甚至有执念的人来说，设计思维是一剂良药。

在 Thoughtworks 公司，设计思维是最早介入软件构建过程的实践，没有之一。简单而言，设计思维决定了软件的价值。

本书几乎囊括了设计思维与软件构建交织的每个角度。换句话说，它是一本可随时翻阅的"实践指南"，我相信它一定会给亟待开阔认知的程序员带来全新的视野。

我们在翻译本书的过程中，虽然借助了 AI 的能力，并进行了反复的人工校准，但仍然无法保证内容周全，如果你在阅读的时候遇到不切实之处，敬请原谅。诚心期望我们的翻译不会让你误解原著和作者的本意。

推荐序一

George Anderson 和我首次相遇是在 2011 年，那时我成为他在微软公司的同事。那是我在微软公司的第一份工作，而 George 只比我早工作几个月，但我们俩似乎属于完全不同的两个世界。我那时几乎觉得自己完全无法应对周围的要求和工作量，而 George 却总能冷静地把事情做好。他是怎么做到的呢？我只能说，他总是掌控着局面。

他很快就成为我的上司，这并不出人意料。随着我对他的了解的加深，我始终无法理解一个人怎么能做这么多事情。我们年龄相仿，但他不仅完成了 MBA 和博士学位，还定期在大学授课，并且写了十几本书。哦，对了，他还有妻子和三个孩子。真是令人羡慕！

当我克服了自卑感后，我意识到自己有幸能够向一个值得学习的人学习。我与 George 紧密合作，在某种程度上，我成了他的学徒。随着时间的推移，我们从友好的同事变成朋友。当他来访时，我们会相约共进晚餐。我从每一次的交流中都持续地学习。George 作为一个移情沉浸的大师，他的作品就像我们可以一起走的路线图。

本书为你提供了一条技术导航路线图。我的建议是阅读它、吸收它、学习技术、执行练习，并扩展你的职业和生活。

在 2020 年，我离开微软公司并创立了 BillionMinds 公司。我们的使命是通过改变行为来帮助人们适应艰难的工作环境。每天，我们都与人们合作，帮助他们发展新技能。从某种意义上说，我们变得更像 George。所以，相信我，这是可以做到的。改变不仅是可能发生的，而且通过学习本书中解释的技术和练习是可实现的。本书可用来帮助你掌握面前的不确定性和周围的模糊性。不要让本书成为你只读了一半就放在书架上的书。让 George 像他帮助我和许多人一样帮助你，你肯定会改变。

Paul Slater，BillionMinds 公司首席执行官兼联合创始人你是否曾经觉得自己缺乏创造力和想象力？你是否需要解决棘手的问题？你是否希望在项目的全程中始终发挥作用和贡献价值？如果你对这些问题中的任何一个回答"是"，那么设计思维实际上非常适合你。

设计思维的核心在于创造性地解决问题，通过试错来构建和测试原型；针对正确的问题，创造最佳的解决方案。它有助于提升整个团队的用户一致性理解。它的迭代特性也补充了技术领域的其他流行实践。设计思维已在商业、学术和非营利部门成功应用。

George 的这本书展示了如何运用设计思维来解决我们的公司、客户，甚至是我们自己的个人挑战和最棘手的问题。

George 在本书中给出的设计思维方法既有趣又实用。他并没有通过将每次会议都变成设计思维工作坊来解决现状。相反，他通过将设计思维过程融入我们现有的运营、沟通和任务的方式，照亮了通往能够真正取得进步的道路。这不是简单地增加一种新的思考和执行方式，而是巧妙地将技术和练习融入我们项目和计划的核心。设计思维成为另一个内在的成功推动工具，而不仅仅是在我们想要描绘愿景、原型化一个想法或进行回顾时才被应用。

所以，不要让设计思维仅限于设计师和用户体验专家！不要只是站在场边观望。技术社区的每一位成员，坦白地说，任何对更聪明地思考和行动感兴趣的人，都需要设计思维。加入这本书的学习中，学习设计思维如何从根本上改变你自己和专业领域！

Bruce Gay，PMP 和 Astrevo 公司创始人兼负责人

前　　言

为什么技术工程师需要设计思维？

让我们直接切入正题，探讨为什么设计思维对于技术工程师和技术项目管理者如此重要。

技术与数字化转型无论是体现在为期六周的技术评估项目中，还是涵盖整个全球业务转型，对于那些希望在未来五年内继续发展的组织来说都至关重要。技术不仅可改变组织进入市场的方式、运营方式以及更好地服务客户和社区的方式，更是改进和全面重新构想其当前的业务能力、引入新的 AI 功能、降低成本、增强全球竞争力等方面的关键要素。设计思维的技术和练习所支持的技术变革将帮助组织解决难题、取得进展并提供价值。让我们更深入地了解这些方面。

解决问题

设计思维是一个与众不同的"创造者"，可帮助我们解决那些悬而未决的问题。设计思维的出发点使我们的关注点从问题本身转向问题背后的人，从而以不同的视角去观察、学习和思考。我们有机会将问题人性化。这才是关键所在；以人为本而非以问题为本的视角可帮助我们实现所需的变革，以解决棘手的问题。设计思维赋予我们追求渐进式解决方案的能力，以取得进展。设计思维可帮助我们以新的方式出发——这些方式可能在短期内看似放慢了速度，但从长远来看却能带来更完整的解决方案。设计思维连接人和团队，改变我们的心态和能力，使我们能够从追求完美转变为实际上逐步解决我们面临的一些最棘手的问题和情况。

更多想法，更多进展

解决困难问题的一个重要的关键点在于我们能够提出多少想法；没有新思维的帮助，问题就无法解决，因此也就不能产生新的潜在或部分解决方案。这就是设计思维众多创意技术的用武之地。有了更多的思考方式，就有了更多的想法，并且有了尝试和失败，然后学习和构思——我们可以一遍又一遍地重复这个过程，足够快地达到"尝试和成功"的期望结果。

最早和最多产的设计思考者之一——托马斯·爱迪生，以及他的团队尝试了 1000 次来解决创造可持续和价格合理的电灯的照明问题。然而，他和他的团队理解了进步的秘密。进步是在尝试和失败、学习和构思的过程中找到的。迭代学习和构思使他们能够一次又一次地尝试。再加上伟大的毅力，设计思维得到了回报。

正如我们上面看到的，虽然速度在成功中扮演了核心角色，但矛盾的是，我们的失败也是如此。正是沿途迅速实现的小失败导致了学习、更深入的理解，并最终导致了更高的整体速度。通过这种方式，我们可以完成其他人未能成功完成的事情。

更快的价值创造

"为什么技术工程师需要设计思维？"这个问题最好的答案是，它不仅能够解决问题，还能够更快地创造价值。通过大幅提高价值实现速度，即使是渐进的价值，组织也能在几个方面受益。首先，设计思维可帮助我们驾驭各种情况和挑战，最终以比其他方法（如果有的话）更快的速度实现目标。其次，因为我们更快地实现目标，所以我们能更好地保留预算。我们可以更早地重新分配人员和资源，因为我们避免了许多陷阱，这些陷阱会让我们走上代价高昂的歧途、停滞不前和走向死胡同。

再次，通过更快地实现目标，企业还能更快地开始实现投入大量时间设计、开发和交付的解决方案的价值。

最后，更妙的是，设计思维还能帮助组织在前进的道路上实现价值，因为我们可以快速地向那些迫切需要它的人提供有价值的东西，使他们能够继续生存下去。在我们的团队与其他技术计划和项目交织在一起的时候，设计思维的技术和实践就会成为与众不同的因素，帮助其他团队以同样的方式取得进展并快速实现价值。

为什么写这本书？

项目管理协会的《职业脉搏报告 2021》显示，在 2020 年，大约 12% 的项目彻底失败，34%的项目遭遇了严重的问题，仅有 55% 的项目能够按时完成，而只有 62% 的项目在预算范围内完成。值得注意的是，与前一年相比，这些数据已经有所改善。

那些最复杂和模糊的项目和计划失败率更高。有数据显示，大约有 50%～70% 的数字化转型项目在某些方面未能成功，而在那些取得成功的项目中，大多数仍未能达到业务目标和预期成果。组织需要的不仅仅是重新开始的机会，更是新的策略和方法。那么，新的策略和方法是什么？什么能够为那些要解决这些问题的个人和团队带来改变？

本书中的设计思维指导、技术和练习，就是改变现状的关键。通过使用这些设计思维指导、技术和练习，可以解决以下领域的问题，不仅赋予组织希望，而且赋予组织重新焕发活力的能力：

- 理解当前的形势和问题，包括它们是如何演变成今天的局面的。

- 与组织中正确的人建立联系并有效沟通，以学习和适应。
- 建立和维护健康且有韧性的团队。
- 就解决棘手问题的增量方法达成一致。
- 制订"敏捷"计划来应对接下来的挑战，而不是试图一次性解决所有问题。
- 在必要的机构、董事会和委员会之间建立一个轻量级且定制化的治理和沟通框架，以有效协作。
- 融合利益相关者的全方位视角。
- 在内部和外部利益相关者中设定和管理现实的期望，包括持续获得高层的支持。
- 理解并确定正确的问题和优先事项，以便解决它们。
- 推动新的迭代思维、解决方案、原型设计、演示和测试，作为快速学习和调整方向的手段。
- 在组织的整体环境中平衡日常工作与技术项目的现实需求。
- 在不同团队中融合适当的业务、功能和技术技能。
- 建立更小、更紧密的特性团队，其中较少的人承担更多角色，以获得更广泛的理解和联系。
- 尽早识别盲点，避免"不知道自己不知道"的困境。
- 对我们所理解的工作周围的依赖性采取更广泛的观点，认识到新系统都不是独立运作的。
- 当不可避免的问题、挑战和失误出现时，改进和调整沟通策略。
- 思考如何实施变革、如何有效培训用户、如何管理采用，以及如何让我们的工作造福他人。

当我们最初讨论本书时，我们一致认为分享多年领导和交付技术项目与复杂业务转型的经验教训非常重要。因此，本书包含了来自现实世界的经验教训、实际案例和常见的错误，以供读者参考。我们将帮助读者在不确定性和模糊性中采用新的思考和工作方式。我们将指导读者在何处以及如何超越常规实践，以支持不同的技术和练习。我们将帮助读者汇聚人才和团队，形成共识和打造文化，展示其他人已实践的案例，以便读者可以更快地效仿并获得更大的好处。

最后，我们将向读者展示如何通过将设计思维技术和练习作为战略推动工具来获得竞争优势。

我们还希望提供一种机制，将我们每堂设计思维课的内容以一种真正整合的方式应用起来。为此，每堂设计思维课都以一个虚构的案例研究结束，并附有问题和答案。这些问题并不难，目的是以一种使学习产生"黏性"和难忘的方式巩固内容。

"为什么写这本书？"的最终答案简单来说是：我们的经验是真实的，源自全球项目和复杂技术项目在多个行业的综合提炼。现在正是利用设计思维解决棘手问题和完成艰巨任务的最佳时机。

本书结构

本书分为五篇，根据在第 1 课中概述的、在第 2 课及全书中详细阐述的面向技术工程师的设计思维模型的各个阶段进行组织：

- 第一篇"设计思维基础"，为全书打下基础，包含第 1～5 课。在本篇中，我们介绍了设计思维，阐述了其概念、操作方式、适用时机、目的和适用对象。接着，我们介绍了一个简洁的四阶段设计思维模型，并展示了该模型如何同时适用于个人和团队。第一篇以如何策划和开展设计思维工作坊作为结尾。凭借这一基础，我们可以开始逐步了解接下来四篇介绍的各个阶段。
- 第二篇"全面理解"，首先专注于我们可以使用的各种技术和练习，以把握整体情况或概览现状。接着，我们将注意力转向与正确的人群建立联系、进行观察和移情。这样，我们就能识别出需要关注的正确问题，并专注于那些有助于理解这些问题的技术和练习。
- 第三篇"求异思维"，探讨了将我们头脑中的想法具象化的必要性和方法，作为更深入、与他人共同探索这些想法的方式。在本篇中，我们探讨了发散性思维技术、提升创造力的练习，以及其他帮助我们减少和处理不确定性的练习。本篇以解决问题的练习作为结尾，这些练习可帮助我们在问题与潜在解决方案的不完美起点之间架设桥梁。
- 第四篇"交付价值"，介绍了帮助我们发现和确定向创造价值迈出最佳下一步的设计思维技术和练习。当我们独立或通过小组和团队合作进行解决方案设计时，我们会学习如何释放出原本困于我们的问题和情境中的价值。本篇以从小处着手的技术作为结尾，帮助我们快速行动并交付，为持续改进和扩展做准备。
- 第五篇"迭代推动进展"，讨论了基于测试反馈进行测试和迭代，以更可重复地学习和执行。本篇涵盖了深化我们对全局、相关人员和根本问题理解的迭代技术，以帮助我们改进解决方案。在削减不确定性以取得进展方面，本篇探讨了扩展解决方案和部署及支持这些解决方案的方法的技术和练习。本篇的最后两课以改进思考和管理变革以及在实施解决方案时快速运作的方式作为结尾。

正如我们将在后续的内容中探索的设计思维模型一样，每一篇都逐步引导我们经历模型的各个阶段。每一篇也提醒我们要回顾并学习，以便可以持续优化我们的工作。正是通过设计思维过程的这种递归特性，以及与过程每个阶段相关的技术和练习，我们才可以共同解决所面临的棘手问题，同时最终提供可衡量的价值和其他益处。

本书受众

如果你在技术领域领导、管理、执行、协助他人或支持复杂的技术项目和业务驱动的数字化转型，那么你会发现本书非常有用。以下是本书的受众：

- 产品负责人和产品经理。
- Scrum 专家和敏捷流程负责人。
- 工作流和特性团队负责人。
- 项目经理或项目交付负责人。
- 企业架构师、云解决方案架构师以及各类解决方案和技术架构师。
- 商业、技术和功能顾问与分析师。
- DevOps 负责人和 Web 及应用开发者。
- 用户体验和用户界面专家。
- 各类系统和解决方案测试人员。
- 系统最终用户，尤其是那些负责帮助构思、设计、评估和测试新技术解决方案的用户。
- 网络基础设施专家。
- 安全专家和隐私专家。
- 数据工程师和数据库管理员。
- 技术集成专家。
- 云自动化和部署工程师。
- 云运营工程师和其他运营专家。
- 仪表板和报告专家。
- 帮助台和呼叫中心工作人员。
- 技术高管、CIO、CTO、CDO 和其他 IT 领导者。
- 高管、赞助商和其他转型领导者。
- 业务经理和分析师。
- IT 风险管理专家。
- 创新和设计专家。
- 变革管理和新系统采纳专家。
- 培训专家和其他教育工作者。
- 设计思维的学习者，包括任何有兴趣学习如何应用设计思维过程以及众多有助于解决问题和创造价值的技术和练习的人。

考虑到受众的多样性，重要的是要在材料的广度和深度之间取得平衡，这带来了一个重要成果：每堂设计思维课都为每位读者提供了价值，无论是对于初学者还是对于经验丰富的设计思维实践者。

再次感谢你选择本书作为你的藏书！

作者简介

George W. Anderson 是微软公司的项目经理，同时也在多所大学担任兼职教授和客座讲师。他拥有斯坦福大学的创新与企业家精神以及创新领导力资质认证、PMI 的复杂问题解决和 Prosci 的变革实践者资格证书，并拥有专注于人力资源管理方向的 MBA 学位，以及应用管理与决策科学专业的博士学位。

作为项目经理，George 负责组建和带领全球技术团队，协助各类组织实现自我转型。他的团队由架构师和顾问组成，他们提供设计和开发业务驱动型技术解决方案所需的技术与业务服务；而 George 本人及其项目管理者团队则提供必要的领导力、治理结构和沟通策略，确保这些解决方案得以顺利交付。

在这一过程中，George 的团队致力于解决那些能够带来深远变革和有形价值的问题。他深刻理解以创新方式思考和行动的重要性，并经常分享他的洞见和经验。George 曾在微软公司内部共同领导全球设计思维社区，并将设计思维的技术和练习整合到微软公司的治理方法和项目交付流程中。

自 2002 年起，George 还组建了作者团队，撰写并出版了多本关于技术规划和实施的畅销书籍，包括 *Teach Yourself SAP in 24 Hours*（2015 年出版）和 *SAP Implementation Unleashed*（2009 年出版）。最近，他通过 *Stuck Happens: 95 Simple Life Hacks for Thinking and Thriving*（2021 年出版）分享了如何将设计思维应用于我们的工作和生活。George 和他的团队在 *Design Thinking for Program and Project Management*（2019 年出版）中，围绕 PMI 的过程组分享了指导原则和技术。

本书融入 George 对人、高科技软件开发、基于平台的商业解决方案和设计思维的热爱。它实现了技术与 130 多种设计思维技术和练习在现实世界的融合，这些技术和练习在学习、移情和解决棘手问题时非常有用，同时在此过程中可提供早期和可重复的价值。你可以通过电子邮件 George.Anderson@Microsoft.com 与 George 取得联系。

目 录

第一篇
设计思维基础

第 1 课

设计思维解析

你将学到：

- 放慢思考以快速交付
- 取得进展的过程：流行的设计思维模型
- 面向技术工程师的设计思维模型
- 完美与时间的较量
- 核心内容：技术与练习
- 实施策略：设计思维循环推动进展
- 应用时机：面对模糊性、复杂性与不确定性
- 目的：更佳实践与更快成效
- 参与者：按技术角色实践设计思维
- 真实的技术案例
- 应避免的陷阱：从困难经历中学到的教训
- 总结与案例分析

正如我们将看到的，设计思维既是一种流程，也是一套技术和练习，有助于我们比传统方式更快地思考和解决问题。第一篇设计思维基础从本课开始，围绕设计思维循环和面向技术工程师的设计思维模型（第 1 ～ 5 课）进行整合和统一。

在本课，我们通过阐述流行的设计思维模型的流程、基本原则和结构，为设计思维打下基础。通过讨论设计思维的核心内容、实施策略、应用时机、目的和参与者，我们提供了更深入的背景信息。我们还探讨了快速行动与深思熟虑之间的内在张力，并简要介绍了将在每课分享的现实世界中的教训（"应避免的陷阱"）。

1.1 放慢思考以快速交付

设计思维是指放慢步伐，投入时间去深刻理解、思考并不断迭代解决棘手问题的方案，以此作为提供价值的手段。在面临高度复杂性、模糊性和不确定性的情况下，设计思维帮助我们以前所未有的速度实现价值交付。设计思维可被比作《伊索寓言》中的龟兔赛跑。设计思维的过程、技术和练习是缓慢而稳健的乌龟，而传统的解决问题和产出结果的方法则是迅速却可能急躁的兔子。

当比赛的路线清晰、终点一目了然时，兔子几乎总能胜过乌龟。标准做法和经过验证的方法论能够持续且可预测地带我们走向终点。在简单问题的领域里，兔子如鱼得水。

然而，当局势变得不明朗、问题变得极其复杂、终点被不确定性笼罩时，兔子的速度就不再有优势。更糟糕的是，兔子可能会带我们走向既昂贵又耗时的死胡同。在这种情况下，乌龟的做法更合时宜……并非是因为它比兔子慢，而是因为它更具智慧。设计思维鼓励我们去深入理解和学习，以便我们能识别正确的问题，思考最佳的下一步行动，并选择更明智的道路。设计思维为我们提供了一套技术和练习，帮助我们以一种能够为进展铺平道路的方式进行思考和执行。

事实是：乌龟最终会越过终点线，而兔子可能还在迷失方向、四处乱跑、反复折回，耗费大量时间却鲜有成效。因此，以寓言来结尾，乌龟在处理最棘手的问题和最复杂的情况时，确实能提供更佳的时间到价值的交付。放慢脚步进行设计思维的工作，将使我们到达终点。

1.2 取得进展的过程：流行的设计思维模型

设计思维是一种组织如何取得进展、如何完成艰巨任务，以及如何相对快速地提供真正价值的过程。虽然这个过程看似按步骤进行，但设计思维实际上是非线性的：它包括重新学习、反复修正和重新开始。有趣的是，帮助我们取得进展或应对模糊性和复杂性的并不是设计思维过程本身。相反，我们是通过对设计思维技术和练习的运用来取得进展的。

设计思维的技术和练习在我们遇到障碍时帮助我们取得进展。更重要的是，设计思维帮助我们避免一开始就陷入僵局。我们主动运用设计思维——去理解、去移情、去思考——这样我们就不会因为技术项目停滞或业务转型偏离轨道而束手无策。

然而，设计思维的过程本身也有其价值。设计思维过程模型帮助我们系统化地运用设计思维的技术和练习；在过程的不同阶段，需要运用不同的技术。此外，这个过程帮助我们理解可能的前因后果，进而可能帮助我们更好地完成当前的工作。例如，在深入思考和构思之前，我们可能需要先对情境和涉及的人移情，然后定义与该情境相关的问题。这并不意味着我们不会回头探索情境的其他方面、涉及的人和问题。我们很可能会这么做。但是，一个好的设计思维过程模型的

分步骤特性有助于我们先从左到右工作，然后再进行回环和迭代。图 1.1 展示了一些最受欢迎的
设计思维过程模型，你可以看到它们之间的相似之处。

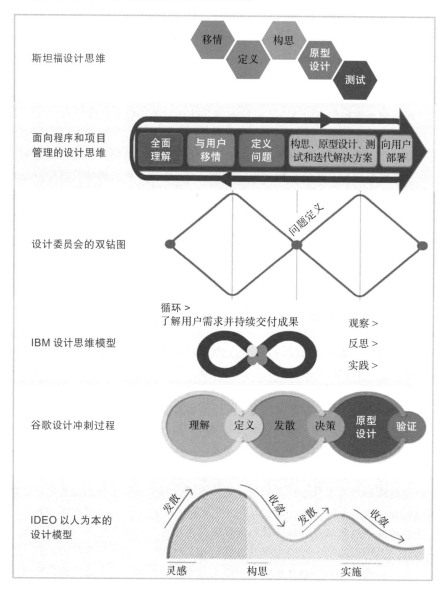

图 1.1　流行的设计思维过程模型

你也可能注意到它们之间的差异。不同的设计思维模型反映了模型创造者认为重要的不同方面。有些重视思考，有些重视与人的联系，还有些重视迭代测试和完善的必要性。虽然这些都是很好的通用模型，但对于技术专业人士来说，仍然需要一个更简化的模型。

1.3　面向技术工程师的设计思维模型

为了我们的目标，我们需要一个与技术项目紧密结合的设计思维模型，它在逻辑上与设计思维保持一致。最关键的是，我们的模型需要在整个过程中考虑迭代交付价值的重要性；我们不能仅仅以原型和无休止的迭代作为工作的终点。正是这种对价值的重视使我们的模型与众不同。最后，我们需要一个能够让我们循环回起点，以改进理解、引入新的思考方式、交付价值等的模型，如图 1.2 所示。

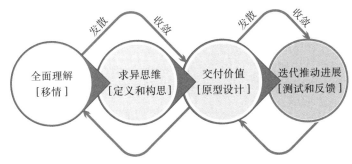

图 1.2　我们的面向技术工程师的设计思维模型

请注意，我们将在第 2 课中详细探讨这个模型。然而，在此之前，我们需要通过考虑解决难题的两大障碍——追求完美和时间限制来为这个模型打下基础。

1.4　完美与时间的较量

有句老话说，完美是优秀的敌人，但完美同样是速度、敏捷性以及实际完成任何困难或模糊任务的敌人。因此，我们必须在追求完美计划的冲动与完美实际上会拖慢我们步伐的现实之间找到平衡。

考虑引入新事物时递减收益的影响。新事物意味着变化，而变化往往伴随着痛苦。但变化——以及随之而来的痛苦——实际上是通向成功的必由之路；这是无法回避的。关键在于要开始行动。

然而，大多数成功案例真正有趣的地方在于，它们很少是完美执行的典范。人们的变革之路上会存在错误的开始、考虑不周的计划、糟糕的想法和重新开始。但在这些情况下，人们尝试、失败，然后快速学习以调整方向。他们第一次并没有把所有事情都做得完全正确，但他们足够快速地找到了正确的方向，为成功奠定了基础。

如果他们只关注完美，那么这些成功的故事可能仍然停留在进行中，或者早已被遗忘和搁置。

那么，如果完美和时间是我们真正的敌人，我们该如何快速地完成工作，以超越竞争对手呢？通过借鉴一系列经过验证的设计思维技术和练习，并以此改变我们的执行方式，解决难题并尽快提供价值。

1.5 核心内容：技术与练习

尽管我们了解到设计思维是一个递归过程，它必须在途中产生某种价值，但设计思维是通过我们采纳的具体技术和实践的练习来实现的。设计思维的技术和练习是实际应用的关键，而且确实存在成百上千种这样的技术和练习。

- **技术**，也称为设计思维方法或原则，是学习、思考或执行的方法，不需要大量的前期工作或步骤即可完成。例如，"三原则"技术提醒我们，通常需要至少三次构建和测试某物的迭代才能得到一个可用的产品。这是一个简单的公理。大多数技术都符合这样的公理或原则，因此相当直观。无声设计（Silent Design）、思维疏通（Snaking the Drain）、边构建边思考（Building to Think）、使想法可见和可视化（Making Ideas Visible and Visual）等，这些都是可以快速理解和应用的设计思维技术的例子。
- **练习**，有时被称为设计思维游戏，由一系列步骤和活动组成。练习超越了你对情况的常规思考方式，并通过一系列按顺序执行的活动来获得某种理解或产出。有些很简单，只需要几个步骤。其他的，如船与锚（Boats and Anchors）练习，包括前期工作和十几个步骤，可帮助我们识别影响时间表的因素，这些因素反过来可以用来管理和降低时间表的风险。逆向头脑风暴（Reverse Brainstorming）、穿越沼泽（Running the Swamp）、预先失败分析（Premortem Exercise）、网状网络（Mesh Networking）、SCAMPER头脑风暴（SCAMPER for Brainstorming）、模式匹配（Pattern Matching）等，这些都是设计思维练习的例子，它们引导我们经历一系列步骤以得出一个产出或结果。
- **配方**，有时被称为剧本，是技术和练习的结合，共同帮助我们完成设计思维过程中的特定阶段或该过程的一部分。

正如我们在图 1.3 中看到的，我们的设计思维模型中的每个阶段都反映了无数的技术和练习。有很多不同的技术和练习，但只有少数被展示并映射到我们的设计思维过程模型的每个阶段。

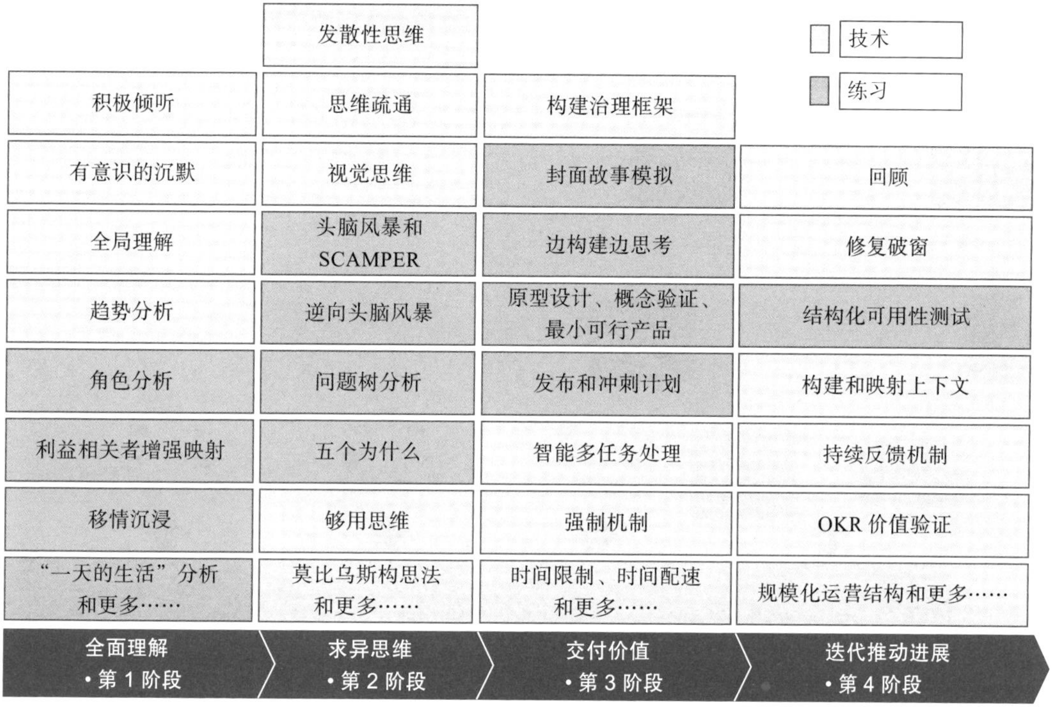

发散性思维		技术
		练习

全面理解 · 第1阶段	求异思维 · 第2阶段	交付价值 · 第3阶段	迭代推动进展 · 第4阶段
积极倾听	思维疏通	构建治理框架	
有意识的沉默	视觉思维	封面故事模拟	回顾
全局理解	头脑风暴和SCAMPER	边构建边思考	修复破窗
趋势分析	逆向头脑风暴	原型设计、概念验证、最小可行产品	结构化可用性测试
角色分析	问题树分析	发布和冲刺计划	构建和映射上下文
利益相关者增强映射	五个为什么	智能多任务处理	持续反馈机制
移情沉浸	够用思维	强制机制	OKR 价值验证
"一天的生活"分析和更多……	莫比乌斯构思法和更多……	时间限制、时间配速和更多……	规模化运营结构和更多……

图 1.3　将技术和练习映射到我们的设计思维模型中

1.6　实施策略：设计思维循环推动进展

在我们确定可能采用的具体设计思维技术或练习之前，我们需要考虑哪些技术能推动进展，哪些能增加清晰度，以及哪些能促成我们寻求的结果。我们需要组织自己，并合理地整合技术和练习，以创建一个能取得进展的方案。

考虑如何使用图 1.4 所示的设计思维循环推动进展，来组织我们的需求并结合必要的技术或练习，以帮助我们完成设计思维模型中的四个阶段的工作。

设计思维循环是递归且循环的。它之所以循环，是因为我们几乎总是需要多次运行循环，以实现与我们的设计思维模型中特定阶段（或阶段的一部分）相关联的结果。该循环帮助我们为设计思维模型中特定阶段创建所需的方案，就像我们使用食谱烘焙蛋糕一样。我们选择的设计思维技术和练习是食谱中的"配料"。而且，就像一个好的面包师所做的那样，我们可能需要通过增加额外的配料或把一种配料替换为另一种与其稍微不同的配料来调整方案。我们甚至可能需要请教一位面包师同事，或联系一位专业面包师，帮助我们思考或考虑新的或不熟悉的技术和练习。

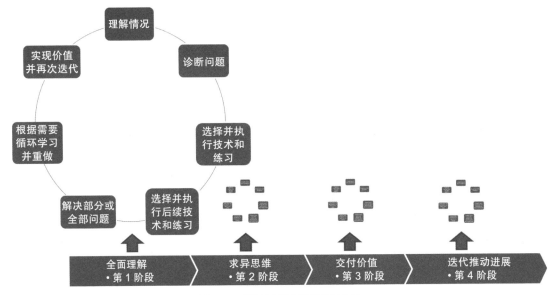

图 1.4　设计思维循环推动进展

　　以这些方式，设计思维循环代表了我们如何在设计思维旅程的每个阶段取得进展。它是我们用来思考、组织和运行技术和练习方案的工具，这些技术和练习对于理解情况、解决问题和创造价值来说是必要的。

1.7　应用时机：面对模糊性、复杂性与不确定性

　　传统的软件开发和项目管理技术有时无法提供我们创造性解决问题所需的许可或灵活性。这些传统方法可能无法帮助我们穿越模糊地带，找出正确的行动路径，确定应解决的正确问题，或赋予我们尝试、失败，然后再尝试的自由。

　　这些常规技术通常指定特定的任务和流程，设置严格的检查点和质量控制点，并强制执行其他类似做法。必须明确的是，当问题明确、解决方案显而易见，且仅需要规划和交付解决方案时，这些做法是非常出色的。

　　然而，如果我们希望克服那些充满复杂性的模糊情境的挑战和众多可能的下一步，我们需要更好的——一种更明智的方法。在这些情况下，设计思维为我们提供了技术、练习、自由和灵活性，

以便我们在学习的过程中应对未知情况，迭代我们的学习成果，并以节省时间的方式交付价值。

关键在于，时间是最宝贵的商品。完成大规模独特项目需要时间，而随着模糊性、复杂性和不确定性的增加，我们对时间的需求也随之增加……同样，我们也需要能够促进更深入理解、更强构思、更深刻洞察和更清晰前进方向的技术和练习，以便我们能够节省时间。看来我们面临一个从时间到价值的危机，而设计思维是我们的"超级英雄"。

正如我们多年来所说，那些领导、装备、管理和指导我们的技术团队和最艰难的技术项目的人需要像他们的团队一样进行迭代运转。这是一项集体练习，每个人都依赖设计思维通过实践和快速失败来快速思考和学习。复杂问题解决和价值创造要求我们的问题解决者以及领导我们解决问题的人，都具备能够推动进展的技术和练习。

因此，如果时间是我们的主要敌人，则设计思维是我们的应对之道。以人为本或以用户为中心的运作方式为整个团队和所有相关人士——从赞助商和利益相关者到产品经理、业务领导、架构师、功能团队领导、开发人员和用户——提供了不同的思考方式、快速交付的许可、协调和指导。设计思维提供了解决复杂问题所需的工具和技术。它促进了对环境的广泛理解、对与环境相关人群的共情、定义需求和问题、原型设计和测试潜在解决方案，从这些潜在和部分解决方案中快速学习和迭代，以及交付和部署解决问题和创造价值的解决方案。

1.8 目的：更佳实践与更快成效

解决困难和独特问题始终是一项艰巨的任务。交付复杂的技术解决方案和大规模业务转型同样如此困难。为什么？因为它们的环境和情境充满模糊性和变动性，使得问题难以确切定义。潜在的下一步行动和解决方案因此也不明确，且通常是不完整的。

1973 年，Rittel 和 Webber 将这些最为棘手的挑战描述为"顽固问题"。这类问题之所以被称为"顽固"，是因为它们似乎非常难以解决。鉴于它们的复杂性和挑战，解决顽固问题不仅需要改变人们的思维方式，还需要改变他们的学习和操作方式。套用爱因斯坦的话来说，我们不能用创造这些问题的相同思维模式来解决它们。

采用设计思维视角来处理情境和问题在这些情况下是有益的。为什么？因为设计思维将人及其需求置于情境和问题的中心，无论它们多么复杂或模糊。通过这种方式，我们可掌握如前所述的处理模糊性、复杂性等问题的方法，这些方法体现在接下来将介绍的最佳实践、常规实践和设计思维实践中。

1.8.1 最佳实践

在生活的众多领域中，我们常常寻求采用"最佳实践"来快速交付、降低成本或减少风险。

这些最佳实践被看作行业内"最佳方式"的典范，因此受到了极大的关注。然而，所谓的"最佳"往往只在某个阶段有效，随后它们就会过时。我们真正需要的是一个更为持久的实践方式——一种比"最佳"更具持久价值的方式。

1.8.2　常规实践

有时，这种更持久的实践方式可以在我们面对问题或情境时的"常规"做法中找到。尽管今天可能存在解决特定挑战的最佳实践，但肯定也存在多种常规方式。这些方式虽非最佳，但它们比大多数方式都要好。常规实践在理想与可接受之间找到了一种成本效益更高的平衡。

明确地说，常规实践并不像最佳实践那样高效。那些选择常规实践而非最佳实践的人，其典型的权衡在于为了降低成本而牺牲某些能力、品质或时间；常规实践的成本通常远低于最佳实践。

我们常说，常规实践属于"够用就好"（Good Enough）（这本身就是我们将在后面介绍的一种设计思维技术），它以较低的成本提供与最佳实践相似的功能或质量。我们还可能发现，与最佳实践相比，常规实践可以更快地实施，但同样需要在功能、质量、安全性等方面做出权衡。

选择常规实践而非最佳实践的关键在于理解我们愿意接受风险的程度。常规实践关注的是收益递减。例如，如果我们能够在95%的水平上以一半的成本实现某事，而95%对我们的用户来说是可以接受的，那么我们就有很好的理由采用成本较低的常规实践，而不是更昂贵的"更好"的最佳实践。

1.8.3　设计思维实践：超越最佳实践和常规实践

除了最佳实践和常规实践之外，还有第三类实践，被我们称为设计思维实践。它将人置于问题或情境的中心。更具体地说，设计思维实践被用来揭示未来的最佳实践（至少在一个阶段内）。

设计思维实践如何发展成最佳实践和常规实践呢？我们不是简单地实施一个标准的最佳实践或一个容易解决的常规实践，而是需要与受问题或情境影响的人合作。这样做的目的是理解全局，对那些生活在全局中的人移情，定义全局中的问题，然后迭代原型和测试解决方案。

通过这种方式，我们将发现一组新的针对特定情境的最佳实践和常规实践，至少在这些实践过时之前是这样的，届时我们将需要新一轮的设计思维，如图1.5所示。

图 1.5　从设计思维实践到最佳实践和常规实践的演变

1.9 参与者：按技术角色实施设计思维

显而易见，设计思维适用于所有技术专业人士，无论他们的工作角色是什么，从领域专家到各类架构师和工作流负责人，再到产品所有者、经理、流程专家、管理者、决策者以及众多支持性角色，设计思维是将技术团队凝聚在一起的纽带（见图 1.6）。

图 1.6 通过设计思维凝聚技术团队

⊙ 注释

什么是用户画像？

用户画像是具有相似兴趣和需求的人群的集合体。利用这一技术，我们可以创造虚构角色（如"财务用户""销售用户""高管利益相关者"等），以代表有共同的需求，会以类似的方式使用解决方案或交付物的特定工具或功能的用户群体的类型或子集。

1.10 真实的技术案例

在本书的每堂设计思维课中，我们将通过逐步介绍真实的设计思维案例来深入理解。同时，我们将在本书中穿插的 BigBank 案例研究中应用这些现实世界的技术和练习。这样，设计思维对每位读者来说都将变得真实且与他们息息相关，无论他们的经验或背景如何。

我们不仅提供单一的技术或练习，还将涵盖那些可能更易于执行或有助于从不同角度探索问题或情境的替代方案。我们也会探讨那些困难经历和从中学到的教训，接下来将介绍这些内容。

1.11　应避免的陷阱：从困难经历中学到的教训

正如我们在每堂设计思维课中都包含了如何将设计思维技术或练习应用于各种技术项目和计划的现实世界案例那样，我们也在每堂设计思维课中包含了通过困难经历学到的教训：那些艰难获得的现实世界案例。每堂设计思维课中的“应避免的陷阱”部分都是重要组成部分，我们将看到设计思维的错误应用或被忽视是如何分散注意力、引起混乱或让那些最需要清晰度和进步的人失望的。

1.12　总结

在第 1 课中，我们为设计思维的思考奠定了基础，包括它的定义、应用方式、使用时机、合理性以及参与者和受益者。设计思维本身是一个过程，但其真正的价值在于应用设计思维技术和进行设计思维练习。正是通过这些技术和练习，我们得以解决问题并创造价值。

我们将设计思维定位为解决棘手问题和最困难情境的答案。复杂性和模糊性导致不确定性，这反过来又增加了解决这些问题和情境所需的时间，因为设计思维将人置于问题和情境的中心，它为我们提供了一个当传统技术和练习无法满足需求时取得进展的视角。我们在这堂课的最后介绍了“应避免的陷阱”，反映了在第 2 ~ 24 课中总结的教训。

1.13　工作坊

1.13.1　案例分析

应用我们所学到的，每堂设计思维课的最后都有一个专注于虚构公司 BigBank 及其数字化转型的案例研究。考虑以下情境和问题。你可以在附录 A “案例分析测验答案”中找到与此案例相关的问题的答案。

情境

这个案例研究贯穿整整 24 堂设计思维课，在第 1 课设定背景非常重要。BigBank 是一家拥有百年历史的商业银行，随着客户需求的不断变化，它正努力维持其市场地位。作为一家全球性的金融机构，BigBank 在过去几十年通过合并与收购不断扩张，其技术基础设施和标准仍然带有过去的烙印，包括高额的技术债务和连年上升的成本。

执行委员会（EC）已经聘请你来协助银行分散的 IT 团队和不同的业务领导团队。你的主要支持者，即 BigBank 的首席数字官 Satish，要求你在深入研究的同时，保留 BigBank 围绕客户需求进行转型的宏观愿景。最重要的是，Satish 希望你牢记他经常向团队强调的一点，即"数字化的组织更具韧性……我们需要这种韧性来再维持一百年的发展"。

BigBank 按多个商业领域进行组织，并在三大洲的 30 个国家设有业务。Satish 支持了一个全球性的广泛业务转型计划，名为 OneBank，该计划包含十几个项目和战略计划（你将在后面了解到更多关于这些项目和计划的信息）。

执行委员会尤其是 Satish 都寄希望于你，协助你帮助 BigBank 重新构想其未来，将商业和技术团队的人员聚集在一起，并与 OneBank 的交付团队合作，重新塑造他们交付新商业能力和成果的方式。目标是逐步快速地提供价值。

为了给执行委员会提供参考，Satish 要求你主持一个问答环节，回答执行委员会关于你的初步思考和可能采取的方法的几个问题。

1.13.2　测验

1）放慢思考速度以加快交付速度，这是什么意思？

2）设计思维技术与设计思维练习，它们之间有何不同？

3）在取得进展的过程中，面对最困难、最模糊、最复杂的问题，我们的主要障碍是什么？

4）常规实践、最佳实践和设计思维实践之间似乎存在一个自然的顺序，这个顺序应该是怎样的？

面向技术工程师的设计思维模型

你将学到:

- 以人为本的思维
- 设计思维四阶段
- 第一阶段:全面理解
- 第二阶段:求异思维
- 第三阶段:交付价值
- 第四阶段:迭代推动进展
- 应避免的陷阱:单向思维
- 总结与案例分析

在了解了设计思维的基础知识后,第 2 课将介绍一个有助于组织设计思维过程的简单模型。然后,我们将详细探讨该模型的四个阶段:全面理解、求异思维、交付价值和迭代推动进展。一个与设计思维的递归特性有关的常见"应避免的陷阱"场景,即单向思维,将为我们第 2 课画上句号。

2.1 以人为本的思维

传统的问题解决方法侧重于识别问题、理解问题的症状或表现形式、制定解决方案,并选择最佳方案。设计思维则采用了不同的路径,将受问题影响的人置于问题或情境的中心。这种解决问题的方法通常称为"以人为本的设计思维"(Human-Centered Design Thinking)。

将人置于问题或情境的中心似乎是理所当然的,但实际上这种做法并不像我们想象的那样普遍。我们经常将一个主题、项目或需求置于中心,然后围绕这个主题、项目或需求进行构建。

例如，我们不是关注"需要清洁空气的人"，而是创建了"空气质量项目"。在这个过程中，我们可能会忽略那些需要清洁空气的人，以及这对他们及其处境的重要性。

多年来，"以人为本的设计思维"已经发展出多种形式，但通常围绕以下几个方面进行组织：

- 理解并移情面临特定问题的人。
- 定义问题。
- 思考这个问题。
- 为这个问题进行原型设计和测试潜在的解决方案。
- 在整个过程中寻求逐步反馈，以便更好地理解、移情、定义问题、思考、原型设计、测试，并改进解决方案。

正如我们之前讨论的，这个过程起初看起来是分步或线性的。但最终，它变成了一个非线性的循环过程，我们不断回到对问题的理解上，重新定义问题，深入思考，更新原型和正在进行的工作，并持续进行测试、迭代和更新。

2.2　设计思维四阶段

我们在第 1 课中简要介绍了面向技术工程师的设计思维模型由四个阶段组成，每个阶段都通过递归的方式重新连接到所有先前的阶段，如图 2.1 所示。这种模型支持我们持续思考、持续学习和持续改进，并使我们能够解决第 1 课中提到的复杂和独特棘手的问题。

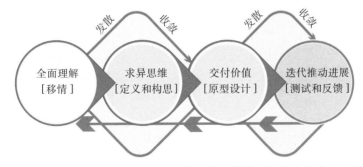

图 2.1　请注意我们面向技术工程师的设计思维模型的分步但递归的特性

在耐心可能不足而对解决方案的期望持续上升的情况下，我们如何利用面向技术工程师的设计思维模型来解决难题？利用我们的模型：

- 管理期望。如前所述，解决复杂问题不是指一蹴而就地找到完美解决方案，而是指通过逐步学习并利用这些学习来逐步改进不完美的解决方案。如果领导者和用户都坚持要求完美，那么可能永远也无法交付任何成果。

- 全面理解。从宏观角度来看，如果团队无法描述构成问题背景的环境，他们可能会完全误解问题，从而解决错误的问题。
- 深入移情。如果团队不深入理解将要使用解决方案的人的需求，包括他们将如何使用这个解决方案，那么解决方案可能根本不解决问题。
- 最大化创意。团队的设计必须在思想、背景、教育、经验等方面具有多样性。同质化的团队在思考上受限，因此在创意和创新能力上也受限。
- 应对模糊性。真正理解要解决的问题需要时间并愿意探索我们周围和前方的未知领域。我们的团队需要习惯在"不断尝试和学习"的过程中来面对我们通常无法控制的事物，以获得更深入的理解和清晰度。
- 澄清不确定性。同样，我们必须帮助团队在澄清和克服不确定性的旅程中找到"最佳的下一步"。复杂问题的定义和解决方案需要通过迭代的创意、原型设计和测试来学习和澄清。
- 边构建边思考。复杂问题不能仅靠"思考和规划"来解决。相反，团队也需要得到许可和指导，去构建、尝试和实践，以便更深入地理解和学习。

通过这些方式，我们可以发展出团队在寻找解决方案的过程中所需的执行和治理技术。让我们更深入地了解这些是如何在我们的设计思维模型的四个阶段中发挥协同作用的。

2.2.1 第一阶段：全面理解

面向技术工程师的设计思维模型的第一阶段专注于通过倾听、理解和学习来提高清晰度，我们与正确的人联系并确定要追寻的正确的问题。正如我们在图 2.2 中看到的，我们需要在几个不同的层次或层面上全面理解。

图 2.2　全面理解从一般到具体，包括与每种情境相关的各种人和问题

- 情境。这包括市场条件、行业或生态系统格局及其挑战、竞争对手现状和合作伙伴期望、

政府或监管考虑因素，以及组织和业务单位文化和规范。

- 情境中的人。这包括那些正在经历某种情境及其痛点的人，以及与每个层面的情境相关的所有问题——那些我们需要移情并理解的生活在情境及其问题中心的用户。
- 与情境相关的问题。这包括特定的商业挑战和潜在的技术限制和痛点，目标是确定需要解决的正确问题。

第 6 ～ 9 课涵盖了第一阶段。有了这种全面的理解，我们就可以开始思考那些问题的潜在解决方案，下一阶段将涵盖这一点。

2.2.2　第二阶段：求异思维

在面向技术工程师的设计思维模型的第二阶段，考虑帮助我们重新思考、创新思维的技术和练习。为什么需要求异思维？因为我们大多数人倾向于只依赖几种思维方式，而棘手的问题需要新的方法。显然，解决棘手情境或问题的解决方案并不那么简单；否则，在我们之前就有人解决了。因此，我们需要更多的想法；我们需要以不同的方式接近情境或问题。

这就是求异思维发挥作用的地方，或者更准确地说，是创意激发。创意激发是一个特殊的词，用于描述从我们单一的思想中提取出来，并以某种方式变得可见的思考方式。说实话，我们中的一些人即使在创意激发仍然停留在我们的头脑中时，也能很好地完成创意激发的工作。我们都认识这样的人，他们能够组合心理模型并在头脑中储存十几个数字和维度。但对我们大多数人来说，当我们表达想法，或从它们中创造出一些实体，或在白板或纸片上画出想法时，创意激发做得最好。正是在我们的思想外在化的过程中，我们大多数人的创意激发得最好。一旦解密并公开，外在化会让我们更深入地思考我们的想法。从单一思维的限制中解放出来，我们可以与其他思维结合，进一步连接并探索那些想法的各个方面。一旦离开了我们的头脑，我们经常发现我们的想法孕育了更多的想法。这种构建和外在化的过程就是创意激发，它在解决问题和创造或实现价值方面是一个强大的区别因素。

创意激发可以单独进行，也可以作为与同事和其他人更广泛合作的一部分。阅读、研究和在心里思考他人的工作也可以帮助我们实现创意激发。对许多人来说，当我们在小团队中与他人一起进行创意激发时，最美妙的新想法会浮现出来。然而，经验告诉我们，真正的突破往往是在我们单独思考时到来的。幸运的是，有大量的技术和练习可以帮助我们：

- 清空思维，以不同方式思考。
- 发散性思考，然后收敛性思考。
- 为创造性思考建立边界。
- 推动自己极端思考。

- 减少不确定性。
- 思考风险。
- 通过模糊性工作。
- 边构建边思考。
- 逐步解决问题。

参考第 10 ～ 14 课，可以了解帮助我们实现创意激发和创新思维的具体技术和练习。我们努力理解情境，更多地了解这些情境，与生活在这些情境中的人联系，深入挖掘并识别埋藏在这些情境中的问题，并在这样的过程中解决这些问题。

2.2.3　第三阶段：交付价值

这一阶段的标题本可以定为"尽早且频繁地提供价值"，因为这一阶段的目标远远超出了提供一次性的价值。在复杂的技术项目和计划中，最终的价值衡量通常在启动数月甚至数年后才交付。在之前的几个月和几年里提供价值的能力，使设计思维与其他思考和提供价值的方式区别开来。

以设计思维为驱动力，我们的心态开始于早期提供一些小巧而有用的东西。通过构建来思考和"通过实践学习"，我们发现了通过制作原型来逐步提供价值的方式。我们发现，通过迭代和与他人合作快速提供部分解决方案，可以创造价值。

- 从小处着手，快速交付。
- 通过概念验证练习、最小可行产品（MVP）、试点项目等提供价值。
- 应用提高价值节奏的技术。
- 在我们之前的工作基础上，随着时间的推移提供越来越多的价值。

第 15 ～ 18 课涵盖了我们用来提供价值并为第四阶段——迭代推动进展——铺平道路的技术和练习，这包括学习和完善我们解决方案的概念。

2.2.4　第四阶段：迭代推动进展

取得进展的一个基本原则是做一些工作，对这项工作获得一些反馈，并利用这些反馈在我们完善和继续工作时做出必要的改变。根据反馈和迭代循环来纠正我们的工作，帮助我们有意识地做正确的事情。迭代是指今天交付一些有用的东西，并逐步改进以使其明天更好。正是在迭代、反馈、构建和测试的过程和重复中，我们调整我们的思考，提高我们对情境的理解，并最终解决一些最棘手的问题。

正如我们知道的，反馈实际上不过是其他人——特别是将要使用我们工作成果的人——对我们工作的看法。获取反馈有几个关键点：

- 及早寻求反馈。不要等到结束时才发现你偏离了目标，需要重新开始！
- 经常寻求反馈。这样做允许我们以最好的方式迭代或在我们最好的工作上建立，因为我们调整我们的工作，使其更好地符合人们的需求。
- 反馈应该来自我们的草稿和最小可行产品的最早迭代。我们可以使用这些反馈来重新思考我们的问题或情境，重新思考我们如何处理问题或情境，以及重新思考如何最好地测试和实施我们的解决方案。

我们可以从哪里获得有用的反馈？反馈来自不同的人，并通过不同的沟通渠道，包括：

- 在人们试图验证可用性的测试中。
- 来自使用我们为获得反馈而交付的早期工作的人们的直接引用（Verbatims）或直接引语。
- 从我们自己的反思中学到的经验教训。
- 那些通过改变我们交付的解决方案使其更有用的人的无声设计。

反馈还以对原型或解决方案的早期工作进行质疑的形式出现。这是一种构建思考的形式，更倾向于验证我们正在做的事情而不是我们正在思考的事情。质疑早期工作的想法很简单。分享你的早期草稿文件，包括"稻草人"（Strawman）目录、早期模型、线框图、粗略就绪的原型和其他类型的正在进行中的工件，并询问他们：

- 我是否在正确的轨道上？
- 我遗漏了什么？
- 有什么应该被移除？

这种早期反馈帮助我们理解问题或潜在解决方案，并在完全构建并请求反馈之前进行调整。而且，对于其他人来说，对一个半完成的计划或想法进行质疑比谈论空白画布固有的可能性要容易。

允许人们对我们半完成的想法和正在进行中的工作进行质疑需要勇气。但这种做法让每个人都能更快地前进并取得进展。使用我们的草稿文件、模型等来识别想法或部分解决方案：

- 现在这样就可以工作。
- 稍加更改和微调就有潜力。
- 薄弱，但可能暂时作为一个临时的应急措施。
- 是死胡同，但思维疏通有助于我们重新开始和重新思考。

第 19～24 课反映了测试、持续改进与迭代、大规模运营与实现持久变化的意义。正如建筑师弗兰克·劳埃德·赖特所说："你可以在绘图桌上使用橡皮擦，或者在施工现场使用大锤。"通过测试和反馈进行迭代让我们避免了以后道路上的"大锤"。

2.3 应避免的陷阱：单向思维

一家大型石油公司聘请了一支顾问团队来协助公司网站重新设计。该团队采用了一种流行的设计思维模型，并开始通过对客户用户群及其需求移情来进行工作。过了不久，顾问们结束了他们的移情练习，转而定义问题。

当这种从移情到定义问题的关注点转变被众所周知时，客户项目经理变得愤怒。在他看来，顾问们不可能花足够的时间与用户交谈并定义他们的要求！项目经理拿出了工作说明书，翻到了正在使用的设计思维模型的图像，该图像清楚地说明了定义问题只有在移情结束后才开始。

首席顾问解释说，该模型是迭代和递归的；它看起来是分步或从左到右的，但实际上并不是。在浪费了一周时间处理客户升级和顾问自己的组织内部升级后，团队终于说服了客户，严格从左到右移动将比快速在步骤之间移动并返回到以前的步骤作为完善理解和取得进一步进展的方式要慢得多。

2.4 总结

这堂设计思维课建立在第 1 课确立的基础上，详细阐述了我们的面向技术工程师的设计思维模型。我们走过了每一个阶段：全面理解、求异思维、交付价值和迭代推动进展。虽然该模型看起来是线性和分步的，但我们还概述了设计思维在其真正形式中如何带领我们来回迭代和学习，以解决问题和提供价值。一个"应避免的陷阱"（真实世界的例子）展示了设计思维的递归和"循环"特性，包括与所有参与者设定期望的重要性，以此结束这堂设计思维课。

2.5 工作坊

2.5.1 案例分析

请参考下面的案例分析和相关问题。你可以在附录 A "案例分析测验答案"中找到与此案例相关的问题的答案。

情境

Satish 紧急需要你围绕几个不同的主题或维度来组织构成 OneBank 的十几个计划。每个计划在启动状态或项目生命周期方面都处于不同的位置。如果我们通过设计思维的视角来看待每个计划，每个计划在它所处的主要阶段方面也有所不同。一些仍然处于最早的探索阶段，而其他一些似乎在各种解决方案建模、原型设计或测试的状态中陷入困境或脱轨。Satish 相信，如果每个计划根据与执行委员会共享的设计思维阶段重新构思，BigBank 可以从根本上改变每个计划所属团队对其工作的看法。

帮助 Satish 和执行委员会根据面向技术工程师的设计思维模型重新组织其 OneBank 计划，并回答他的问题以及几位 OneBank 计划负责人的问题。

2.5.2　测验

1）我们如何根据面向技术工程师的设计思维模型对 OneBank 计划进行分组或组织？

2）"全面理解"在学习和移情的背景下意味着什么？

3）我们最常实践的传统思维与可能需要帮助 OneBank 的几个计划重回正轨的思考和创意激发之间有什么区别？

4）从时间或分步的角度来看，价值是如何通过设计思维过程及其技术和练习来交付的？

5）虽然从阶段的角度考虑一个计划可能在某一时间点有用，但为什么设计思维过程的从左到右的导向本质上是有缺陷的？

第 3 课

面向小群体的设计思维

你将学到：

- 个人设计思维
- 快速学习
- 思维与问题解决
- 应对模糊性
- 在不确定性中确定下一步最佳行动
- 提高执行效率
- 应避免的陷阱：这不适合我
- 总结与案例分析

在第 3 课中，我们快速介绍了 20 多种设计思维技术和小型练习，这些可以在小群体中，甚至是个人层面上使用，以提高效率。其中许多技术将在后续课程中详细探讨，届时我们将它们应用于特定设计思维阶段，或者用于整个数字化转型之旅或重大技术项目中，以驱动价值。目前，重要的是认识到设计思维技术和简单练习为个人、团队和小工作组所能提供的可能性范围。我们以一个真实世界的"应避免的陷阱"案例结束第 3 课，这个案例关注的是一位建筑师，他错误地认为设计思维只是一时的流行趋势。

3.1 个人设计思维

我们每个人在日常工作中都会遇到挑战。无论是处理日常工作、参与职场计划，还是跨项目的任务，我们都需要倾听、学习、思考、解决问题、测试想法、应对不确定性、确定优先级和有效执行。设计思维及其多样的技术和练习可以帮助我们应对各种问题，无论我们扮演何种角色或身份。例如，无论是网页开发者、IT决策者、产品经理、云计算专家、系统测试员、安全合规专家，还是UX（用户体验）设计师，都有设计思维技术和练习可以帮助我们：

- 快速学习。
- 思维与问题解决。
- 应对模糊性。
- 在不确定性中确定下一步最佳行动。
- 提高执行效率。

让我们快速浏览这些方面，以及可以辅助我们的设计思维技术和练习，这些技术和练习将帮助我们在日常工作中处理个人任务和小组工作（按阶段和领域分类，如图3.1所示）。再次强调，这些学习、思考和执行的方法将在后续课程中详细讲解。

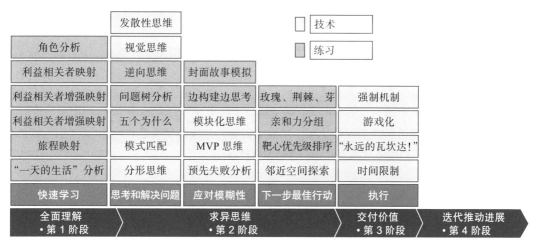

图 3.1　注意我们可以单独使用，以及为我们的小团队和小组计划采用的各种设计思维技术和练习

3.2　快速学习

解决问题、创造解决方案和提供价值的关键在于深入理解情境和形势。正是在理解与学习中，我们才能在以往失败的地方取得进展。我们理解得越快，学得越快，就会做得越好。

- 利益相关者映射。每当我们承担新的任务时，总会有其他人参与其中。识别并"映射"这些人，明确他们扮演的角色、代表的群体、拥有的权力和影响力、对我们工作的兴趣，以及他们的联系方式，都是有益的。虽然可以使用表格来记录这些信息，但以图形化的利益相关者映射形式展示这些信息，可以让我们更容易地看到关系和层级。

- 角色分析。我们可能不是在评估或记录特定的人，而是通过关注个人在组织中扮演的角色或身份，来聚合或匿名化个人数据。这样，我们可以创建一组虚构的角色（例如最终用户、IT支持、帮助台技术人员等），代表那些有共同兴趣、需求和行为的人群，所有这些都应影响我们的表现方式、我们设计的内容、我们测试的方式、我们寻求最佳反馈的对象等。
- 利益相关者增强映射。有了利益相关者映射（也许还有一组角色分析或移情映射），我们可以创建一个更有洞察力的利益相关者映射的增强版本。利益相关者增强映射包括利益相关者正在说什么以及我们认为他们在想什么。如果我们用红色、琥珀色或绿色（或通过表情符号或图标）对每个人的情绪进行颜色编码，我们也可以直观地表示每个人的满意度。这种可视化帮助我们确定优先顺序，专注于正确的人。
- 旅程映射。我们可以进一步可视化，以展示不同的人或角色如何在与我们的产品、服务或解决方案互动时导航流程。客户旅程或利益相关者旅程上的每个接触点都代表了一个让人满意或让人失望的机会。
- "一天的生活"分析。如果旅程映射针对的是客户或利益相关者与产品、服务或解决方案的具体互动，那么"一天的生活"分析则旨在全面了解一个人一天中所做和所经历的一切。观察和记录他们的活动有助于我们开始更深入地理解他们工作的性质。工作越具有重复性，这种分析就越有用；我们大多数人倾向于每天做大约80%～90%相同的事情。

贯穿这些技术和练习的一条线索是人：理解他们是谁，他们怎么想和说什么，他们做什么，什么时候做，以及他们如何适应他们周围的各种问题和情境。

3.3 思维与问题解决

作为个体，我们往往只采用过去对我们有效的几种思维方式。然而，设计思维提供了更多方法，可以帮助我们克服阻碍前进的障碍。考虑以下方面：

- 视觉思维。作为"使想法和潜在解决方案可视化"的一种技术，它通过将文字转化为图像和图表将我们头脑中的想法外化成可视化的物体，进而让我们深入思考。在小组环境中，视觉思维尤其有效，因为图像和图表能够清晰地传达信息，并在团队成员之间激发共同的理解。
- 模式匹配。模式是一种重复出现的蓝图或设计，而在设计思维中，模式匹配是揭示重复出现的主题或线索，解释我们的行为、思考或执行方式。我们利用模式匹配来理解我们过去的行为与未来可能实现的结果之间的联系。通过洞察力和知识，我们能够认识到模式匹配的力量，它让我们选择是继续遵循现有模式还是探索新的可能性。
- 分形思维。分形是一种自相似并在不同尺度上重复出现的模式，这种思维技术有时也被称为垂直思维。分形在我们的周围无处不在。利用分形思维来识别和利用小规模与大规模之间的关系，以不同的方式学习和思考。思考家庭中的行为和实践如何反映在更广泛的社会环境中，以及我们在国家层面观察到的趋势和主题如何影响我们的经济、行业、企业和团队。

- 发散性思维。为了更有效地产生创意和创造多种可能的解决方案，我们需要花费更多时间发散性思考，而不是过早收敛。发散性思维涉及收集想法、探索解决方案并扩展我们的选择。发散性思维通过不同方式增加想法的数量，从而带来更广泛和多样化的选择。而收敛性思维的目标是缩小范围，精简我们的想法、选择和解决方案至最佳的几个（基于我们目前所知的）。大多数人习惯于以这种方式看待问题：花几秒钟思考问题，然后用几天时间实施解决方案。这种收敛性思维在大多数情况下效果不错，但在面对高度模糊性时，我们需要先发散后收敛。

- 问题树分析。随着我们对个人旅程和日常生活的深入理解，我们也会看到他们面临的问题和挑战。执行问题树分析可以帮助我们将问题的根源与其影响或后果分离开来。这种方法基于树的隐喻，树干代表问题，树根代表根本原因，树枝则是捕捉由问题引发的效应和其他结果。

- 五个为什么。通过问题树分析，我们可以在表面上理解问题或情况，但可能需要进一步探究问题的根本原因。五个为什么是由丰田汽车公司在 20 世纪 30 年代开发的一种经典的设计思维方法，它通过逆向工作来考虑问题或当前情况背后的因果关系。

- 逆向思维或逆向头脑风暴。我们都熟悉头脑风暴，这是一种集合多人智慧共同思考情境或问题的方法。当解决方案不明显时，我们自然会使用头脑风暴，它是最早的创意方法之一。然而，当传统头脑风暴无法产生足够的创意时，我们应该转向逆向思维或逆向头脑风暴。逆向头脑风暴帮助我们创造性地发现新风险、找到新颖的解决方案、发现新挑战，并扩大我们的创意范围。这种技术很简单：不是直接寻找问题的解决方案，而是反转问题，考虑什么会使问题变得更糟。这是一种简单的创意方法，因为大多数人天生就习惯于思考为什么一个想法不好，或者一个情况如何变得更糟。

上述每一种创意技术都可以结合使用，以帮助我们以不同的方式深入思考。每一种技术也可以用来结束传统的头脑风暴会议。如果这些还不够，可以考虑第 10 ～ 14 课中介绍的 40 多种创意技术和练习。

3.4 应对模糊性

当未来道路明确时，考虑和确定我们可能做出的不同选择很简单。但当这条道路变得模糊或完全看不见时，我们该如何是好？我们如何处理这种模糊性？设计思维提供了一套多样化的技术和练习，以帮助我们全方位地澄清问题：

- 模块化思维。在解决问题时，将一个复杂的情境分解为更小的部分通常很有帮助。这样的模块化思维让我们能够更有针对性地思考更广泛情境中的特定方面。

- 边构建边思考。在寻找解决方案时，"边构建边思考"的过程类似于用手制作原型。我们的目标是创造一个问题的解决方案或部分解决方案，这样我们可以对其进行考量、测试和迭代改进。为什么？这是为了快速学习和理解，快速失败，基于我们的学习进行迭代，并以这些方式在学习和低成本失败中取得有意义的进展。
- 最小可行产品（MVP）思维。就像我们可能为了帮助思考而构建某物一样，我们也可以通过考虑最小可行产品的属性来提高清晰度。这些属性让我们从大处着眼，从小处着手。
- 封面故事模拟。我们不是直接面对不确定性，而是可能绕过当前的状况，比喻性地将自己置于未来的某个时点。在未来，我们的手中可能是《纽约时报》或是我们最喜欢的杂志的头版，而我们的创意就是其封面故事。那个封面故事突出了什么？我们实现了什么？与过去相比，我们的团队今天能做些什么不同的和更好的事情？通过考虑成功的关键要素并以结果为导向的思考，我们可以逆向工作，考虑如何实现那个封面故事所预示的未来。
- 预先失败分析。比事后分析更有效，这是另一种时间旅行技术，让我们假装自己处于一个暗淡的未来，而这个未来注定失败。我们是如何失败的？谁没有做出必要贡献以确保我们的项目或计划成功？我们忽略了哪些最终导致我们项目或计划失败的因素？一旦我们捕捉到这些思考和想法，就像封面故事模拟一样，我们可以逆向工作，但这次要避免这些错误。

在这些案例中，我们以非常不同的方式接近我们的情境。在某些情况下，我们专注于问题；在其他情况下，我们思考可能的解决方案。我们可能将情境分解为一组逻辑组件。或者我们可能完全跳过现在，将自己传送到光明或暗淡的未来，这两种选择都为我们提供了今天要考虑和采取行动的许多事项。

3.5　在不确定性中确定下一步最佳行动

一旦我们获得了一些清晰度，以及对形势及其不确定性有了更深的理解，我们就更有可能在众多可能的选择中确定接下来的几个最佳步骤。许多设计思维技术和练习可以帮助我们提炼出下一步最佳行动。

- 靶心优先级排序。这个视觉练习帮助我们组织目标、任务以及对我们、我们的团队或我们的项目重要的其他竞争项目。通过组织和分组，我们学习到什么最重要、什么最不重要，以及中间位置的是什么。通过将我们的目标或任务在一个划分为多个象限的靶心图像上进行组织，我们还可以进行一定数量的子群组划分。
- 邻近空间探索。理想的下一步最佳行动可能位于我们已有的核心优势或能力附近。利用邻近空间的概念来评估变化简单、风险较低的地方，因为邻近的选项与我们已知的、能做的或擅长的更相似，所以更容易追求。

- 玫瑰、荆棘、芽（RTB）练习。当靶心优先级排序或邻近空间探索仍然让我们有疑问时，可以使用 RTB 练习来更详细地评估特定选择。RTB 为我们提供了一个简单的方法来组织每个选择的积极面、消极面和机会，以便它们可以被单独和相互评估。玫瑰代表选择中积极的、健康的或运作良好的方面；荆棘代表那些运作不佳的方面；芽则反映具有潜力或改进空间的方面（芽通常是在选择一个选项而不是另一个选项时的关键因素）。
- 亲和力分组。有时在项目中，大量的信息或不确定性可能会拖慢进展的步伐。亲和力分组帮助我们做出更明智的近期选择，这反过来帮助我们保持动力。无论是分析研究数据还是考虑创意想法，这种方法都可以将项目组织成逻辑组，为混乱带来秩序。当团队根据感知到的相似性对项目进行排序时，会揭示出模式，定义那些固有但不一定显而易见的共性。这样，你就能从看似不相关的信息片段中提取洞见和新想法。在数据中识别模式也是简化复杂性的有用方法。

有了一份"下一步最佳行动"或选择的简短列表后，我们可以将注意力转向那些帮助我们个人或小组更有效执行的技术和练习。

3.6 提高执行效率

我们工具箱中的一些设计思维练习和技术非常有用，可以帮助我们更可靠、更快速或更有效地完成手头的工作。

- 强制机制。利用真实或人为设定的截止日期来帮助我们更快地完成工作。毕竟，日期可以成为强大的动力；错过一个人为设定的较早日期也能帮助我们满足真正重要的不可更改的截止日期。同时，我们行业中即将到来的变化、市场上新的竞争者，以及我们公司内部的组织变化，也可以作为强制机制。
- 时间限制。除了通过强制机制设定的截止日期外，我们还可以使用 James Martin 开发的时间管理技术——时间限制，来帮助我们取得进展并完成一系列工作。一个"限制"的时间量为我们提供了一个截止日期，也就是我们可以用来工作的最大时间量。这种技术会让人产生紧迫感，通常用来加快交付速度，以至于比我们认为谨慎或可能的速度还要快。
- 游戏化。由计算机程序员和发明家 Nick Pelling 在 2002 年提出，游戏化通过改变我们的行为来实现期望的结果。它特别有助于激励我们快速完成生活中必要但可能乏味的任务。游戏化的方法是将工作变成一种游戏，通过一个奖励系统，在我们实现目标的过程中给予奖励。汽车制造商通过在经济驾驶时点亮一个绿点或其他视觉提示来改变驾驶者的行为。游戏制造商使用徽章和分数来保持用户的参与度和平台活跃度。我们可以通过游戏化技术，在取得进展或完成清单上的任务时奖励自己。

- "永远的瓦坎达！"。如果一个军事单位或运动队的集结口号很熟悉，那么理解成为比自己更伟大事物一部分的力量就很容易了。借鉴漫威《复仇者联盟》系列的概念，"永远的瓦坎达！"技术就是将个人与一个有着目标和成就传承的团队联系起来。这样，个人通常会优化自己的表现，达到比单独行动时更高的水平。无论是健康的自豪感、更强的自我激励，还是发现之前隐藏的力量帮助我们坚持并向前推进，"永远的瓦坎达！"都可以在今天交付和未来某天交付之间产生差异。

我们在第 3 课中介绍的这些技术和练习，涵盖了学习、思考、应对、优先排序和执行，将在后续课程中更详细地讲解。它们在个人和团队层面都很有用。练习它们，自然地使用和沟通，看看它们如何在小组环境中发挥作用。

3.7　应避免的陷阱：这不适合我

面对任何新事物，我们都面临接受或忽略的抉择，同时伴随着许多疑问。一位传统汽车制造商的建筑师曾自问："我是否应该尝试这个名为设计思维的新方法？我真的需要尝试吗？我为何不能继续沿用已知的有效方法？等待这种昙花一现的风尚过去有何不可？"

最终，这位建筑师意识到，全面理解生态系统、深刻对最终用户移情、准确定义和解决问题等，并非仅仅是一时的流行。无论是否采用设计思维这一标签，这些方面都是对他更有效地工作至关重要的因素。然而，他不愿改变，最终被鼓励提前退休。

不要成为那个说"这不适合我"的人。新的学习、思考、应对、优先排序和工作方式意味着我们需要改变我们的表现和完成任务的方式——这些改变可能会令人分心、尴尬、耗时，甚至感觉不自然。如果初次接触本书中的许多设计思维技术和练习，确实可能会感觉不自然，甚至感觉有点愚蠢或没必要。毕竟，设计思维要求我们从根本上重新思考和改变我们的学习、思考和执行方式。

但这些改变是积极且有益的。如果我们当前的方法能够顺利地帮助我们从 A 点到达 B 点，我们可能就会想要把本书放在一边。但事实是：随着我们周围变化的速度不断加快，我们在技术领域的工作变得越来越复杂，我们必须同样加快我们自身的方法和工具变革的步伐。我们需要在我们的工具箱中添加新的和逐步改进的方式来更好地、更快地完成任务。我们需要在真正使用它们之前，先适应这些新的技术和工具。

如果我们不采纳和完成这些以"对我和小团队有益"为中心的自我关注的设计思维练习，我们就会错失在更广泛的范围内应用这些方法所需的信心的机会。在业务赞助商或 CIO（首席信息主管）要求我们接手一个已经失控的项目，并需要新的理解和思考方式来取得进展之前，学习和完善我们的技能，进行旅程映射、问题树分析、靶心优先级排序和亲和力分组的练习。在家中练习强制机制和时间限制，与孩子们一起尝试游戏化，在工作中的小团队里进行预先失败分析。在真正需要在更大的环境中使用这些方法之前，先在小团队环境中练习并习惯使用它们。

3.8　总结

在这堂设计思维课中，我们探讨了足够简单且实用的设计思维技术和练习，现在就可以开始个人使用和在我们的小团体中应用。这样，我们可以开始适应新的学习、思考、应对、优先排序和执行的方式，同时在这个过程中为我们的工具箱增加20多种新的"工具"。这些技术和练习将在后续课程中更详细地介绍。我们以一个不愿学习和改变、以新方式运作的建筑师的真实世界"应避免的陷阱"的案例结束了第3课。

现在，我们已经探讨了设计思维带给我们个体的可能性，我们已经准备好在第4课中探索设计思维在创建和维护有韧性且可持续发展的团队的背景下的应用。

3.9　工作坊

3.9.1　案例分析

请参考下面的案例分析和相关问题。你可以在附录A"案例分析测验答案"中找到与此案例相关的问题的答案。

情境

BigBank 的 OneBank 计划领导者对采用设计思维解决问题、推动进展和逐步提供价值的理念十分认同。然而，执行委员会和银行首席数字官 Satish 要求你分享一些简便的技术和练习，它们是计划领导者及其团队应该熟练掌握并运用的。他们还希望你能够为银行提供一种组织设计思维技术和练习的方法，以便个人和小团队使用。他们对于模糊性和不确定性之间的区别仍然有些疑惑。

3.9.2　测验

1）你如何为个人或小团队组织和使用设计思维技术和练习？

2）你如何向银行的计划领导者阐释模糊性和不确定性之间的区别？

3）有哪三种设计思维技术和练习有助于应对模糊性？

4）有哪三种设计思维技术和练习可以帮助个人或小团队进行不同的思考？

5）有哪三种设计思维技术和练习在面对不确定性时有助于确定"下一步最佳行动"？

第 4 课

有韧性且可持续发展的团队

你将学到：

- 技术团队对齐的设计思维
- 构建可持续团队的设计思维
- 负责任地高效运转
- 应避免的陷阱：群岛效应
- 总结与案例分析

虽然我们在第 3 课中介绍的设计思维对于工作场所的个人、社区以及小团队都非常有用，但它同样适合于构建、维护团队，以及作为团队的一部分参与工作。在本堂设计思维课中，我们将介绍一些设计思维技术和练习，它们对于建立有韧性的团队、保持团队健康、与团队成员以包容和有效的方式合作、在团队成员之间建立健康和有意义的联系等方面都非常有帮助。第 4 课以一个与"群岛效应"有关的"应避免的陷阱"结束。

4.1　技术团队对齐的设计思维

技术团队在学习加速、深化共情、自信地识别问题、更聪明地构思方案、快速交付价值等方面，可能会采用多种设计思维技术和练习。然而，这些技术中，能够帮助团队更好地协作和共同成长的那些可能对个人影响最大。在这堂设计思维课中，我们将探讨以下内容：

- 促进团队健康对齐的简单规则。
- 确保运营一致性的指导原则。
- "我们该怎么做？"促进包容性团队合作。

- 多样性设计实现更聪明的构思。
- 促进学习与团队协作的成长心态。
- 用于迭代的三原则。
- 包容且高效的会议技术。
- 网状网络用于增强团队的韧性。

首先，我们将关注制定一套促进健康团队协同的简单规则。

4.1.1 促进团队健康对齐的简单规则

在构建团队和确立规范时，考虑如何对齐并维护团队的一致性是至关重要的。通过制定一套简单规则，可以实现快速决策、清晰的战略和运营对齐，从而确保团队的长期可持续发展。

简单规则明确了团队的特点、优先事项、重要与次要事项、团队将创造或执行的工作、团队将与谁建立联系，以及团队的运作和沟通时间。每个团队都会开发并应用自己独特的一套简单规则。这些规则成为团队执行任务和取得成功的指南或准则。为了提高透明度并维护团队对齐，需要记录 6 ～ 10 条简单规则，以回答以下问题：

- 我们作为团队的身份是什么？
- 我们的工作是什么？我们的目标有哪些？
- 我们将如何衡量以确保实现这些目标？
- 我们不做什么（以保持专注）？
- 我们的工作时间是什么时候？
- 我们的工作地点在哪里？我们的界限是什么？
- 我们的遗产是什么？我们希望因什么而闻名？

这些简单规则源自唐纳德·沙利和凯瑟琳·M.艾森哈特的著作 *Simple Rules: How to Thrive in a Complex World*，它们作为指导方针，帮助团队保持一致性，忠于核心价值，并加快决策速度。简单规则有助于在周围不断变化的环境中保持"我们是谁"的本质。我们可以将简单规则视为团队的北极星（见图 4.1）。

有时，团队领导会单独起草一套简单规则的初稿，但为了获得团队的认可和支持，这些规则总是需要团队共同完成。简单规则也可能随着时间的推移而不断完善，但它们通常非常稳定。

时间和人员：进行简单规则练习需要 3 ～ 10 人，耗时 30 ～ 60 分钟。

创建一套简单规则的步骤如下：

1）提前几天让团队成员思考描述关于团队的"我们是谁""我们做什么"和"我们何时工作"。

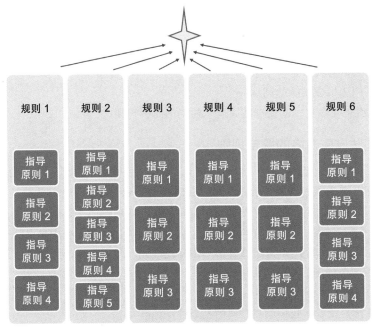

图 4.1　简单规则是任何规模团队或组织的北极星

2）召集团队成员，逐一让他们写下并反思以下问题：

- 我们的工作是什么样的？
- 我们将因什么而闻名？
- 我们作为团队的职责是什么？
- 我们的主要目标是什么？
- 我们最大的优势或特长是什么？
- 我们的工作地点在哪里，我们的界限是什么？
- 我们的工作时间是什么时候？
- 鉴于以上情况，我们作为团队的身份是什么？
- 鉴于以上情况，我们的遗产将是什么？

3）根据上述答案草拟一套初步的简单规则。

4）一周后，整合并简化这些规则，填补空白，形成改进版的规则集。

5）再过两周，将规则列表缩减至 10 条左右。

6）发布、使用并遵守这些简单规则，将其作为团队文化的一部分，每月可能需要进行修剪和优化。

多年来，全球各地的团队一直在不知不觉中创建简单规则，以帮助他们保持专注和一致。例如，摇滚乐队 Coldplay 在成立初期就制定了 10 条简单规则，以推动乐队一致的艺术流程和音乐成果。他们的规则包括：

1）专辑时长不得超过 42 分钟或 9 首曲目。

2）制作必须出色，丰富而不失留白；避免过度叠加，减少音轨数量，提高音质，强调节奏和律动。鼓点和节奏是最重要的关注点。

3）计算机是乐器，而不仅仅是录音工具。

4）图像必须是经典的、多彩的、独特的……

5）在设定发行日期前，确保视频和图片质量上乘，极具原创性。

6）始终保持神秘感，少接受采访。

7）节奏和律动必须尽可能原创。

8）宣传 / 评论用的副本应采用黑胶唱片。这可以防止复制问题，音质和外观更佳。

9）面向前方。

10）考虑如何处理慈善账户。设立一些小型但真正有益和有建设性的项目。

通过 25 年的共同演奏，这些简单规则使 Coldplay 乐队在声音、产出和特定受众吸引力方面保持了显著的一致性，同时保持了其独特的自我感和遗产。

在小型企业界，一家牙科用品公司制定了一套简单规则，帮助公司确定要追求的潜在牙科客户。在评估了自己的客户数据库后，公司发现其 10% 的现有牙科客户所贡献的收入占其收入的一半以上。公司的简单规则有助于整合能增长盈利的客户群的共同特征类型，包括：

● 我们只针对拥有自己诊所的牙医。

● 我们目标牙医的理想年龄是 35 ～ 55 岁。

● 我们的目标是每位牙医都应该能够每年承诺售卖 1 万美元的产品。

● 理想的牙医目前负担的融资少于 5%，因此有空间与我们合作。

● 理想的牙医已经参加了我们公司特定的培训计划。

执行这些简单规则一个月后，公司删除了第一条规则，因为它发现这条规则实际上并没有太大区别。公司还将 1 万美元的承诺价值降低到 5000 美元，因为事实证明它几乎与预测因素相同。后来，这家牙科用品公司还根据现有牙科客户的洞察力增加了"理想的牙医拥有一个网站"的规则。在执行这套修订后的 5 条简单规则一年后，尽管市场竞争激烈，公司的销售增长始终超过 40%。其定位和对齐的能力帮助公司始终一致地专注于正确的客户。

4.1.2　确保运营一致性的指导原则

一致性在简单规则之外的领域也至关重要。简单规则定义了团队的身份、目标和时机，而建立一套指导原则则有助于确保团队在执行方式上的一致性。指导原则概述了团队如何运作、思考、确定优先事项、沟通等方面，为团队提供了必要的运营指导，以确保在做出与团队简单规则、预期遗产和组织整体战略一致的明智决策的同时保持可持续性。

指导原则是描述团队如何相互支持、日常如何处理业务和照顾彼此的不可协商的价值观。实际上，指导原则是我们起草的简洁的准则，作为保持我们处于正确轨道上的边界——就像道路上的物理边界一样。

与简单规则类似，指导原则具有持久性，不应随时间频繁变动。但与简单规则不同的是，我们可能需要为每个团队决定以一致性方式处理的领域制定 5 ～ 10 条指导原则。因此，我们很容易有 50 个或更多的指导原则，围绕沟通、优先事项、运营等进行组织。

要制定有效的指导原则，我们将核心价值观与反映团队对宗旨、使命或人员的看法的动词结合起来。例如，当我们考虑沟通的指导原则时，团队可能会起草：

- 我们始终如一地沟通，发出一个声音。
- 我们以透明的方式执行任务。
- 我们以诚实为基础进行运营。
- 我们在内外都实践包容性。
- 我们与每个人交流并尊重他们。

团队通常首先创建一套描述他们将如何沟通的原则。沟通奠定了我们的运作方式和价值观的基础。之后，团队通常会起草专注于如何相互支持、处理诚实和道德问题、管理分歧和升级等问题的指导原则。

时间和人员：指导原则练习需要 3 ～ 10 人在 60 ～ 120 分钟内完成。

按照以下步骤帮助团队创建自己的一套指导原则，并参考图 4.2 中的示例。

1）预工作。虽然不是绝对必要的，但首先需要创建团队的简单规则集。这些规则帮助团队知道关注哪些领域，并有助于建立相关的指导原则集。

2）确定协作媒介。考虑使用物理会议室的白板或像 Miro 或 Klaxoon 这样的在线协作工具。或者使用 Zoom 或 Microsoft Teams 共享虚拟桌面或白板。传统的纸和笔在喝咖啡时总是有用的。

3）召集团队，详细阐述这些指导原则的第一组。留出 30 分钟起草第一组 5 ～ 10 条指导原则（记住，我们不想单独创建简单规则或指导原则）。

4）列出团队将为之创建指导原则的各个领域，如沟通、优先事项和运营。

5）为了使这个练习在视觉上更有吸引力，选择一个视觉隐喻。用树干、根和树枝来表示树的隐喻对于创建指导原则特别有效。针对每个领域使用不同的树（因此，你将创建一个沟通树、一个优先事项树、一个运营树等）。

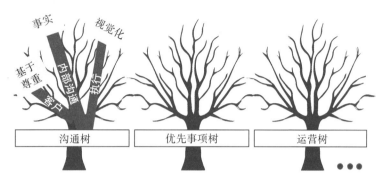

图 4.2　通过树的隐喻组织指导原则，我们可以在创建新树和进一步发展现有树时确保有组织

6）决定首先关注哪个领域，并将其写在第一棵树的树干上。例如，团队可能会决定从"我们将以尊重和诚信沟通"开始。

7）不要过度思考这个练习！从树干顶部画一把树枝。树干上的每个分支都应该作为一个问题形成，并将代表我们正在构建的领域的一个维度。例如：

- 分支 1："我们如何在团队内部沟通？"
- 分支 2："我们将如何与我们的业务发起人和其他高管利益相关者沟通？"
- 分支 3："我们将如何实现包容性沟通？"
- 分支 4："我们将如何以一种可访问的方式沟通，以确保每个人都知情，不遗漏任何人？"
- 分支 5："我们的团队沟通如何尊重个人界限？"
- 分支 6："当我们不同意或意见不一致时，我们将如何沟通分歧？"

8）轮流让每个团队成员一次添加一个额外的树枝。根据需要添加和标记这些树枝。有很多树枝也没关系！我们稍后可以合并。

9）轮流让每个团队成员询问团队将"如何"实现写在分支 1 上的内容，然后是分支 2，依此类推。请注意，每个"如何"问题的答案都是一个指导原则，应该记录在叶子中。每个分支可能有很多这样的叶子或指导原则。

10）作为示例，对于分支 2，"我们将如何与我们的业务发起人和其他高管利益相关者沟通？"，我们可能会创建以下一组叶子或指导原则：

- 分支 2，叶子 1：首先处理紧急事项；不要隐藏坏消息或通过一个故事逐步展开坏消息。
- 分支 2，叶子 2：用事实、日期和风险减轻措施来沟通。

- 分支 2，叶子 3：用图片和仪表板进行视觉沟通。
- 分支 2，叶子 4：以反映高管期望的方式沟通。
- 分支 2，叶子 5：直到确定它们是我们的共享词汇表的一部分，才拼写出缩写词。

11）继续构建每个分支及其叶子，直到树成形。

12）稍后，团队可能希望使用我们在第 3 课简要介绍并在后续课程中更详细地介绍的一些技术（如模式匹配和亲和力分组）来按主题或优先级对叶子进行分组。

针对团队的其他 5 ～ 9 个简单规则或关注领域重复整个过程，最后团队将组装出拥有 6 ～ 10 棵树的小型森林，每棵树可能有 5 ～ 10 个分支，每个分支可能有 5 个左右的叶子或指导原则。请注意，一个简单规则或关注领域因此推出 20 ～ 40 个或更多的指导原则。

练习完成后，整合并分享这些指导原则。它们需要被团队看到和使用！遵循它们，加强它们，随着时间的推移"修剪"它们，并通过定期的团队跟进增加它们。

4.1.3 "我们该怎么做？"促进包容性团队合作

"我们该怎么做？"是一个受苏格拉底启发的设计思维基本要素，它在许多情境中都证明是有用的。这种提问方式体现了积极可行的态度，而这是将个体聚集在一起并创建团队所必需的。它为团队构思、问题解决以及良好的团队协作创造了一个安全的环境。这意味着存在多种可能的解决方案，并且团队将作为一个整体共同应对问题或情境。它是最乐观和包容的思维方式。像其他建立积极环境的技术一样，"我们该怎么做？"非常适合收集观点、推动构思、解决问题，最终取得进展。

4.2 构建可持续团队的设计思维

除了基本的对齐之外，可持续团队需要自我推动，实现自我关怀和团队关怀以保持健康。如果我们不去维护我们如此精心建立的东西，那么建立它的意义何在？五个重要的技术和实践包括：

- 多样性设计实现更聪明的构思。
- 促进学习与团队协作的成长心态。
- 用于迭代的三原则。
- 包容且高效的会议技术。
- 网状网络用于增强团队的韧性。

让我们仔细地看看这五种设计思维技术和实践，它们对于构建能够良好合作并持续在一起的团队非常有用。

4.2.1 多样性设计实现更聪明的构思

经验和超过二十年的研究表明，多样化团队能够加速创新（Forbes，2011）。这并不意味着思想、经验、文化、教育等方面的多样性很容易实现，也不意味着我们不会面临与沟通风格和文化规范相关的其他挑战。但这确实意味着，如果我们正在寻求不同的思考方式和解决真正困难的问题，我们通过组建一个多样化或跨界团队来做到这一点要好得多。

跨界团队是多样化团队的另一种说法，其团队成员在地理、性别、背景、文化、教育、能力、种族、组织、学科、技能、资格等方面展现出多样性。跨界团队汇聚不同的人员共同工作，带来他们独特的经验和视角。通过这种固有的多样性，跨界团队合作的最大好处在于改进构思和这些团队所交付的最终结果。在设计思维过程中应用跨界团队合作以获得最大效果。

> ⊙ 注释
>
> **多样性设计**
>
> 多样性设计无疑是我们个人用于解决问题的第一种技术。想想看，当我们还是孩子的时候，遇到问题或陷入困境时，我们会怎么做？我们可能会向年长的兄弟姐妹寻求建议，或者在父母的怀抱中哭泣，或者向母亲抱怨——依靠那些年长的人，他们拥有完全不同的背景、丰富的多样化经验，并且可能甚至是不同的性别。当我们还是孩子的时候，家庭成员对我们来说尽可能多样化，在大多数方面与我们都不同。他们有独特和不寻常的思考和执行方式，而且他们常常让我们摆脱了困境。

多样性帮助我们摆脱僵局，也帮助我们首先避免陷入僵局。我们的多元化同事不仅给我们提供了不同的观点，而且由于他们的性别、背景、经验、文化、种族、能力和其他差异，自然地帮助我们以不同的方式思考和执行。

另外，同质的团队和虚拟团队在思考上自然受到限制，因此在构思和创新的能力上也受到限制。如果你环顾四周，看到一群看起来和你一样的人，那么向团队中引入一些新成员就是向更聪明思考迈出的第一步。

请记住，多样性设计并不意味着一切都变得更容易。多样性悖论提醒我们，多样化团队不是包容和创新的万能钥匙。毕竟，人还是人，更大的团队多样性自然引入了新的偏见和默认模式需要解决。

但经验也告诉我们，多元化团队加速了创新和问题解决。我们会更快地进行构思和原型设计。所以再说一次，如果我们正在寻求不同的思考方式和解决困难问题，我们组建一个多元化的团队比单独尝试思考、解决和创造要好。

多样性帮助我们从新的角度看待世界和我们的问题。字面意思就是这样。思考一下看待一个圆柱体的不同视角。从上方看圆柱体的人自然会确信他们看到的是一个圆。另一个从侧面看的人自然会确信他们看到的是一个矩形。而两个人都没错，如图 4.3 所示。第三个人可以走进来，通过他们的经验和差异看到不同的视角，甚至可能是圆柱体。我们需要那些与我们的视角不同的人，以帮助我们以不同的方式看待我们的问题或情况。

当然，我们可以教导我们团队中的人以不同的方式思考并接受新的视角。但这个例子提醒我们，为什么棘手的问题很少单独解决。构思通常是一项团队运动，正如我们将在未来几堂设计思维课看到的那样。常识告诉我们，拥有 10 名团队成员，因此可能会有 10 种不同的视角，比单一视角要好。

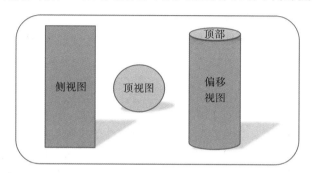

图 4.3　从不同的角度看，情况可能大相径庭

4.2.2　促进学习与团队协作的成长心态

在人生旅途中，我们可以选择一种安于现状、固守已知的态度，这被称为固定心态，也是大多数人的实际运作模式。或者，我们可以选择一种能够学习、失败并最终成长的态度，这就是成长心态。那么，哪种心态有助于我们更快地解决更多问题并创造价值呢？由 Carol Dweck 博士提出，并在她的书 *Mindset: The New Psychology of Success* 中阐述的以成长心态运作和思考基于以下几个观点：

- 无论年龄、经验、教育或专业领域如何，人们都有学习的能力。
- 人们渴望成功，自然不喜欢失败。
- 因此，失败需要成为尝试和实践过程中的一个健康部分，它是通往成就之旅的关键一步。
- 失败提供了一种独特的学习方式，是最终形式的反馈。
- 坚持不懈是成功的另一个关键要素，因为人们在实践成长心态时会经历失败和学习。
- 宽容是成功的最后一个要素；为了让成长心态成为团队文化或工作环境中持久和可持续的一部分，必须在团队成员之间和内部实现宽容。

这些观点无论如何强调都不为过。拥有成长心态要求个人和团队都以健康的眼光看待失败。我们必须要求别人给予我们尝试、失败以及学习的宽容，同样地，当他们尝试、失败以及学习时，我们也必须给予他们宽容。

没有宽容的双向交流，成长心态是不完整的。

如果我们今天发现自己有固定心态，那么就选择改变它。选择相信我们能够超越今天的自己、学习、成长、失败，并最终因为这些失败而成功。将失败重新定义为学习的过程！并相信最好的日子还在后头。

同样地，不要让我们团队中那些有固定心态的成员影响我们的心态！我们不能改变别人，但通过我们自己的行动，我们可以向他们展示另一种方式。在团队中树立成长心态的榜样。成为那个向团队成员展现成长心态和宽容的人，并观察其随着时间的推移在团队中得到回报和反映。

4.2.3 用于迭代的三原则

经验和常识告诉我们，我们很少在第一次尝试新事物时就做对事情。因此，我们需要迭代和完善我们的工作。迭代是我们取得进展的方式。

所以，如果我们期望第一次就交付完美，那么几乎是不可能的。我们无法实现完美，也无法快速实现完美。所以当我们开始快速交付有价值的东西时，我们必须：

- 与我们的用户和其他利益相关者设定期望，即完美不是主要目标。
- 选择迭代并建立在第一个版本、原型或最小可行产品的基础上……方向上要足够好，可以保证使用第一个版本的社区获得第一轮反馈。
- 考虑其他思考和构思方式（除了够用思维之外）可能在更早而不是更晚交付有价值的东西方面发挥作用。
- 最后，广泛传达我们正在遵循的三原则，我们可能需要三次迭代（有些人说多达五次迭代）才能使我们的首次发布在方向上足够合理，以便与我们的用户社区分享。

三原则告诉我们，我们的原型、新设计、解决方案、可交付产品或其他工作产品需要经过三次迭代才能达到最低要求。三原则为我们提供了一种自信的思维方式，在前两次迭代的基础上不断改进和学习，以更快的速度完成更多工作。

4.2.4 包容且高效的会议技术

在职场中，工作生活常常被各种会议排满，有的定期举行，有的临时安排；有的面对面进行，有的通过远程的方式。无论会议的形式如何，与同事的每一次互动都需要一个安全的环境来思考和协作。以下是一些营造包容且高效的会议技术和指导原则：

- 邀请合适的人员，在正确的时间和地点，并提前通知。
- 展现积极的意图，并专注于实现积极成果。
- 即使是系列会议之一，也要为所有会议制定议程或时间表。人们有权忘记会议讨论的内容；议程作为我们的提醒帮助他人做好准备。

- 在取消或重新安排会议时，尽可能提前通知，以便与会者能够处理其他工作或优先事项。
- 如果预计会议会有困难，思考如何设定场景并有效传达信息。
- 让与会者知道他们是否必须参加，并允许他们"选择退出"特定会议（并告知他们会议结束后将很快收到会议纪要）。
- 在会议开始时，首先指定一位记录员；人的记忆无法取代书面或录音记录。
- 在远程会议开始时，鼓励与会者至少在最初几分钟打开视频（目的是使会议可视化，使人可见）。为保护隐私并维护安全的协作环境，不要强制要求与会者开启视频；使其成为可选。但要树立我们希望看到的行为榜样，这样通常会看到预期行为。
- 对于定期会议，确保我们轮流分担记录会议的工作量（并记住，记录会议不是一项性别特定的任务）。
- 对于包括远程与会者的会议，在讨论或构思时，通过要求远程与会者首先分享他们的想法和意见来促进包容性。
- 利用技术手段推动包容性会议，包括即时消息线程、"举手"功能以及表情符号和其他反馈功能，帮助人们建立联系、提问、分享情绪和参与。
- 知道何时讲故事、何时应该更简洁，并在此方面温和地帮助其他人。
- 记得引导最安静的与会者发言，并询问他们的想法。每个人都需要知道他们在会议结束前有机会发言或分享自己的想法。
- 在许多人因会议结束而失去联系之前，讨论是否需要后续会议，并尽可能当场安排，而不是推迟。
- 确定并同意后续沟通渠道（并使用该渠道分享会议纪要和下一步行动）。

在会议结束前发送会议纪要和下一步行动，最迟在 24 小时内。不要因为担心几个错别字或语法问题而延迟发布会议纪要。快速的会后跟进和行动比偶尔出现的错别字更重要。

4.2.5　网状网络用于增强团队的韧性

网状网络，有时也称作群岛网络，它强调在人与人之间、团队与团队之间建立有意识的连接，通过非正式和正式沟通的网络来培养和维护团队。这种连接的叠加可以增强团队间的归属感、社区感、社会资本和社会凝聚力，进而积极影响团队文化和工作环境。

"所有成功文化的核心都是归属感。"——Karen Zeigler

孤岛或群岛效应是真实存在的，我们需要新的连接方式，将人们、孤岛重新连接起来，重建归属感。有效的团队协作要求这些孤岛通过正式的网络和通信链以新的多样化方式连接。我们后来意识到，随着人们失去了与同事、工作场所的朋友和世界各地其他团队的非正式联系，他们也需要以非正式的方式做同样的事情。

使用网状网络保持团队的连接，特别是当团队成员分布在不同的地理位置或时区时。积极地将个体和小团队连接起来，以促进更广泛的意识、更有效的沟通和更深入的协作。最大化地建立联系，使我们的人员和团队保持健康，减少因感到孤立、被忽视和孤独而产生的消极行为。

良好的孤岛间连接通过包容性沟通和同心圆沟通来促进，包括同伴之间和同伴对导师的关系。以这些方式连接使我们能够取得进展并实现单独一人难以达到的成果。正如我们多样性设计和我们将在第 10 ～ 14 课中介绍的与构思相关的技术和练习所看到的，当思考和解决尝试单独进行时，棘手的问题变得更加困难。好的网状网络包括：

- 多个点对点连接，共同创建重叠的关系、连接和归属感网状结构。
- 人和团队之间频繁但简短的点对点通信节奏再次强化归属感。
- 通过简单的行动，如签到，定期与他人进行正式和非正式的连接。
- 建立到其他不太常访问的孤岛的轻量级连接，包括那些与我们的日常生活或工作没有直接联系的人。
- 与那些对我们的项目、计划或我们关心的其他领域的广泛情况有所了解的人和资源建立整体性的地理分组和联系。

通过引入在增加共同身份感技术中发现的关系建立方法来加强网状网络。这可能包括：

- 个人资料分享。
- 远程团队建设。
- 其他非正式的关系建立方法。
- 非正式的社交活动或闲聊会议。

最后，将网状网络扩展到与我们有共同目标或兴趣的其他人，或有一天可能成为我们团队一部分的人。考虑连接的远程和物理手段：

- 传统或团队仪式，如梦幻足球或垒球联盟、周五晚上虚拟烧烤、周六早上虚拟早午餐等。
- 由当地社区、学校或临近地区赞助的服务项目。
- 慈善和灾难救援活动，这些活动自然地将人们聚集在一起帮助他人。

无论是在顺境中还是在最困难的时候，都要与那些能给你带来能量、目标、出口、声音或有价值观点的人建立联系和网状网络，利用网状网络有意识地发展我们自己的网络，每次发展一个人、一个团队和一个事件。

4.3 负责任地高速运转

除了明确角色和加强连接外，我们还需要以一种使团队能够迅速行动以提升时间价值的方式运作团队，同时促进健康的协作和团队合作。以下是一些体现了本堂设计思维课介绍的设计思维技术和练习的做法：

- 培养并展现信任。当团队成员相互信任时，团队能够更长久地生存、更快地行动、更明智地尝试，以实现成长心态，因此能够承担更明智的风险。
- 强化团队对齐。为团队留出时间，建立一套简单规则和指导原则，帮助他们更好地对齐并更快地做出决策。
- 强化问责制度。为了维护信任，我们需要确保团队兑现他们的承诺。后果是生活的一部分；不要回避它们，而是利用后果来强化什么是重要的和不可谈判的。
- 坚持透明度。为了加强问责制和信任，使用实时团队仪表板和其他工具使团队进展"可视化和可见"。这样的仪表板可以揭示在技术项目或其生命周期中自然发生的瓶颈和障碍，为团队及其领导者提供更多时间来解决它们。
- 确保包容性。检查并确认团队是否确实听取了每个人的声音，人们是否以健康的方式工作，团队是否真正实现了预期的多样性。
- 降低管理开销。创建更扁平化的组织结构，减少管理层级，以自然地增加可见性，简化问责制，并加速决策。
- 减少检查关卡。最小化流程中强制的"停止"或检查关卡的数量；确保团队在创建可交付成果时共同工作，以最小化或消除与检查关卡相关的时间。

通过这些方法，实践本堂设计思维课介绍的技术和练习，平衡团队的速度与创造价值和实现业务成果的能力。

4.4 应避免的陷阱：群岛效应

如果我们不花时间做连接人和团队的艰苦工作，我们就有可能陷入所谓的群岛效应陷阱。2020 年底，全球大部分劳动力变成了孤立的岛屿，决策和选择被无限期地推迟或被单独且不加考虑地做出。人们开始因无聊和感觉脱节而"退出"，其他人变得冷漠。许多工人开始大批退休或辞职，而在其他情况下，工作退居次要，以照顾亲人、帮助儿童进行远程学习或参与其他活动为主。

人们不应该孤立地生活。许多仍然坚持工作的人发现自己负担过重、陷入困境、不快乐，感觉自己像是没有价值的一部分。这种缺乏联系的部分解释了为什么许多人寻找新的工作和新的度过一天的方式。在大规模人员重组之后，新的工作环境可能并没有更好，但至少有所不同。

尽管我们中的一些人自欺欺人，但每个人都需要广泛的同事、朋友和家人网络，以保持健康、参与和积极。网状网络关于包容性和连接，关于不遗漏任何人。在工作、家庭、邻居、俱乐部和更广泛的社区中扩展我们的网状网络。确保我们关心的其他人也这样做。健康的人和强大的联系将帮助我们避免群岛效应。

4.5 总结

第 4 课在第 3 课的基础上进一步深化了内容。本课程中，我们引入了八种设计思维新技术和练习方法，旨在构建和维护富有韧性和可持续性的团队。我们探讨了制定简单规则和指导原则来确保团队的健康对齐和运营一致性，并融入了"我们该怎么做？"的提问方式来促进包容性团队合作。接着，我们讨论了多样性设计以激发更聪明的创意，促进学习和团队合作的成长心态，以及用于指导迭代和设定期望的三原则。我们还介绍了一系列的技术和指导原则，帮助团队开展包容且高效的会议，并讲解了如何实施网状网络，以连接原本孤立的个体和团队。第 4 课最后强调了将这些技术和练习结合起来以实现快速运作的重要性，并提出了"应避免的陷阱"——群岛效应。

4.6 工作坊

4.6.1 案例分析

请参考下面的案例分析和相关问题。你可以在附录 A "案例分析测验答案"中找到与此案例相关的问题的答案。

情境

Satish 对其 OneBank 的几个计划领导者感到担忧。这些银行的倡议在基础层面上似乎未能有效做出决策或保持战略和运营的一致性。其中两个计划团队因成员同质化而在创意构思和问题解决方面遇到了阻碍。此外，还有多个关于会议和研讨会中出现非包容性行为的事件报告。在与这些计划领导者交谈之前，Satish 需要你的初步想法和建议。

4.6.2 测验

1）哪种设计思维技术或练习可以帮助这些团队更快做出决策，并在战略和运营上保持一致？

2）"我们该怎么做？"的提问方式如何帮助这些犹豫不决和缺乏一致性的团队？

3）哪种设计思维技术可以提升团队的创意构思和问题解决能力？

4）哪些设计思维技术可以帮助那些在会议和工作坊中遇到非包容性行为的团队？

5）群岛效应是什么？简单解释一下。

第 5 课

团队协作的可见和可视化

你将学到：

- 使团队合作可见和可视化
- 视觉协作的工具
- 开展设计思维练习
- 第一阶段：准备练习
- 第二阶段：开展练习
- 第三阶段：结束练习
- 应避免的陷阱：把一切藏在心里
- 总结和案例分析

在这堂设计思维课中，我们不仅探讨了如何应用设计思维原则来促进团队合作与协作，还介绍了如何通过工作坊或会议的形式来实施设计思维活动。在强调了视觉思维的重要性并列举了二十多个视觉协作练习之后，我们重点介绍了几种在线设计思维协作工具。接着，我们介绍了一个简单的三阶段流程，以成功地进行任何设计思维练习：准备练习、开展练习、结束练习。通过保持流程的简洁性并允许根据活动的具体需求进行调整，同时在每个阶段都包含关键步骤，我们为远程协作和面对面协作都打下了良好的基础。"应避免的陷阱"部分强调了团队成员之间达成共识的重要性，为第 5 课画上了句号。

5.1　使团队合作可见和可视化

如果我们单独思考，可能并不需要非得把初步想法写在纸上、白板上或某种数字格式中。虽然机会不大，但我们或许能幸运地记住足够多的相关信息，从而找到解决方案。这并非最佳方法，但有时也能奏效。

然而，在团队工作时，我们必须把脑子里的东西拿出来。言语往往不够充分，因为它们太容易被误解。最好的方法是从视觉上展示我们的想法，即"使想法可见和可视化"。它是指创造和共同细化图片、图表、模型等，以帮助我们与团队成员及可能邀请来协助我们思考和解决问题的其他人建立共同的理解。使我们的工作可见和可视化的两种方法包括"视觉思维"和基于视觉的用于视觉协作的设计思维练习。

5.1.1　帮助理解的视觉思维

对我们而言，"视觉思维"意味着有意识地用图片和图表来增强甚至取代言语。正如常言道，"百闻不如一见"。如图5.1所示，图片确实能比长篇的文字更有效地创造共同的理解。

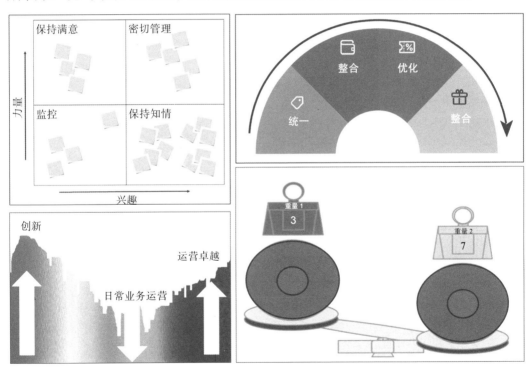

图5.1　注意这里的视觉效果是如何帮助任何人的，开始理解团队可能面临的问题或挑战，而不论他们之前是否参与

5.1.2　视觉协作练习

正如我们已经看到的，设计思维的基础在于使想法可见和可视化。通过这些方法，我们可以把想法从头脑中提取出来，与他人分享，以便移情、构思、沟通、原型设计、测试、运营、执行等。在本书中，我们介绍了三十多个视觉和可见协作的练习。其中包括：

- 利益相关者映射，用于快速了解人员。
- 权力／利益网格，用于确定利益相关者的优先级。
- 旅程映射，以深入了解人员及其工作。
- 移情映射，以更多了解用户和角色。
- 问题树分析，用于区分原因和结果。
- 船与锚，用于时间表的思考。
- 类比与隐喻思维，用于简化复杂问题。
- 不可能任务思维，用于激发创意。
- 莫比乌斯构思法，用于高效思考。
- 模式匹配和分形思维，用于识别主题。
- 亲和力分组，用于发现模式和主题。
- 穿越沼泽，用于创意和移情。
- 文化立方体，用于广泛理解。
- 黄金比例分析，用于验证自然模式的适应性。
- 靶心优先级排序，以明确首要、次要和第三要务。
- 力场分析，用于可视化变革的支持与阻碍力量。
- 思维导图，用于视觉化问题解决。
- 同心圆沟通，确保正确的人在正确的时间得到信息。
- 结构化文本，用于快速理解。
- 2×2 矩阵思维，用于集中注意力和确定优先级。
- 邻近空间探索，用于寻找低风险的下一步行动。
- 封面故事模拟，用于协调和激发兴趣。
- 玫瑰、荆棘、芽（RTB），用于制定更明智的下一步行动。
- 流程图，用于共享理解。
- 模拟，用于学习和反馈。
- 逆幂定律，用于负责任地适应变化。

现在，让我们将注意力转向一套工具，这套工具促进了视觉和可见的协作，并为地理位置分散的团队提供了共同进行设计思维练习的方式。

5.2　视觉协作的工具

我们大家都习惯了与他人进行面对面协作的方式。我们会使用白板，隔着桌子查看图表和计划，并在会议室中进行沟通。

但我们知道，协作并不总能面对面进行。随着我们的团队跨越更远的距离和不同地域，以及许多地方性和全球性的条件使得旅行变得困难或成本高昂，虚拟协作的需求变得比以往任何时候都更加重要。

对于设计思维练习和其他需要实时互动的场景，请考虑使用以下流行的工具：

- Klaxoon boards 及其工作坊平台，用于进行互动会议和设计思维工作坊，审阅和标注预先准备好的内容，这些内容可能是使用 Microsoft PowerPoint、Visio 或 Adobe 的协作工具制作的，也可以使用 Klaxoon 的多色智能便签进行现场练习等。如果团队成员无法面对面进行设计思维练习，Klaxoon 和 Microsoft Whiteboard（稍后介绍）都非常容易使用。请访问 https://klaxoon.com/ 创建账户并开始使用 Klaxoon 的工作坊平台。
- Microsoft Whiteboard 提供了预填充的问题解决、设计、策略、回顾和移情映射模板等，适用于现场素描、构思概念、标注内容以便导入 Klaxoon 板等。Whiteboard 包含在 Windows 11 中，有 Web 版本，也可以下载到其他 Windows 平台、Apple iPhone 和 iPad 上。请查看在线 Microsoft 商店获取应用程序。
- Figma 用于绘制线框图、标记便签，以及快速与他人分享想法，包括使用自定义库来托管和迭代我们的项目和计划的原型。并且可以使用 Figma 的 FigJam 进行在线白板绘制、构思和集体探索想法。请访问 https://www.figma.com 设置账户并使用这个工具。
- Microsoft Teams 和 Zoom Video Communications 用于通过视频进行沟通和协作，共享图表和其他数据，以及进行实时和异步通信。在 www.zoom.us/download 下载 Zoom，在 www.microsoft.com/en-us/microsoft-teams/download-app 下载 Microsoft Teams。

当然，还有很多其他可用的工具。可以使用 Miro 进行协作，Canva 可进行原型设计，Mural 可用于获取设计思维模板和画布，LinkedIn 上的广告牌设计思维（Billboard Design Thinking）群组可用于获取模板，以及其他类似的工具，用于在 Linux 和各种移动平台上进行实时协作和视频会议。

5.3　开展设计思维练习

有许多专门的书籍和课程致力于传授如何举办设计思维工作坊和引导练习。为了实现本课程的目标，我们已将"开展设计思维练习"简化为三个阶段，如下所述，并在图 5.2 中进行了说明。

- 第一阶段：准备练习。
- 第二阶段：开展练习。
- 第三阶段：结束练习。

图 5.2　利用这一简洁的三阶段流程来构思和实施设计思维练习

通过这三个阶段及其中的各个步骤，来执行本书中描述的任何设计思维练习。接下来将详细说明每个阶段。

> ⊙ 注释
>
> 澄清一下
>
> 尽管其他术语可能更为恰当，但为了避免与设计思维模型的技术阶段和执行设计思维练习的步骤产生混淆，我们选择了"阶段"这一术语。

5.3.1　第一阶段：准备练习

有许多课程专注于教授如何准备和实施设计思维工作坊、会议或练习（这些术语通常是可以互换的）。对我们来说，我们希望尽可能减少不必要的工作量，以创建一个尽可能简单的流程。

我们还需要考虑练习的"人的因素"；不仅要考虑必须作为我们工作核心的用户群体，还要考虑我们的团队成员和其他我们将邀请参与设计思维练习的利益相关者。

最后，要记住，我们的练习通常旨在广泛学习、深入移情、明确问题进行创意构思和解决问题，或者制作原型和测试，并且要明白我们的设计思维练习整体的定位，那么我们就应该更清楚需要准备什么、如何计划以及应该邀请哪些人。

通过执行以下步骤来准备和计划开展设计思维练习：

1）选择一个负责人来确定是否需要特定的设计思维练习，并为之做好准备。负责人通常也会担任练习的引导者（或教练），但我们目前还不要急于下定论。

2）统筹所有后勤事宜，包括练习的引导方式（是在实体地点还是通过如 Klaxoon 之类的工具）。

3）准备练习所需的工具和材料（从实体的白板、桌子、标记笔和便签到它们的虚拟对应物）。

4）明确要解决的核心挑战，制定练习的简要目标和简单议程。

5）根据目标，确保计划的设计思维练习仍然适宜。必要时调整或增加额外的练习，并更新议程。

6）考虑进行练习所需的时间（请参阅该练习的说明）。根据参与者和预期的引导者或教练的可用性，确定必要的参与者数量和构成，以及练习的具体日期和时间。

7）尽早发送会议邀请，以确保参与者能够参加。在会议邀请中包括议程和目标，并明确指出练习不仅会是一次愉快的经历，可以有效利用时间，而且是共同实现我们目标的重要一步。

8）根据我们在这个过程中所学到的，确定并准备我们的设计思维练习的引导者或教练。确保引导者通过模拟练习来熟悉内容。引导者需要准备好并善于吸引参与者，以推动我们练习的成果。

这个简单且可复用的流程当然可以根据具体情况进行调整，但它应该是任何练习的良好起点或模板。

5.3.2　第二阶段：开展练习

如果我们准备得当，我们应该就会有一间参与者可以加入的实体或虚拟房间，他们准备就绪，充满期待地想要共同工作。遵循以下步骤开始并执行设计思维练习：

1）作为第一个到达的人（无论是在现场还是远程），欢迎每个人。进行轮流的 30 秒简短自我介绍。在每个参与者介绍自己时加入一个简单的破冰活动（有关受欢迎和喜爱的破冰活动的列表，请参阅注释）。

2）分享场地、安排休息时间、减少干扰的措施、对参与的期望、参与规则等相关的任何后勤或内部管理规则。确保这些规则轻松愉快和乐观，营造一个安全并有利于协作和开放沟通的环境。

3）介绍会议的主题和目标、议程，我们都应该了解的问题或情况，以及我们今天最终要实现的目标：我们希望达到的结果（可能包括更深入地了解一种情况、建模或定义一个问题、构思学习或潜在解决一个问题、构建原型等）。

4）在开始实际的设计思维练习前，进行热身活动是有益的，以帮助人们创造性地思考。请参阅第 10 课了解热身活动，包括绘画思维活动、用玩具积木或乐高积木建造摩天大楼、与邻座一起建造意大利面桥或纸桥、制作最精致或投掷最远的纸飞机、仅使用纸和胶带设计四杯架、不抬笔或不重描线条画房子等。

5）介绍设计思维练习、我们面临的挑战、我们将使用的材料和我们寻求的结果。提醒参与者我们需要保持专注的关键用户群体，包括那些可能被忽视或边缘化的用户。

6）按照这里或其他来源概述的步骤进行设计思维练习。

7）如果参与者遇到困难或分心，考虑引入一套促进不同思考的指导原则或进行快速检查，看看每个人都做得如何。根据需要提供清晰度或帮助。

重要的破冰指导

我们最喜欢的一些破冰活动包括让参与者分享他们的理想工作、最喜欢的运动队、第一辆车、最自豪的成就、他们遗愿清单上的物品、他们目前正在听的音乐或播客、他们读的最后一本书、他们如何度过上一个周末，或者分享一些可能很少有人知道的事情。然而，在了解每个参与者的答案时，要确保营造一个包容和鼓励的环境！

这个过程在书面上看起来很容易，但挑战会出现。要准备乐观地应对这些挑战，记住我们需要实现的结果，以及我们需要一起到达终点。

5.3.3 第三阶段：结束练习

尽管每次练习的结束可能会带来不同的结果，但仍有一些通用的步骤需要执行，以确保我们共同度过的时间能够圆满结束。

1）对练习及其实施和接受的情况进行一次简单的回顾性分析，包括它在设计思维整体中的位置和所取得的成果。

2）收集、记录或保存所有完成的模板、工作示例、问题陈述与框架输出、模型、想法列表、优先选择或决策、原型与绘图、测试计划与输出，以及在此过程中创建的所有视觉资料。

3）与参与者就后续步骤和跟进行动达成共识，包括下一组决策、技术和练习。

4）在结束之前，征询参与者关于练习、工具与材料的有用性，引导者或教练的有效性的看法，以及下次应该如何改进的反馈意见。

5）结束练习，并对每个人的参与表示感谢。

6）在领导团队内部进行汇报，分享成果和输出，并与这个较小的团队讨论下次如何改进。

之后，应以数字形式与参与者和相关利益相关者分享成果、结论、下一步计划等，确保信息不会在练习结束后丢失。

5.4 应避免的陷阱：把一切藏在心里

一家地区零售商正在业务转型，员工们工作时间长，但进展缓慢，这可在缓慢的开发周期和糟糕的测试结果中得到证明。有人提出，该团队过于注重细节和繁文缛节；团队成员需要一个指引方向的北极星，以及一种将他们的工作与这个北极星对齐的方法。

虽然提出了一些初步想法，但没有人想到要引导团队的思考，将想法从头脑中提取出来并公开展示，让其他人能够看到并思考。团队将所有想法都封闭在内心，每个人的观点都略有不同。团队需要使他们的想法和工作可见和可视化，需要达成某种共同的理解，并就他们的中期成果和最终成果使用一套共同的术语。

相反，他们被告知继续工作。在又一年艰难地进行业务转型之后，公司决定放弃这项变革，认为其不值得付出努力，并停止了项目。

5.5　总结

在第 5 课中，我们探索了设计思维原则，这些原则用于可见和可视化的团队协作。我们阐述了视觉思维，以便在人们之间建立共同的理解，然后是一系列视觉练习，用于视觉协作。在介绍了一系列简化工具以促进远程和分散地域的团队成员之间的协作之后，我们接着讨论了三个阶段，用于执行本书中介绍的三十多种设计思维练习：第一阶段准备练习，第二阶段开展练习，第三阶段结束练习。通过保持执行练习的流程简单，并在每个阶段包含关键步骤，我们创建了一个简单且可重复的流程。我们用一个"应避免的陷阱"重申了团队成员之间获得共同理解的重要性，结束了第 5 课。

5.6　工作坊

5.6.1　案例分析

请参考下面的案例分析和相关问题。你可以在附录 A "案例分析测验答案"中找到与此案例相关的问题的答案。

情境

Satish 最近发现了许多沟通问题，并得出结论，OneBank 的几个倡议团队在使用一些常用词汇和短语时，对它们的意义有着不同的理解。当他在解决那个共同词汇问题时，他要求你也与那些团队分享你对使团队合作可见和可视化的看法。团队已经提出了一些问题让你先回答。

5.6.2　测验

1）最简单地说，视觉思维是什么？

2）设计思维练习用于视觉协作有哪些例子？

3）如果一个团队无法亲自会面来进行设计思维练习或会议，哪些替代方案可能最有用？

4）组织和执行设计思维练习或会议可能使用什么样的逐步过程？

第二篇

全面理解

第 6 课

了解全貌

你将学到：

- 倾听与理解
- 评估更广泛的环境
- 理解并阐明价值
- 应避免的陷阱：忽视文化分形
- 总结与案例分析

第二篇全面理解从第 6 课开始，我们专注于面向技术工程师的设计思维模型的第二阶段（见图 6.1）。接下来，我们将踏上一段旅程，去探索和理解整个领域的概况，与散布在这片领域中的合适的人建立联系，并通过深入了解这些人来移情，成功解决问题，并最终共同创造和提供价值。在这堂设计思维课中，我们专注于三个关键领域：倾听、理解和学习。我们是在特定的情境或问题背景下进行倾听、理解和学习的。毕竟，在开始更深入地联系和移情之前，我们需要先了解整个领域——生态系统、行业、组织及其文化。这些工作都包含在我们面向技术工程师的设计思维模型的第一阶段中，我们通过这些工作来帮助我们确定成功解决问题和提供价值所需的要素。本堂设计思维课以一个关于忽视文化细节而带来后果的"应避免的陷阱"案例分析结束。

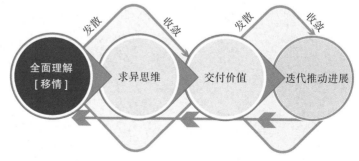

图 6.1 我们的面向技术工程师的设计思维模型的第二阶段

6.1 倾听与理解

倾听不仅是一种技术，也是一个过程，良好的倾听需要一些预先的规划。在我们成为优秀的倾听者之前，我们需要提前思考并有意识地做到以下几点：

- 明确我们的需求。思考你需要哪些信息，以及谁能提供这些信息。更重要的是，深入思考我们是否在寻求顿悟、经验教训、历史回顾、对近期事件的反馈、对未来想法的思考，或其他内容。
- 选择那些知道我们需要什么的人。考虑在有目的地寻找听众并与他们坐下来交谈，与开放性地让听众找到我们并让我们坐下来交谈之间取得平衡。智慧和洞察力无处不在。
- 保持专注。没有什么比一个假定的倾听者实际上没有在倾听更糟糕的了。我们都有过这样的经历……很容易看出我们的听众是否分心，没有完全专注。如果我们在这里是为了倾听，那就专心倾听吧！放下手机，合上笔记本计算机，找一个没有干扰的地方，全神贯注。倾听、学习，并在之后做笔记，以确保我们不会忘记我们所听到的、学到的和感受到的。
- 保持自我意识。倾听也意味着实时响应，以表明我们的参与、思考和学习。轻微地点头可能很有用，偶尔简单的肯定话语也可以，但不要过度使用这些技术！我们都知道那些假装倾听但实际上并没有倾听的人，以及那些以分散注意力的方式倾听的人，让我们不禁怀疑他们是否真的在倾听。要了解我们自己。

⊙ **注释**

需要更好地倾听吗？

通过练习积极倾听、有意识的沉默以及其他倾听和学习技术，成为一个更有自我意识的倾听者。这样，我们可以开始掌握保持情境流畅的艺术。

麻省理工学院的资深学者库尔特·勒温曾说，理解一种情境的最佳方法是尝试改变它。为什么？因为人们会聚集起来帮助我们理解为什么改变是不必要的，一切都很好。相反，其他人也会聚集起来帮助解释为什么特定的改变没有满足他们的需求或解决他们的问题。还有一些人会聚集起来，提供他们对如何进行改变、改变什么、何时进行改变的看法。

通过这些人的"帮助"，我们可以增进对情境的理解。但这种临时的增进并没有建立我们可能需要的广泛理解，也没有推动可持续变化所需的那种深入的知识和移情。相反，我们应该开始练习积极倾听，这将在下文介绍。

6.1.1 积极倾听

人们通常会很快声称自己是好的倾听者。但这比我们想象的要困难。它是一种需要不断磨练的技能。积极倾听意味着：

- 全身心投入，没有干扰。
- 持续抵制打断的冲动，直到适当的时候。
- 与其打断我们分享自己的想法，不如选择反映我们刚刚听到的内容。
- 通过言语提示、微笑、点头等，反映我们对所听到内容的理解。
- 在适当的时候进行复述，以澄清和浓缩关键主题或学习所得。
- 尽可能确保我们专注于当前的话题，同时认识到其他人可能会将谈话引向其他方向。
- 在必要时提问，同时尽量减少打断。

请记住，"积极倾听"就是要放下我们的手机、笔记本计算机、偏见以及我们自以为了解的一切。设身处地，像我们错了一样倾听，然后学习。可以说，没有比倾听他人的经历、故事以及他们主动提出的挑战和痛苦更好的学习和移情方式了。

6.1.2　有意识的沉默

创造并利用尴尬的沉默和其他健康的不适感来了解他人的心中所想。有意识的沉默是一种通过在与他人交谈时不填补对话中的停顿或空白来获得理解的方法。相反，让沉默持续……让它存在……并等待。耐心等待另一个人最终重启对话，同时观察其肢体语言和其他非语言沟通。

这个理念很简洁。当我们沉默时，当我们选择倾听而不是用我们自己的语言填补空白时，我们给予了他人一份"礼物"。我们赋予了他们用自己的见解和他们心中真正的想法来填补尴尬沉默的能力。无论我们是进行积极的对话还是争论，有意识的沉默都能让我们深入洞察另一个人的思想和感受。这些洞察力如同黄金般宝贵。

在那些尴尬的沉默中，因为我们不再努力寻找自己的话语，所以我们有机会更加专注。我们有机会考虑围绕讨论的所有非语言反应和肢体语言。从这些非语言交流中学习——比如眉毛的抬起、手臂的交叉、眼睛的转动或无奈的摇头——帮助我们确定在允许有意识的沉默发挥作用后，如何引导对话。

拉里·金曾说："今天我所说的任何话都不会教会我任何东西。所以，如果我要学习，我必须通过倾听来实现。"倾听有多种形式。起初，我们希望和需要广泛地倾听那些愿意交流的利益相关者。最终，我们将学会从杂音中筛选出精华，但公平给予每个人被听到的机会很重要；不要过早地排除人们的声音。毕竟，声音最大的人通常最受关注或最感兴趣，即使他们可能是最麻烦或最烦人的。

我们还必须广泛地倾听不同的听众，从高层到基层，从上司到员工……从处于一切中心的人到边缘或外部的人，他们可能为我们提供宝贵的见解和视角（见图6.2）。

图 6.2　有意识的沉默可以通过观察和倾听我们的利益相关者、潜在用户等带来更深刻的洞察力

⊙ **注释**

嘘……

当我们沉默时——当我们选择倾听而不是用我们自己的语言填补对话空白时——我们最终会发现，别人会用他们独特的见解和他们心中真正的想法来填补那些尴尬的沉默。

6.1.3　超级反派的独白

就像电影中的反派经常花时间"揭示他们的邪恶计划"一样，我们可能需要让那些对我们当前情况和现状有深入了解的人阐述他们的观点……就像一个邪恶的超级反派！我们需要知道他们在想什么，以及情况是如何发展到今天这一步的。

我们如何了解别人的想法？首先，尝试邀请人们对影响他们未来的开放式问题作出回应，例如：
- "周围发生了这么多变化，你觉得接下来会发生什么？"
- "如果这种情况按照你预期的方式发展，你有什么计划？"
- "对我们这样的人来说，这里的未来是什么样的？"

或者，提出一些关于当前情况或组织的挑衅性观点，以引出回应：
- "你认为这些行业变化将如何长期影响我们？"
- "过去的六个月有一半的领导团队离职，你怎么看？"
- "艾莉森没有得到管理总监的晋升，你怎么看？"
- "你上次看到这种情况是什么时候？"

超级反派的独白有助于我们与他人互动，理解我们所面临的情况，如图 6.3 所示。通过这种技术，我们可能会发现未来可能发生的事情、我们可能面临的不确定性和其他挑战，以及我们可能需要做出的决策。而且，与天生健谈或倾向于过度分享的人一起做这件事非常容易。找到他们，与他们互动，并学习！

引导不满或抱怨的人开口也不难。如果我们不愿意提出棘手的问题，可以找一个愿意的同事一起协作处理这种情况。一起引导那些人说出他们的想法，然后坐下来倾听和学习。只要记住，在这些情况下没有人是真正邪恶的超级反派；我们只是在使用一种常见的技术来了解得更多。

"今天的系统真的非常慢……每天早上尝试登录或在周一离开前运行我的周报表时，我都会感到非常沮丧，天啊，我们的云 DevOps 团队人员非常出色，但 Nancy 要离开了，而其中一个同事似乎完全没有参与感，或许根本没有头绪！"

图 6.3 鼓励他人像超级反派一样分享他们的观点，可以带来比积极倾听和有意识的沉默更深刻的洞察力

6.1.4 探究以更好地理解

当我们对一个情境或问题有了基本的理解后，我们就可以开始深入挖掘细节。我们通过提出一些需要深思才能回答的问题来实现这一点。这样，我们就能实现深入探究以理解的目标，即使情境更加清晰，不仅学习更多，而且避免重复过去的错误。

深入探究的问题不仅仅是澄清问题。好的深入探究的问题能够打开通向情境的前后门，让我们能够全方位地探索这些情境。怎么做呢？我们可以通过提出开放式的"为什么……？"问题，并沿着类似的提问路线深入。当我们深入探究并提出深入问题以理解情境时，我们可以这样做：

- 回顾过去，解释我们是如何到达这里的。
- 评估现状，理解事物为何会这样。
- 展望未来，思考当变化引入时可能发生的情况。

我们通过提出需要深思才能回答的问题来深入探究。目标是使当前或潜在的情境更加清晰，避免重复过去的错误，并找到克服我们面前的不确定性的道路。

然而，深入探究的问题必须超越仅仅澄清问题；它们用于寻求和理解情境的边缘。因此，这些问题通常是开放式的，并且常常以"为什么……？"开头。

重要的是，深入探究的问题并不旨在消除所有的不确定性！复杂情境通常包含一定程度的不确定性，而且试图消除所有不确定性的努力是徒劳的。我们的目标仅仅是穿透不确定性的表层，

这样我们就能在追求更广泛理解的过程中变得更聪明。

当我们努力更深入地了解自己或他人陷入困境的原因时，我们可能需要提出一些深层次的探究性问题，这种问题能够真正帮助我们了解他人的心态。如果我们不探究他人为什么会以某种特定的方式思考或重视某种特定的事物，或者我们不了解当前的状况是如何形成的，那么我们可能永远都无法完全理解捕捉他人的挣扎、思考和行为的细微差别。

有几种巧妙询问和寻求真相的方法，但开放式问题和漏斗式问题通常是最简单和最有用的。开放式问题不能用是或否回答。它们本质上是探索性的，是那种真正让一个人避免自动反应并真正思考的问题。考虑以下例子：

- "你在设计这个界面时考虑了什么？"
- "你打算如何挖掘需求？"
- "你为什么认为那是管理积压问题的好方法？"
- "请再多告诉我一些关于……"

漏斗式问题从简单的问题开始（询问名字、事情进展如何、那个人最近在做什么），一旦被问话的人感到舒适，问题就会变得更尖锐或深思熟虑：

- "你为什么在这方面没有更成功？"
- "在……期间，你克服了哪些问题？"
- "你上次审视……是什么时候？"
- "谁告诉你关于……的？"

尽管深入探究（特别是漏斗式问题）可能会让人感觉有些冒犯，但探究的目标是使情境清晰和真实。探究提供了理解，这反过来帮助我们避免错误，更深入地了解我们面前的是什么。

深入探究以理解清除了我们面前的不确定性。为了进行一次良好的深入探究以理解的练习或提问，请注意以下几点：

- 给被问话的人思考的自由、空间和时间。
- 不要过早地回答我们自己的问题或引导我们的听众走上我们自己设定的道路；实施良好的有意识的沉默！

让问题沉淀并让人们自行回答。要有耐心。我们很可能会得到一些我们不知道的东西。

- 谨慎使用挑衅性或情感强烈的问题。
- 避免一次性向一个人提出太多难题。
- 平衡进行基本事实调查的需要与被引导走上意想不到的学习之路的需要（真正的回报所在）。
- 避免过早下结论；过早下结论会打断信息流，并暗示我们认为我们已经拥有了所有的答案！
- 使用我们的倾听技巧来确定正确的澄清问题。澄清将增进理解和共情。

- 在整个沟通过程中积极参与。
- 对我们问题的答案提供周到和真诚的反馈，以表明我们在倾听。将回应、经历或故事中重要的方面作为强化沟通者的信息或引出更多细节的方式。
- 注意我们自己的肢体语言和面部表情。没有什么比无法控制的肢体语言可以更快地结束一场艰难的对话了。

深入探究让我们可以穿透有偏见的观点、歧义和人们选择分享的少量信息，这样我们就可以学习和看到更大的图景，并在此过程中变得更加明智。

> ⊙ 注释
>
> **万事通？不，谢谢**
>
> 记住，当我们深入探究以理解时，我们需要避免让自己看起来像个万事通！相反，我们要努力使自己成为一个出色的倾听者，让别人觉得我们是一个无所不能的倾听者。

6.2 评估更广泛的环境

在我们进行了倾听和深入探究之后，接下来的步骤是通过研究来补充我们的知识空缺。具体而言，我们首先要努力构建对大局的全面理解，这包括了解组织的整体运作和战略方向。紧接着，我们需要深入了解组织文化、职场氛围以及存在的偏见，这些都是了解一个组织不可或缺的方面。

6.2.1 全局理解

我们在第 2 课简要提到过，获得全局理解意味着研究和理解多个环境维度，这些维度从宏观探索开始，逐步深入，以更好地理解：

- 宏观经济环境和行业状况。
- 公司或实体在其行业和环境中的地位。
- 公司或实体内部的组织或业务部门。

例如，如图 6.4 所示，我们可能首先探索更广泛的行业、经济或监管环境等宏观或全局的问题，以回答以下问题：

1）整个行业或领域的当前状况和健康状况如何（包括经济状况、存在的问题和当前趋势）？

2）哪些安全和合规要求是当前最为关注的？

3）是否需要考虑特定的行业实践、流程和质量标准？

4）最相关的外部压力和变化是什么（例如竞争压力、经济变化或监管问题）？

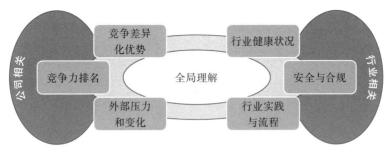

图 6.4 通过探究与组织相关的宏观和其他高层次问题，我们可以对该组织有一个广泛而全面的了解

5）公司或实体在其行业和竞争对手中的地位如何？

6）公司与其他类似公司有何不同？它们之间的区别是什么，原因何在？

接着，我们可能进一步了解公司及其文化和标准，以及其具体的业务和技术问题：

7）公司或实体的总体愿景是什么？它希望成为什么，以及这一愿景的时间框架是怎样的？

8）公司当前的文化在多大程度上反映了它的愿景？存在哪些差距？

9）从财务、客户、合作伙伴、员工工作/生活平衡和员工士气的角度来看，公司的总体状况如何？

10）公司如何应对外部业务压力和变化？

11）公司的主要业务或运营痛点和挑战是什么？这些是如何受到技术限制或制约的？

12）公司的主要战略业务、运营策略或举措是什么？技术是推动力还是阻碍？

13）对于这些策略和举措，公司是否在保护技术或其他不可触碰的领域以及现状？

14）公司及其领导团队是在逃避问题，还是在朝着统一的愿景或使命努力？

15）公司最近的业务和技术战略表现如何，有哪些变化或潜在变化？

然后，我们可能会填补关于公司特定组织或业务部门，以及受业务、技术情况和问题影响的人员的空白：

16）业务部门的职能战略和能力需要做出哪些改变？

17）当前功能和能力的交付情况如何？这些交付能力的成熟度如何？关键差距在哪里？

18）对于任何给定的业务支持技术，是否有识别和围绕特定业务或特定技术的变革驱动因素的跟踪记录？

19）业务部门及其人员在多大程度上能够适应变化？这在过去的项目或举措中如何体现？

20）业务部门的文化在多大程度上促进或阻碍变化？

21）业务部门在内部的感知如何？

22）对业务部门及其人员来说，"价值"意味着什么？

23）谁定义了"价值"的概念，以及如何衡量它？

24）从领导和管理的角度来看，业务部门的稳定性如何？

25）业务部门的工作人员对他们的工作、领导、团队和整体组织有什么看法？

有了这些广泛的理解和背景，我们就可以处理组织的情况和问题，并关注正确的人和问题。然后，我们需要围绕文化和变革节奏做更多的工作和研究，这些文化和变革节奏与情况和问题紧密相关。

6.2.2　探索变革节奏的文化蜗牛

理解一个组织的全貌和宏观布局是一回事，而理解公司或业务部门变革的能力则是另一回事。在任何 IT 项目或技术计划中，技术团队与将要从最终技术驱动的业务解决方案中获益的业务团队自然交汇。在这个交汇点上，存在许多文化特质，它们影响并塑造着每个团队、每个业务部门、公司，甚至可能是更广泛的行业和宏观经济环境。

通过这种多层次的方式，我们可以观察到文化在此处或彼处逐渐变化。这种塑造需要时间。变化是逐步发生的，一个人接着一个人，一天接着一天，就像蜗牛在旅途中缓慢前行。文化变革就像蜗牛一样，是有生命的，移动和变化缓慢，有时形态不定且混乱（见图 6.5）。

图 6.5　文化反映了随着时间推移，人们加入和离开团队和更广泛的组织时所带来的无数变化

绘制这段旅程的地图吧！在他人的帮助下勾勒出来，并思考你所看到的。一个组织的文化旅程揭示了组织变革的能力及其变革节奏。它向我们展示了组织吸收变化的能力如何。你是否看到了变化迅速并被采纳的转折点？你是否看到了变化被回避，导致组织停滞不前的情况？这种文化旅程如何反映项目、计划、并购、剥离、战略变化、产品发布与产品失败、经济衰退、行业变化等？

文化不仅仅是缓慢变化的，它还是多维和复杂的。考虑一下我们的外部合作伙伴、培训机构、云和应用供应商、硬件和网络提供商等如何影响了现有的文化和工作方式。然后借助文化立方体来更深入地思考文化的各个维度，以及它们如何协同工作，以更好地描述一个业务部门或公司今天的文化和工作环境。

6.2.3 有助理解的文化立方体

常识和经验告诉我们，我们不能简单地通过"改变文化"来改变文化。文化变革需要时间，因此改变也需要时间。文化是通过一次改变一个人、一次改变一个行为来塑造的——这需要时间。相反，我们应该首先采取以下基础广泛的步骤：

1）利用现有文化。这里的理念是，就像我们在培养员工能力或提升组织成熟度时所做的那样，要在我们的团队或组织文化目前所处的位置与员工相遇。这样，我们可以立即利用并建立在我们团队或组织文化中最有价值的现有方面，同时学会通过现有模式和偏见工作，并开始为进步重建动力。

2）有意识地发展和塑造文化。接下来，在利用现有文化取得初步进展的同时，我们需要随着时间的推移塑造和重新定义什么是有效的团队或支持性组织。我们需要促进特定的态度、行为和健康的偏见，并消除其他偏见。在这样做时，我们必须考虑现有文化如何在环境、工作氛围和工作风格这三个维度上产生反应和演变。

我们的目标是轻轻地推动文化向一个被有意识地利用差异的好的地方发展，并在实现项目或计划的目标和目的时退居次要地位。我们要采取措施将团队凝聚在一起，奖励做得好的工作，并接受这样一个观点：适合特定任务的合适人选与差异无关，而与能力、成熟度和态度有关。

我们必须小心，不要无意中将特定的团队或部门彼此隔离或分开。目标和正确的事情是推动包容性。无论地理界限或经验如何，团队中没有局外人。

在有人侵犯他人权利或创造了一个不安全工作环境的情况下，我们必须迅速采取措施解决这个问题并树立积极的榜样——不仅仅是领导者，还有每个人。

帮助彼此每天都尽可能地发挥最好的作用，不仅仅是领导层的工作；这是每个人的工作，每个人都有责任照顾彼此。

我们如何开始？从哪里开始？评估我们团队或组织文化的最简单方法是简单地环顾四周。人们在做什么？团队默认的但可能不成文的简单规则和指导原则是什么？人们的行为如何？哪些行为被容忍，哪些没有？团队优先考虑和重视的是什么？他们在完成困难任务方面的记录是什么？观察和倾听！

注意其他人对团队——我们的团队——以及我们的组织的看法。这些征求和未征求的反馈和见解揭示了一个重要的时间视角。这样的视角为我们提供了一个基线，我们可以用来衡量我们文化的演变。在这里，当我们考虑将设计思维应用于技术时，让我们将文化浓缩成一个反映三个维度和八个视角的文化立方体（见图 6.6）。

正如我们从图 6.6 中看到的，文化立方体反映了三个维度：业务部门或公司的环境、工作氛围和工作风格。每个维度包括两个或更多的视角。为了评估一个组织或团队的文化或工作场所氛围，请评估以下内容：

图 6.6 文化立方体及其维度和视角

时间和人员：文化立方体练习需要 3 ～ 10 人，耗时 30 ～ 120 分钟。

1）环境。考虑人们如何看待他们的整体工作场所。

- 和谐，或在工作场所有效工作和相互关联的能力。
- 熟练，或持续改进重要且因此有意义的事情的愿望（Pink，2009）。

2）工作氛围。考虑人们如何一起工作和相互关联。

- 集体，或团队在多大程度上有效地共同工作，重视人员和 / 或正在完成的工作，并有关于目标和成功的类似想法。
- 个体，或每个团队成员在背景、经验、偏见、价值观（以及尊重、主动性、领导力"追随"风格、共情、冲突管理技能等）方面为团队带来的个人贡献。
- 层级，或"团队成员之间的垂直差异"（Greer，2018），跨越团队和整个组织。

3）工作风格。考虑人们如何以及何时完成事情。

- 执行，或工作是如何以及为什么被执行的，以及工作在多大程度上被严格结构化和管理（或没有）。
- 思考，或在执行工作之前的计划。
- 时机，或执行工作的时间。

正如我们从变革节奏的文化蜗牛中了解到的，文化移动缓慢并以微妙的方式移动，每新招一名员工加入团队，或有人离开留下的空缺，都反映了文化的增量变化。这些个体的变化慢慢地以它们微小的方式影响并改变组织的文化，包括整体环境、每个团队更具体的工作氛围以及在每个团队内部和团队之间观察到的工作风格。

6.2.4 认识和验证偏见

评估宏观环境的另一个关键技术是识别和确认跨团队和业务部门的偏见。人人都有偏见；我们都有自己的偏好和默认的思考及反应模式。这些偏见会"上升"并影响到我们的团队、业务部门等。

在这里，偏见类似于糟糕的心理捷径。它们之所以糟糕，是因为它们绕过了深入思考，将我们的想法和自动反应直接送入了假设的世界。因此，关键在于识别自己的偏见，以及察觉他人和我们团队中的偏见。这样，我们就能摆脱那些可能将我们束缚于陈旧思考和执行模式的行为和模式。

偏见来源于我们过去的经验和见识，这些偏见可能会在现在无意识地影响我们，因为我们会将这些过去的经历应用到我们的工作、沟通、协作和决策中。由于无意识的偏见和有意识的偏见一样，都会伤害人和关系（以及团队及其声誉），因此尽早识别和确认它们非常重要。

偏见有许多形式，但在与他人健康互动时，有几种偏见形式容易被忽视：

- 从众偏见，即认为已被他人采纳的想法也自然适合我们（而不是对其进行辩论或在我们寻求其他想法时将其搁置）。
- 确认偏见，人们希望相信一些能证实他们认为自己已经知道的事情。
- 框架偏见，发生在一个糟糕的想法仅仅因为它被很好地呈现或"框架化"就被采纳的时候。
- 行动偏见，即认为采取行动总比什么都不做要好，即使处于缺乏支持该行动的信息的情况下，这反而可能让我们陷入困境，因为我们可能在错误的事情上工作或朝着错误的方向前进。
- 信息偏见，人们要求拥有更多信息来做出最佳决策（同时让我们陷入僵局）。
- 支持创新偏见，即仅仅因为新想法是新的，因此就被认为是创新的，从而被采纳。
- 群体内偏见，即对那些在文化、背景、经验、教育、肤色、身高、体重等方面与自己不同的群体所提出的想法，一概不予采纳。

偏见以与个体层面相同的方式出现在团队和组织中：一次一个人。偏见也会出现在产品和服务中。想想许多有色人种不得不将手翻到"较浅的一侧"才能让免提传感器分配肥皂和水的故事。为什么？因为这些传感器是为特定肤色设计的。

偏见会排斥人们、抑制创新、简化假设，并对数据收集和反馈会议产生负面影响。例如，群体内偏见会驱使团队偏爱自己的想法或思考，而不是其他团队的想法或思考。框架偏见会驱使团队或个体将一个呈现得很好的想法视为最佳想法。团队，特别是那些被期望创新的团队，宁愿选择行动偏见，也不愿意冒险被认为"思考过多而无法构建"。这些偏见没有任何优点，但它们经常影响我们的行动和我们团队的行动。

因此，要警惕这些偏见。当你听到"那永远不会被董事会批准"，或"我们试过了，失败了"，或"没有人会想要那个"等说法时，温和地指出这些观点是基于过去的感知，值得考虑。提醒团队，我们必须从我们的错误中学习，但要保持对未来的关注。找到将我们所见所闻的共情与听取所有观点——无论新旧——的愿望联系起来的方法。

我们需要保持沟通的畅通无阻。毕竟，今天的问题从来都不是昨天的问题，也不可能总是用昨天的办法来解决。正如我们接下来将看到的那样，如果我们能够利用更广泛、更多样的潜在想法，我们就更有可能解决今天的问题。

6.2.5 趋势分析

我们评估宏观环境的最后技术是称为趋势分析的长期观察、研究和分析技术。这种技术通常与最终用户和用户社区趋势相关，但它可以更广泛地应用于团队、业务部门、公司、行业和其他来源。

趋势分析需要从所讨论的来源收集和分析数据，以确定数据中是否存在随时间推移的相关性或关系。你可以根据用户组或其他来源的相似性和差异性进行评估，并将这些相似性或差异性（变化量）基于时间或天（或周、月、季度）、地理、行业、组织、教育、语言、年龄、性别、有效性、绩效、错误数量、提供的选项、默认决策等进行相关性分析。

使用趋势分析得出关于情况全貌、组织文化和团队工作氛围及偏见的高层次结论。在此过程中要特别注意避免引入偏见。分析趋势容易出错，并非万无一失，因此为了我们的目的，只能得出最宽泛的结论（并确保这些结论适当地附上警告）。样本量（例如用户或群体的数量）越大，结论和结果越好。

6.3 理解并阐明价值

在我们深入举措、项目和设计思维过程之前，我们需要回答一些对我们的成功至关重要的问题。对于我们的团队、组织、产品、解决方案和领导者，请考虑以下问题：

- 我们是否了解我们组织和团队的愿景和使命？
- 我们实现愿景和使命的广泛目标是什么？
- 当这些目标实现时，价值看起来如何？
- 在众多利益相关者中，谁定义了这个价值？
- 价值需要多快交付？
- 将通过哪些关键结果来衡量价值？

我们越早了解预期通过技术实现的价值属性，就越有可能长期保持这种关注。之后，当我们通过联系和移情、构思、原型设计和测试等来工作时，我们自然会一次又一次地回到价值这一概念上来。在为实现价值和其他效益而制定解决方案和计划时，我们会确定工作的具体目标。我们还将确定衡量工作成功与否的关键结果。但现在，我们只需要通过不同利益相关者的视角，对价值有一个全面的了解。

6.4 应避免的陷阱：忽视文化分形

在第 3 课，我们简要介绍了分形思维，它是一种考虑规模模式的方法，可以让我们以不同的方式进行深入思考。无论是文化还是其他方面，分形就在我们身边。对于一家大型医疗保健公司来说，如果不能抓住全球范围内的趋势，并将其反映到行业层面和竞争格局中，那么该公司不仅失去了先发优势，而且一年的工作也停滞不前。如果该公司认识到了这一分形，并有勇气推进其为家庭和人员提供远程护理的愿景，那么分形最终会以一种有趣的方式改变全球医疗保健行业的文化及其许多关键参与者。这一特殊的分形向下延伸至公司、公共实体、联合合作伙伴关系、业务部门和团队。

6.5 总结

在第 6 课中，我们学习了一系列技术和练习，以便我们能更好地倾听和更深入地理解，这包括积极倾听、有意识的沉默、超级反派的独白和探究以更好地理解。接着，我们介绍了一些用于评估公司或业务部门文化、偏见及其他宏观见解的技术和练习。此外，我们强调了及早明确价值的形态、由谁定义和交付时间的重要性，这些在我们未来进行构思、问题解决、原型设计、迭代和解决方案制定的过程中将非常关键。本课以一个关于忽略文化分形所带来的后果的"应避免的陷阱"的真实案例作为结尾。

6.6 工作坊

6.6.1 案例分析

请参考下面的案例分析和相关问题。你可以在附录 A "案例分析测验答案"中找到与此案例相关的问题的答案。

情境

BigBank 在 OneBank 全球业务转型框架下开展了十几个项目和计划，这对该组织有限的支持人员造成了很大的压力。Satish 和执行委员会很想知道有哪些技术可以帮助每项计划的领导团队更快地了解和理解各自的业务部门是如何"走到今天"的。Satish 本人也对任何可以帮助推动一些业务利益相关者更自由地谈论他们自己的想法和观点的技术很感兴趣。

6.6.2 测验

1）除了良好的积极倾听技术外，还有哪些"倾听和理解"的技术可以帮助 Satish 鼓励组织内的业务利益相关者更自由、更公开地交谈？

2）"探索变革节奏的文化蜗牛"如何帮助解释业务的各个部分是如何发展到今天的？

3）哪种设计思维技术可以帮助我们从维度和视角的角度来审视我们团队的文化？

4）在研究和形成对公司或组织的宏观理解时，哪些环境维度起初宽泛但有助于我们更深入地理解组织？

第 7 课

与正确的人建立联系

你将学到：
- 寻找和确定关键人物的框架
- 利益相关者映射和优先级排序练习
- 与利益相关者互动的练习和技术
- 应避免的陷阱：只遵循理想路径
- 总结和案例分析

在第 7 课中，我们将进一步探讨了解我们所处的环境以及与我们共同面对这一环境的人的重要性。在 IT 项目或计划中，存在一些被称为利益相关者的人，他们对我们的工作有直接的利益关系，或者有能力对我们的工作产生影响。我们必须识别这些人，与他们建立联系，深入了解他们，确定我们与他们互动的优先级，并积极管理与我们的工作最密切相关的人群的关系和期望。为了协助我们，我们在这堂设计思维课研究了一个框架，它反映了一些活动，并通过一系列设计思维练习来帮助我们。这为第 8 课打下了基础，我们将在第 8 课中讨论如何通过移情来与这些利益相关者中的一个重要群体建立更深层次的联系。我们以一个"应避免的陷阱"结束这堂设计思维课，这涉及超越客户关系的"理想路径"的思考，并确保我们与那些可能并不满意的重要人物建立联系。

7.1　寻找和确定关键人物的框架

在第 6 课，我们忙于倾听、理解和评估更广泛的环境，自然而然地发现了人们并与他们建立了联系。他们中的许多人扮演着支持角色——合作伙伴、行业专家、对公司或实体熟悉的人等。

其他人可能最终会更直接参与到我们所承担的工作中。也许你已经与最终用户、业务经理和技术领导者进行了交谈。

不论他们的角色如何，我们需要开始了解他们在组织中的地位，以及我们需要与他们保持怎样的联系。我们还需要找出缺口：缺少了谁？我们需要与谁建立联系并倾听他们的声音？

关键在于识别这些人，与他们建立联系，对他们有所了解（深入了解和建立关系需要时间，这将在第 8 课中讨论），确定我们如何与他们保持联系，以及如何积极管理最重要或最有影响力的人的关系和期望。我们将这个过程的前半部分称为利益相关者映射，后半部分称为利益相关者互动和期望管理。这两者结合起来，是我们工作的基础活动（见图 7.1）。

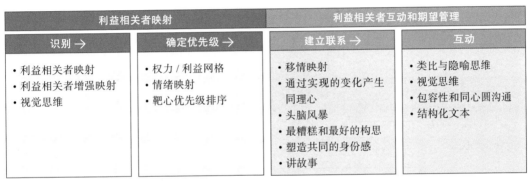

图 7.1　连接和与合适人员互动的框架

让我们更仔细地看看一些常见的设计思维练习活动，这些活动用于分析、联系和与我们的利益相关者互动。

7.2　利益相关者映射和优先级排序练习

我们寻找和确定人员优先级的框架体现了一个自然的从左到右的时间顺序。也就是说，我们需要先识别利益相关者，然后才能开始组织和分析他们，接着是连接、互动和优先考虑他们的互动。接下来的四个设计思维练习活动将引导我们完成这个框架。

7.2.1　识别和映射利益相关者

"利益相关者"这个词可能听起来不太熟悉，但它实际上是对那些对同一件事有既得利益的人的另一种称呼。如果我们经营一家公司，那么我们的商业伙伴、员工、供应商和客户都是公司的利益相关者。实际上，我们需要比我们想象的更深入地了解这些人。在日常与人的互动中，隐

第 7 课　与正确的人建立联系　69

藏着我们的项目脱轨或人们被操纵影响我们工作的原因。

识别、可视化并建立所有与我们的计划或情况相关的利益相关者之间的联系，有助于我们了解应该关注谁。更重要的是，这个过程也帮助我们发现缺失部分。传统的利益相关者分析始于创建一个简单的人物图谱，展示与我们的项目、计划或工作相关的人（很可能他们之间也有联系；见图 7.2）。这些图谱是强有力的提醒，它们为进一步洞察谁需要保持联系、考虑谁以及小心谁提供了基础。这就是为什么利益相关者分析在商业中如此常见。尽管它可能被赋予了其他标签，但它是一个多年来一直在执行的设计思维练习活动。

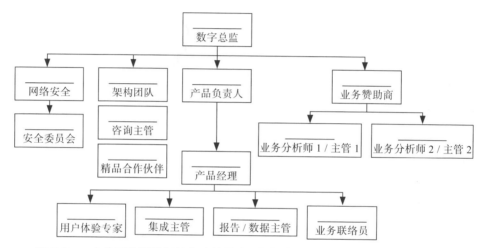

图 7.2　一个典型的利益相关者映射反映了组织内关键利益相关者及其层级结构

7.2.2　利益相关者增强映射

利益相关者增强映射练习通过在地图上每个已识别的利益相关者旁边增加思想泡泡和言语泡泡，为传统利益相关者映射增加了一个有用的设计思维元素。思想泡泡反映了我们认为每个利益相关者在想什么，言语泡泡反映了每个利益相关者在告诉我们或与他人分享的内容。这样，传统利益相关者映射的扩展版本就具有了一些与移情映射相关的相当强大的属性，我们将在后续内容中探讨。

时间与人员：进行一次利益相关者增强映射练习需要 1 ～ 10 人，耗时 30 ～ 120 分钟，具体时间取决于我们追求的完整性水平。

让我们为一个示例工作项目创建一个利益相关者增强映射，从一张白纸和一支笔开始：

1）在白纸中间画一个框，代表我们的项目或产品团队。这是我们利益相关者映射的起点。

2）在团队周围，添加另一组框，代表我们团队之外与之合作的各个团队或部门。

3）考虑我们团队的商业伙伴、承包商、供应商等，并在地图上添加相应的框。

4）随着地图的构建，为每个框分配关系或角色。

5）在每个框上方的言语泡泡中，记录每个利益相关者对我们或团队的"说法"。

6）在每个框下方的思想泡泡中，写下我们认为每个利益相关者所担心或期待的事情，或他们的心中所想。

7）如果有助于区分且不影响地图的可读性，可以考虑为不同的利益相关者组或积极／消极泡泡使用不同的颜色（即颜色编码）。

8）如果需要，可以重新绘制地图，清理杂乱，并圈出对团队成功最关键的群体，根据喜好应用更多的颜色编码，对类似角色进行颜色编码（例如，将所有经理标记为红色，将所有业务利益相关者标记为蓝色，将所有关键合作伙伴标记为绿色等），并整理问题和挑战。

9）绘制颜色编码的箭头来连接不同群体内相似角色，并用"关系"标记这些箭头。

具体示例请参阅图 7.3 所示的利益相关者增强映射。

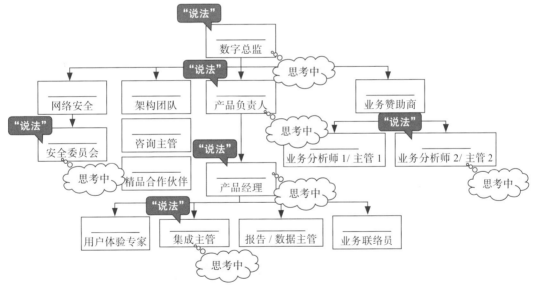

图 7.3　一个利益相关者增强映射示例，在传统利益相关者映射上增加了言语泡泡和思想泡泡

完成利益相关者增强映射后，面对我们面前的完整地图，让我们思考所看到的内容：

• 谁最重要？谁最有影响力？谁缺失了？

- 我们需要更多关注谁？
- 我们需要小心谁？
- 我们需要与谁沟通更多（或更少）？
- 谁对我们的日常生活和工作很重要？
- 谁对我们的未来很重要？

我们将使用利益相关者权力 / 利益网格（接下来介绍）以一种简单的方式探讨这些问题。但现在，请记得定期回顾这个利益相关者增强映射，帮助你反思谁和什么发生了变化。谁加入了？谁离开了？谁的角色发生了变化？鉴于这些变化，我们和我们的团队需要采取哪些不同的行动？思考问题如下：

- 我们（仍然）在尝试解决什么问题？
- 我们的（更新的）解决问题的策略是什么？
- 成功是什么样子的？我们将如何衡量它？
- 我们明天与今天有何不同？为什么这种差异很重要？
- 我们是否有新的利益相关者需要添加到利益相关者增强映射中？有没有需要移除的？
- 我们是否有机会增加我们与利益相关者之间的共享身份？

现在，让我们将注意力转向另一个练习，我们将根据利益相关者持有的权力和他们对我们的工作产生的利益来映射他们。有了这些信息，我们将能够创建和使用利益相关者权力 / 利益网格。

7.2.3 确定优先级的权力 / 利益网格

确定了"谁"之后，我们需要考虑谁最需要我们的关注。这个优先级排序练习的成果是一个利益相关者权力 / 利益网格（或地图）。权力 / 利益网格是一种在视觉上表示利益相关者的工具，它反映了每个利益相关者在我们 IT 项目或倡议中所拥有的权力（或影响力）和利益。这是一种常见但强大且更深思熟虑的传统利益相关者映射的形式。利用它来深入思考：

- 对决策拥有最大权力或影响力的人。
- 对我们的工作最感兴趣，因此需要了解情况，以便继续支持我们的工作的人。
- 只需要保持满意的人。
- 只需要监督的人。

以下练习指导我们初步确定谁属于这个特定的利益相关者映射，以及如何根据他们的权力和利益来绘制这些人的映射。我们创建的利益相关者映射将帮助我们计划与个体持续的互动，以最大化战略影响和围绕实现业务成果的一致性。

保持活力!

记住,任何利益相关者映射都是一个动态的、活的文档,会随着时间的推移自然变化。利益相关者映射不仅随着我们与利益相关者的关系发展而变化,而且随着新人的加入、角色的进出、晋升、承担新项目和责任、发展新兴趣或简单地离开而变化。

时间和人员:构建利益相关者权力 / 利益网格练习需要 1 ～ 10 人在 30 ～ 120 分钟内完成,具体时间取决于我们追求的完整性水平。

构建利益相关者权力 / 利益网格的步骤如下:

1)进行头脑风暴,确定参与或受我们解决方案、项目或倡议影响的个人名单。

2)进行逆向头脑风暴,自问"谁会在我们忘记他们时真正感到难过?"以进一步确定解决方案、项目或倡议中利益相关者的广度。

3)开始用姓名和角色填充一个简单的表格,其中包括:

- 与解决方案、项目或倡议有关的我们自己的团队成员。
- 我们引入团队或被要求包含的合作伙伴和分包商。
- 关键客户联系人,包括业务赞助人和领导、技术赞助人和领导、客户工作流领导和专家、变更管理专家、培训领导、有特殊兴趣的人、客户内部 IT 人员、采购和合同人员等,他们将使用或与我们的解决方案、项目或倡议交互。
- 以某种方式支持或与解决方案、项目或倡议相关的公司内部人员。

4)对每个人进行排名,并分别确定每个人拥有的权力和利益水平。自问:

- 谁有权推进或阻止工作?
- 每个人给我们的项目或倡议带来的利益水平如何?

给每个人的权力和利益打一个 1 ～ 4 的评分,4 代表最高或最大价值,使用如下所示的扩展表格:

权力评级量表(从没有权力到有大权力):

- 几乎没有或没有权力。
- 对工作本身或其他利益相关者有一些权力。
- 对工作本身或其他利益相关者有相当大的权力。
- 有很大的权力推进或阻止工作。

利益评级量表(从没有利益到有高利益):

- 对工作或其成果几乎没有或没有利益。

- 对成果有一些利益或外围投资。
- 对成果有相当大的利益或投资。
- 对成果有高利益并投资。

利益相关者名称	角色或头衔	权力（1～4，其中 4 为最高）	利益（1～4，其中 4 为最高）

根据需要添加额外的行。对于大多数互动，15～50 个利益相关者可能是适当的（大型项目很容易超过 100 个利益相关者）。

5）最后，使用图 7.4 中的简单模板，根据他们的权力和利益，将我们的利益相关者放置在利益相关者的权力 / 利益网格中。使用我们创建的名单和排名，将每个人放置在四个权力 / 利益网格方块中的一个里。

网格完全填充后，我们现在如何使用这个网格？

- 右上角象限 = 密切管理。这是我们的"主动互动"象限，包含我们希望最密切管理和合作的个体。通过治理框架中的各种董事会定期与他们会面。要注意记笔记和跟

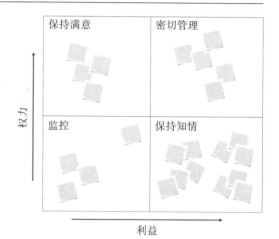

图 7.4　创建权力 / 利益网格的模板

进。了解他们的日程安排，并让他们了解我们的日程。最重要的是，在我们的沟通中优先考虑这些利益相关者。

- 左上角象限 = 保持满意。这是我们的"被动互动"象限。让这些人满意，并让他们了解情况。分享新闻，邀请他们参加活动，并及时响应他们的沟通。通过定期沟通保持联系，将他们的名字复制在重要的电子邮件和即时消息线程中，并在相关帖子中标记他们。
- 右下角象限 = 保持知情。这些利益相关者感兴趣但不一定有影响力或权力。让他们了解情况，并与他们协商，以获得可能改善和推进项目目标或业务成果的见解。
- 左下角象限 = 监控。这些利益相关者只需要最小的努力。监控他们的活动，保持适当的沟

通节奏，并确保跟踪可能影响他们在我们利益相关者权力／利益网格上位置的角色变化。

使用利益相关者权力／利益网格来定义我们与客户、合作伙伴和公司内部利益相关者的互动节奏。节奏包括我们需要与每个利益相关者沟通的频率、形式和原因（所有这些都需要反映在项目或倡议的沟通管理计划中，可能组织成同心圆沟通形式）。同时考虑以下指南（见图 7.5）。

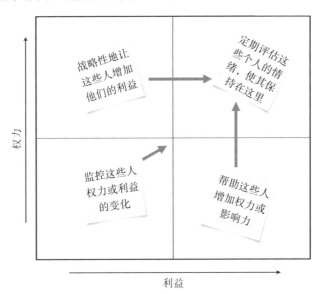

图 7.5　定期使用权力／利益网格来战略性地管理，甚至随着时间来转移利益相关者的权力和利益

与权力高但利益低的利益相关者进行战略性互动，目标是提高他们的利益水平，并将他们从左上角象限移动到右上角象限。通过寻找共同目标或提供有价值的东西来制订"权力计划"。

对于权力低但利益高的利益相关者，尝试提高他们在组织内或我们的项目或倡议中的知名度。利用这些人增加其他人的利益，帮助他们增加在组织内的权力，将他们移动到右上角象限。

还要关注那些落在左下角象限的利益相关者。晋升或角色变化可能会将他们移动到左上角或右下角象限。如果是这样，请务必迅速并相应地调整我们与他们的互动水平。

特别关注那些可以帮助加速或可能拖慢我们工作的利益相关者。对于那些有负利益的利益相关者也要特别小心，因为他们可能成为进步的障碍。吸引具有负利益的利益相关者的两种策略包括：

- 基准测试。使用与行业标准的比较来证明我们的解决方案在其他组织中已经成功实现了该组织计划的业务成果。
- 回报。向利益相关者提供有价值的东西，以增加他们回报利益的可能性，假设这样做仍然符合良好的道德实践。

老式的同辈压力也很有用。向利益相关者明确表示其他人已经加入，特别是在他们是唯一的反对者时，并询问我们需要做些什么才能让他们加入。

7.3　与利益相关者互动的练习和技术

尽管我们有若干特定的练习来映射和确定利益相关者的优先级，但在进行互动和管理期望时，我们同样拥有多样的工具可供选择。其核心在于理解实际需求，从而挑选出合适的工具、技术或练习。

7.3.1　与利益相关者互动的技术

在完成对利益相关者的识别、映射并初步理解后，我们需要持续而积极地与他们互动（Furino，2016）。正是在互动的过程中，关系才得以加固，利益相关者可能做出的贡献才得以实现。

⊙ 注释

管理还是互动？

在项目管理协会（PMI）发布第 6 版《项目管理知识体系》（PMBOK，2017 年出版）和第 4 版《项目集管理标准》（2017 年出版）之间，其对利益相关者的态度从管理转变为互动和管理他们的期望。确实，仍然存在需要我们实际管理利益相关者的情况，但通常我们不直接"管理"高层利益相关者和赞助商，而是更注重管理他们的互动和期望。

在执行设计思维练习并尝试其他传统利益相关者互动方法后，可以参考以下设计思维技术和练习列表，以识别、计划、管理或监控利益相关者的互动及其期望：

- 第 8 课讲述的移情映射。
- 第 11 课讲述的类比与隐喻思维。
- 第 3 课和第 14 课更详细地讲述的头脑风暴、最糟糕和最好的构思、逆向头脑风暴。
- 第 5 课和第 12 课概述的各种视觉技术。
- 第 15 课讲述的塑造共同的身份感。
- 第 15 课讲述的包容性沟通、同心圆沟通、讲故事、结构化文本等沟通技术。
- 通过实现的变化产生同理心。

在实践设计思维时，团队通常会花费时间对用户移情。然而，当用户或利益相关者对寻求帮助他们的团队移情时，我们可能会观察到通过实现的变化而产生的同理心。这种同理心源于看到实际进展（无论多小）而产生的变化。因此，通过实现的变化产生的同理心颠覆了用户与团队之间传统的移情关系和情感流动方向。

随着时间的推移，在我们考虑对利益相关者映射进行更新时，也应考虑使用各种可视化技术跟踪利益相关者情绪的变化。

7.3.2　利益相关者情绪映射

对于任何利益相关者增强映射、权力／利益网格或以人为本的工具或模板，思考如何利用颜色或图标来直观传达利益相关者的情绪。这种技术称为利益相关者情绪映射或可视化利益相关者情绪，它非常容易融入我们当前的工作。

例如，我们可以使用流行的红黄绿状态分类法来按颜色编码，以表示利益相关者的满意度：不满意（红色）、中立（黄色或琥珀色）或普遍满意（绿色）。在由于可访问性或其他原因而无法进行颜色区分的情况下，可以使用积极／中立／消极的表情符号来传达状态（见图 7.6）。

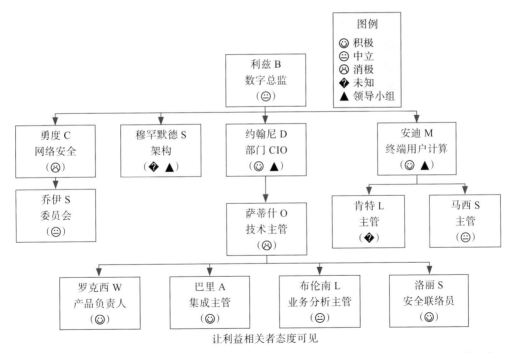

让利益相关者态度可见

图 7.6　注意利益相关者情绪映射如何在传统映射的基础上反映利益相关者的态度或满意度

7.4 应避免的陷阱：只遵循理想路径

在测试领域，存在一种观念：我们必须测试超越用户执行的典型和自然流程——理想路径——并仔细测试用户与我们的解决方案和产品相关的所有意外情况。

同样，在与我们的 IT 项目和倡议相关的人员建立联系时，我们也需要超越那些快乐和满意的人群。我们必须与不太满意、不太友好，甚至是脾气暴躁和令人恼火的人建立联系。

在全球性保险公司中，几乎所有团队都被要求与某个特定的利益相关者打交道，但由于这个特定的利益相关者对待他人极不尊重，甚至更糟，所以大家都避免与他接触。人们自然而然地主动避开这个重要的利益相关者。但最终，解决方案和其用户群体却因这种回避策略承受了最大的损失；本可以在早期发现的关键使用案例和其他见解被错过了，不得不在解决方案交付给用户后才补充进去。

我们必须与拥有满意和积极情绪的利益相关者，以及中立和消极的利益相关者建立联系和互动，以正确理解、定义、进行原型设计和解决问题。我们这样做是为了最终创造出满意的利益相关者。记住，客户满意度并不等同于客户快乐！找到一种方法与每一个关键利益相关者互动和合作，记住一个需要使用我们的解决方案、产品或服务的重要社区——以及项目团队的声誉和围绕该项目团队的每一个利益相关者的声誉——在平衡中"命悬一线"。每个人都有能力解决问题和实现价值，包括那些我们可能宁愿避开的人。

7.5 总结

本堂设计思维课探讨了与利益相关者建立联系和互动的技术和练习，这些技术和练习对我们的项目或倡议至关重要或有影响力。为了快速了解整个过程涉及的步骤，我们以一个框架开始本堂设计思维课，用于识别、连接、互动和确定利益相关者的优先级。接着，我们通过设计思维练习来识别和映射利益相关者，然后使用权力／利益网格来识别握有最大影响力或权力的人。我们还讨论了各种技术和练习，用于与利益相关者互动，包括一个反映和管理层级、权力或影响力以及利益相关者情绪的利益相关者映射练习，以及一个强调与广泛利益相关者建立联系的"应避免的陷阱"部分。

7.6 工作坊

7.6.1 案例分析

请参考下面的案例分析和相关问题。你可以在附录 A "案例分析测验答案"中找到与此案例相关的问题的答案。

情境

支撑 OneBank 全球业务转型的十几个倡议涉及了不同的业务团队、技术团队、合作伙伴、有影响力的高管等众多利益相关者。Satish 要求你帮助倡议领导者捕捉这些利益相关者的广度，并以反映层级、权力或影响力以及利益相关者情绪的方式组织他们。他还在寻找可以帮助他与一些最重要或最有影响力的利益相关者互动的技术。

7.6.2　测验

1）倡议领导者应该执行哪种练习来映射他们各自倡议中利益相关者的广度？

2）在创建利益相关者映射后，如何简单地反映利益相关者的情绪？

3）权力/利益网格的两个维度是什么？哪些象限可能是 Satish 和他的团队最应该注意的？

4）Satish 可以使用哪些技术和练习来帮助他更深入地与他最重要或最有影响力的利益相关者互动？

第 8 课

学习与移情

你将学到：
- 从利益相关者到用户画像
- 三种移情类型
- 全方位移情模型
- 移情配方
- 应避免的陷阱：忽视那 20%
- 总结与案例分析

在这堂设计思维课中，我们将深入探究设计思维的核心：对我们寻求改进的问题和情境中的核心人物移情。移情是一场从观察和提问开始，通过练习和学习，帮助我们以三种不同方式产生移情的旅程。我们还将探讨如何对边缘用户移情，包括一个"应避免的陷阱"，以说明理解这20% 的用户对于帮助整个用户群体是至关重要的。

8.1　从利益相关者到用户画像

在寻求深入理解移情的旅程中，我们应更多关注人们扮演的角色或用户画像，而非特定的个体。记住，用户画像是具有共同需求的社区成员的虚构角色集合（如"财务用户""销售用户""高管"等），他们将以相似的方式使用解决方案或交付物的具体工具或特性。
- 第 7 课中的利益相关者映射可以帮助我们理解人们所扮演的不同角色。
- 我们需要将这些角色分组，以便之后抽象成用户画像。
- 然后我们可以为那些需要更好理解的用户画像创建档案。

- 有了一组相关的用户画像后，我们可以进行各种与移情相关的练习，以更好地理解这些用户画像。
- 为了更好地理解这些用户画像，我们还可以绘制它们与系统和其他人员互动时的微观旅程。
- 最后，我们可以宏观地审视这些用户画像，并探索个体或用户画像的"一天的生活"，这是理解人们日复一日所做活动、决策和联系的广度的终极方式。

有趣的是，我们可能会对不同的人或用户画像群体产生不同类型的移情。在我们把用户画像组织成一个全方位移情模型之前，让我们先来看看三种类型的移情。

8.2　三种移情类型

如前所述，移情是设计思维的核心，没有一种适用于所有情况的单一方式来对他人移情。但是，有一些利用设计思维的技术和练习与他人建立联系并移情的经过验证的方法。

考虑以下三种类型的移情。虽然每种类型都可能在其前身的基础上发展，但每种类型也可以独立实践。同时，也要考虑在每种类型中，移情如何以不同的方式表现，包括移情者如何"出现"、如何联系和学习，以及最终如何为他人及其团体服务。

- 认知移情。最简单的移情类型是认知移情，它是指在"理智层面"上建立联系，以理解他人或团队的想法和感受。要在认知层面上移情，我们通常依赖于角色分析、旅程映射以及传统的利益相关者映射等。认知移情会说："我看到你掉进了一个深洞，似乎无法逃脱。那肯定不好玩。"
- 情感移情。这种移情类型能够在情感层面上将两个人紧密相连。情感移情使我们能够在当下共享或体验他人的情感。在设计思维中，用于实现情感移情的技术包括移情沉浸、"一天的生活"分析，以及其他能够建立情感联系的一对一互动方式。情感移情会承认并问道："你掉进的那个洞看起来很糟糕，我可以看出它对你造成了影响。我怎样才能帮助你？"
- 同情移情。移情的最终形态能够激发人们采取行动。同情移情不满足于仅仅认识到某种情况或帮助他人。它通过关系来激发行动。其设计思维的练习可能包括移情沉浸、旅程映射、"一天的生活"分析、边构建边思考，以及通过迭代原型设计和测试来亲身实践。我们可以看到，同情移情超越了仅仅理解他人和传统意义上的移情。同情移情以一种肩并肩的方式行动和服务另一个人："现在我已经和你一起爬进了这个洞，我们将一起思考如何逃离这里并永不返回。"

情感和移情与三种移情类型中的两种是紧密相连的。正如 Dev Patnaik 在 2022 年所述，"事件越是充满情感，我们的杏仁核（Amygdala）感受到的就越生动，随后这有助于我们的海马体

（Hippocampus）长期记忆这个事件。这也就是为什么我们最有情感的记忆同时也是最鲜明的记忆：与处理其他信息相比，我们的大脑确实以更强烈的方式对它们进行编码"。利用人类思维的这些特点，可以更好地应对情感性事件，并创造出情感深刻且持久的体验。如图 8.1 所示，它以一种轻松愉快但准确的视角展示了这三种移情类型。

图 8.1　根据实践的移情类型，移情看起来非常不同

我们可以看到，这三种移情类型是如何相互依存的，从认知移情到情感移情，再到行动导向的同情移情。从远处观察问题（认知移情）是一个很好的起点，但这与认识到问题的存在并感受到它带来的痛苦（情感移情）有很大的不同，而后者又与同某人并肩作战并帮助他彻底摆脱困境（同情移情）截然不同。

带着对这三种移情类型的理解，让我们将注意力转向一个有效的全方位移情模型。接下来，凭借我们掌握的众多设计思维练习，我们将探讨实现有效移情的方法。

8.3　全方位移情模型

培养移情的有效方法是通过三种类型的移情逐步加深理解和联系。正如我们所知，移情的首要步骤是关注那些处于我们解决问题核心的人，他们也是我们将要构建的解决方案和业务成果的用户。这种初步的关注是其他所有工作的核心；它为我们提供了基于问题和成果的关注点，帮助我们更好地与人们建立联系并移情。

理解了"核心"之后，我们需要对核心周围的人和团队进行全面的全方位审视（见图 8.2）。我们需要考虑我们的利益相关者映射和权力 / 利益网格，以识别将要共同努力解决问题、进行原型设计和测试潜在解决方案，并交付解决方案及其业务成果的每一个人。因此，我们需要考虑以下方面：

- 我们为核心最终用户群体及其用户画像集合解决问题并提供解决方案。
- 同样能从代表其用户群体的问题解决方案中受益的业务和运营人员、团队及用户画像。

- 持有成功所需的政治、预算和赞助影响力，包括赞助者、高管和其他关键利益相关者及用户画像。
- 设计思维专家、团队成员和合作伙伴将共同协助他人理解问题、设计和迭代临时和最终的解决方案，并最终帮助用户群体创造价值并实现业务成果。
- IT 和 PMO（项目管理办公室）团队及人员，他们将负责管理、设计、构建和部署临时 MVP 和试点项目以及其他有价值的成果，包括最终支持最终解决方案及其用户群体。

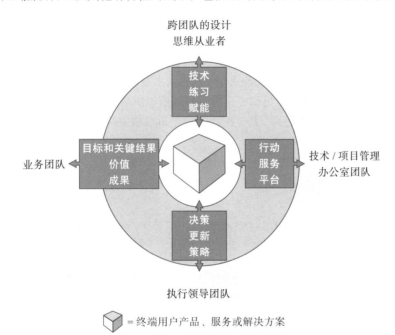

图 8.2　全方位移情模型，用于组织利益相关者

有了这种全方位视角，我们可以将注意力转向练习和移情的整体配方。

8.4　移情配方

有了我们对三种移情类型以及对每种移情最有用的练习的理解，我们可以构建一个简单的移情配方。使用我们的全方位移情模型，我们将把这个配方或配方的一部分应用于每个用户画像或利益相关者的群体。

8.4.1 用户画像分析

这种练习也称为用户画像映射，旨在帮助我们记录、分组并更多地了解我们的关键用户画像的思考、感受、行为、言语等。记住，用户画像是一个虚构的角色，反映了具有相似兴趣和需求的类似人群的集合。当我们考虑问题、设计和原型的解决方案，并测试和迭代这些解决方案时，一组有用的用户画像有助于指导我们的决策。

尽管用户画像是虚构的角色，但给用户画像分配一个面孔或表情符号有助于使角色"具象化"。一个面孔使用户画像更容易记住和使用，因为团队会考虑他们为谁解决问题和设计解决方案。

时间和人员：用户画像分析练习需要 1 ～ 5 人，每个用户画像需要 10 ～ 15 分钟。

创建用户画像：

1）收集利益相关者映射和其他反映人员广泛性的工具。

2）将需要分析的人员和角色组织成全方位移情模型中描述的五个群体（最终用户群体、其他业务利益相关者、高管和赞助商、跨不同团队或与项目相关的设计思维者，以及技术和项目管理办公室团队）。

3）进一步将这些群体分解为一组虚构角色（例如"销售用户"，或"安全团队"，或"高管"等）。这些是我们的草稿用户画像。

4）为每个用户画像分配描述。

5）必要时细分用户画像，以创建我们的最终用户画像列表（并为任何新用户画像分配描述）。

6）记住这些描述，给每个用户画像起一个容易记住的名字。

7）为每个角色分配一张虚构的面孔或表情符号，使该角色在团队中具有"黏性"。

8）为每个角色：

- 确定他们的（未来）最终目标。
- 确定他们当前的（战术）需求。
- 最多描述三个显著特征。
- 指定一段逐字记录或其他令人难忘的引语。
- 包含任何其他摘要信息、图片或数字，以赋予角色生命，并进一步巩固每个角色在团队心目中的形象。

作为示例，考虑图 8.3 所示的样本用户画像。

如果我们考虑到与大型项目或计划相关的"最终用户"之外的利益相关者的广度，那么创建数十个用户画像档案并不稀奇。不过，要避免过于细化。切记要适应边缘情况，并考虑可访问性和敏感的设计需求。最后，当我们把代表我们项目或计划的角色的面孔和形象整合在一起时，要注意避免偏见和刻板印象。

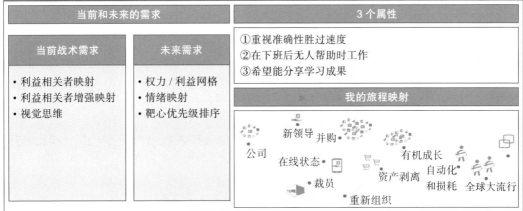

| 认识一下威利! |
| 威利是一个呼叫中心代理人 |
| "我的目标是提供出色的客户体验……快速响应他们并让他们挂断电话……我们没有人有时间在 3 个系统之间来回切换以回答问题!" |

| 当前和未来的需求 | 3 个属性 |

| 当前战术需求 | 未来需求 |
| • 利益相关者映射
• 利益相关者增强映射
• 视觉思维 | • 权力 / 利益网格
• 情绪映射
• 靶心优先级排序 |

3 个属性
①重视准确性胜过速度
②在下班后无人帮助时工作
③希望能分享学习成果

我的旅程映射

公司　新领导　并购　在线状态　有机成长　自动化　裁员　资产剥离　和损耗　全球大流行　重新组织

图 8.3　一个用户画像档案的工作示例

8.4.2　移情映射

对他人过去的经历和他人当前的感受移情，是深入了解他人的关键。正如我们之前所说，移情让我们能够通过他人的眼睛看世界，或者通过穿上他人的鞋子，或者通过戴上他人的帽子看世界。移情是关于学习的，学习不仅仅关于观察和收集信息，还包括倾听、理解和在认知、情感和同情层面建立联系，以理解他人的处境和需求。

一种长期且直观的实现这一目标的方法是通过移情映射。如果我们拥有所需的信息，就可以在安全环境中完成这个练习。我们用来记录这些信息的简单模板称为移情映射。为每个用户画像创建一个移情映射，以捕捉和更多地了解那个特定的用户画像，包括：

- 他们可能的想法和可能的感受。
- 他们可能看到的和听到的。
- 他们实际说的话和做的事。
- 他们最大的痛点、伤害或需求方面的体验。
- 他们正在寻找或寻求的东西，包括他们的顶级目标、收益或目标。

参考图 8.4 所示的移情映射模板。

为了练习，请选择自己生活中的一个问题，并自己进行这个移情映射练习。然后尝试将这个练习应用到另一个人身上，比如我们工作中的经理，同时记住我们将永远无法百分之百确定模板中所有部分的答案。

时间和人员：移情映射练习需要 2 ～ 5 人，每个人或用户画像需要 10 ～ 15 分钟。

1）观察。他们的环境是什么样的？他们周围有哪些事物，并且经常看到什么？

图 8.4　一个易于使用的移情映射模板

2）倾听。他们从自己的管理团队、直接下属和同事那里听到了什么？公司内部公告、行业趋势和媒体对公司或行业有什么看法？

3）思考和感受。他们对自己的工作或角色有什么想法和感受？什么让他们担忧或让他们高兴？什么让他们感到沮丧？

4）说和做。他们说想要完成什么？他们实际上在做什么并取得了什么成就？什么激励着他们？什么阻碍了他们的成就或进步？我们可以捕捉到任何逐字记录或直接引用来支持这一部分吗？

5）痛苦（或伤害）。从过去到现在，有什么可能困扰着他们或代表了一个痛点？他们面临什么挑战？在他们可能表现出的外表下，真正让他们担忧的是什么？他们害怕会发生什么？他们似乎想要或需要什么？

6）收益（或目标）。不管他们可能说什么或做什么，他们真正的目标是什么？他们所说的或所做的与他们所说的或似乎想要的东西之间是否存在一致性？他们需要什么来实现这些目标？对他们来说，成功是什么样子的？

一旦我们使用移情映射进行了一些练习，我们就可以将移情映射过程应用到之前确定的每个用户画像上。我们也可以将移情映射应用到个体身上，或者任何一群人身上，他们在思考、感受、观察、倾听、说、做等方面都非常一致。

当我们为项目或计划执行深入的移情映射时，我们将逐渐认识到这项工作带来的更深层次的价值。移情映射不仅帮助我们挖掘主题，还能揭示出不一致性或差距。例如，如果团队成员与用户画像的言行相悖，则这种不一致性就是一个警示信号，需要我们深入探究。如果多个组别或一系列用户画像普遍反映出相同的痛点或抱怨，那么这一主题同样需要我们的关注。正是通过这些主题和不一致性，移情映射能够协助我们识别问题的根本原因，发现解决方案的契机，以及其他更多潜在价值。

8.4.3　移情沉浸

移情沉浸或"设身处地"通过让我们亲自体验一个人的旅程，感受他的快乐、冲突和疲惫，将移情映射带入更深的层次。这种深入的体验让我们不仅能够看到，还能够感受到作为另一个人生活在这个世界中的感觉。

实际上，这可能包括许多不同的活动：穿戴某人的工作装备并执行任务、人为地改变我们的感官体验、放弃或体验生活中的一些奢侈品，甚至可能生活在不同文化或社会的人群中。

无论我们选择哪种程度的沉浸，其核心理念是加深我们对他人的移情，并利用这种体验来更好地指导我们的决策制定。一旦我们理解了人们的动机，我们就能更好地理解他们的需求。

时间和人员：移情沉浸练习需要 1～5 人，每次体验至少需要几小时，最好在不同时间重复进行。

为了计划和准备一次移情沉浸练习，请按照以下步骤：

1）针对行业、团队、角色或个人设定场景：

- 研究并学习，以识别角色或个人。
- 与角色或个人联系，讨论要复制的相关情况或体验。
- 与该角色或个人合作，确定要执行的具体任务和活动。

2）确定最佳时间和地点，站在角色或个人的立场上思考问题。

3）确定并获取所需的任何特殊许可或访问权限。

4）如果安全、安保或其他因素使得亲身体验不可行，则考虑替代方案，如跟踪角色或个人或参与模拟体验。

5）完成所有其他必要的准备工作，包括所需的特殊物品、安全装备、服装或工具。

一旦准备就绪，执行移情沉浸练习只需要做到：

1）到场！

2）记录我们对体验的看法，如果允许的话，捕捉视觉图像并拍照。

3）记录与我们正在执行的特定任务和活动相关的流程或旅程，包括来自其他人的反馈。

4）当我们发现流程、工具和信息中的挑战或机会时，记录下来。

确保尽可能真实地执行任务和活动，不要走捷径，而是要站在对方的角度，承担对方的角色，并亲身体验对方日复一日的工作生活。确保捕捉视觉图像并拍照。这样做不仅能帮助我们记忆，还能让其他人通过这些视角来了解情况。有了这些特殊的见解和体验，团队将能够更有效地进行需求分析、头脑风暴、问题解决、原型设计、解决方案制定等工作。

8.4.4　旅程映射

旅程映射是一种展示从开始到结束的各个接触点的过程，这些接触点共同描述了客户或利益相关者如何通过产品、流程或服务进行交互。每个客户或利益相关者的接触点都代表了满足或失望的机会。

旅程映射关注的是我们日常生活的"事情"——用户去的地方以及他们在这些地方所做的事情，包括这些交互需要多长时间。有时，通过绘制一张地图来理解我们每天面临的挑战是最简单的方法。

使用白板、空白纸张、绘图应用程序或在人行道上用粉笔画一个框来表示用户在典型的工作日开始时所做的事情。或者，我们可能想要分析与另一个团队或应用程序的特定时间限定的交互集。无论如何，用一个框来描绘旅程中的每个步骤。或者简单地创建一个以时间为导向的表格或列表。选择当时对我们来说最容易的方法；关键是要了解我们正在评估的一天中的所有内容以及正在经历那一天的人。

我们可能会将列表中的这些框或项目以组合工作的方式进行分组。例如，用户可能在早上 7 点登录工作账号或走进工作场所，查看电子邮件和即时消息 30 分钟，然后在调度应用程序上再花费 30 分钟，接着是 15 分钟的站立会议和 30 分钟的报告，1 小时用于处理各种任务，1 小时用于参加每周产品委员会会议，30 分钟吃午餐，30 分钟计划下周的业务审查，再次花费 1 小时处理电子邮件和即时消息，以此类推。之后，我们可能将这些细节打包或聚类为在异步通信（电子邮件和即时消息）中所花费的时间、在同步通信（实时会议和电话会议）中所花费的时间、在应用程序上工作的时间、计划所花费的时间，以及执行所花费的时间。只要确保包括每个项目或旅程中的每个步骤在一天中所花费的分钟数或小时数。最后，我们将拥有一个以时间为导向的一天地图，反映了内容和时间。

这是一个很棒的结果！因为我们将开始理解我们的用户所面临的情况以及他们为什么会在一天的忙碌中遇到某些问题或挑战。因为我们看到了他们花费时间的任务、应用程序和人员，可能连他们自己都没有意识到，我们将更客观地看到复杂性。我们将看到他们可以为自己恢复一些宝贵时间的机会。或者他们可以选择投资于其他领域的时间。

我们将认识到需要顺利处理的令人沮丧的领域。我们将看到重新设计流程、接口和组织结构的机会。并看到引入部分快速获胜的解决方案的潜力，也许还有新的工作方式。例如，考虑图 8.5 所示的旅程映射示例（请记住，旅程映射可以采取许多不同的形式）。

我们可能选择更详细地映射用户每天重复的耗时过程（例如，他们每周两次执行长达数小时的财务管理和报告功能的步骤）。这样做是想了解他们的日常旅程及其复杂性，这样我们就可以看到他们为何和在哪里与现状作斗争，以及在哪里有机会在短期或长期内更战略性地合作。

如果这些旅程映射信息还不够，我们可能希望使用另一种称为"一天的生活"分析或 DILO 的移情技术，为旅程映射构建更多细节，接下来将介绍。

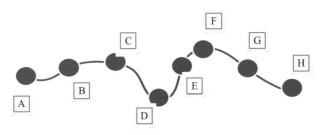

图 8.5　一种类型的旅程映射的工作示例

8.4.5 "一天的生活"分析

我们最后的移情练习对一个人、用户画像或角色采取了最广泛的看法，考虑了一天全部活动的丰富性。这样，它比旅程映射更广泛。在旅程映射中，我们了解了用户在一天的子集中所做的事情，帮助我们理解他们所做的事情、他们花费多少时间、他们在路上遇到的问题以及在我们面前的改进机会。有了"一天的生活"分析，我们通过添加三个项目，将我们所掌握的用户信息和对用户的了解提升到一个新的水平。

时间和人员：一个"一天的生活"分析练习需要 1～5 人，根据我们所期望的细节程度，可能需要半天到几天的时间。

1）我们扩展了"旅程"，考虑全天而不仅仅是一天的一部分。

2）我们添加了关于用户如何感受他们的日常旅程的背景。

3）我们会加入他们的想法，并就时间使用和任务完成的效果或效率提出自己的看法。

不要忽视这个练习的重要性！一开始它可能看起来不寻常或奇怪，但是将一个人的感受与他所做的事情以及他"做"的效果联系起来，可以给我们很好的洞见。它更好地描绘了可能需要改变的内容，以帮助用户应对他们的情况、解决他们的问题或开始制定潜在的解决方案。

那么，让我们回到之前创建的旅程映射。对于我们日常旅程中的每个站点，绘制一个情绪泡泡或感受泡泡，反映用户在从一项任务转移到另一项任务时的感受。从有效性或效率的角度对那个站点进行评分。它是否很好地利用了时间？它是否可以自动化？它是否可以减少、移交给他人或完全删除？

当我们将这些见解汇总在一起时，我们就有了一个充满情绪的用户一天的地图。我们看到任何模式或主题了吗（用户讨厌花很长时间检查电子邮件）？我们看到一贯的挫败或愤怒的地方了吗（每次会议似乎都开始得很晚，结束得更晚）？我们看到需要改变什么、何时改变或改变谁了吗？

我们还可能在旅程的每个站点添加其他维度，以其他泡泡的形式来反映用户的想法或言论：

- 添加一个为什么泡泡，并在其中解释用户为什么再次错过午餐，或者为什么用户非常喜欢那个特定任务。

- 添加一个谁泡泡，代表用户在旅程的每个站点与之互动的所有人员。注意那些似乎给了用户能量的人，以及那些似乎从他们的共同遭遇中吸取快乐的人。
- 添加一个愿望泡泡，追踪用户表达他们希望他们的一天有什么不同。将愿望与沿途的任务或站点联系起来，并提供任何相关细节（可能与那个站点的人或活动有关）。

考虑对我们最重要的用户或用户画像的不同日子进行评估，以更好地了解他们的"一天的生活"如何根据一周或一个月中的哪一天、一年中的时间或特定季节的时机而变化。例如，查看图 8.6 所示的 DILO（再次注意，像旅程映射一样，DILO 可以采取许多不同的形式）。

	6:35a.m.	9:00a.m.	12:00p.m.	2:00p.m.	5:25p.m.
任务	1. 起床 2. 检查工作 3. 叫孩子起床 4. 吃早餐 5. 8:30 离开家	1. 送孩子到日托所 2. 处理昨晚的包裹 3. 9:15 去上班	1. 午餐会议 2. 与欧洲方的会议 3. 行政事务 4. 1:00—1:30 吃午餐 5. 下午工作	1. 任务…… 2. 任务…… 3. 任务……	1. 离开办公室 2. 6:30 前接孩子放学 3. ……
问题	1. 这里有支持性问题 2. 这里有简洁的细节 3. 这里有其他挑战	1. 这里有支持性问题 2. 这里有简洁的细节 3. 这里有其他挑战	1. 这里有支持性问题 2. 这里有简洁的细节 3. 这里有其他挑战	1. 这里有支持性问题 2. 这里有简洁的细节 3. 这里有其他挑战	1. 这里有支持性问题 2. 这里有简洁的细节 3. 这里有其他挑战
机会	1. 我们可能想要的不同之处 2. 我们对短期的想法 3. 我们对未来的想法	1. 我们可能想要的不同之处 2. 我们对短期的想法 3. 我们对未来的想法	1. 我们可能想要的不同之处 2. 我们对短期的想法 3. 我们对未来的想法	1. 我们可能想要的不同之处 2. 我们对短期的想法 3. 我们对未来的想法	1. 我们可能想要的不同之处 2. 我们对短期的想法 3. 我们对未来的想法

图 8.6 一个"一天的生活"分析练习的工作示例

最终，将出现一个反映一个人实际上喜欢他们一天中的什么，以及他们不喜欢或避免的是什么和谁的模式。利用这些理解的要点来帮助他们确定接下来的任务、体验或流程。

- 考虑他们在旅程的每个站点内部和之间所花费的时间，甚至可能包括通勤时间。
- 他们真正在哪里花费最多的时间？在做任务时，他们的能量来自哪里，又在哪里消耗？

- 他们希望在哪里花费更多时间？捕捉并逐字记录。
- 同样，他们在哪里浪费时间？也捕捉这些并逐字记录。
- 旅程中的每个站点如何代表给他们或也是那个站点一部分的其他人带来了快乐、挫败、困惑或失望的机会？考虑用红色/黄色/绿色的情绪标志或表情符号标记每个站点（如积极/消极的标志或快乐/悲伤的脸）。
- 他们与之互动的人是谁，以及那种互动的性质是什么？尝试用一个或两个词来描述那些互动的性质。他们是积极的？乐观的？消极的？还是别的什么？在每个站点的谁泡泡旁边包含这个细节。
- 我们可能也希望以其他方式记录这些互动的性质。再次考虑使用颜色或表情符号给关系分配情绪（红色可能表示不良互动，绿色可能表示健康的互动）。
- DILO中的负担是如何分配的？用户是否承担了与特定任务或活动相关的大部分"负担"？是否有可能通过其他人或助手的帮助来改变这一状况？反思这一点。
- 用户是否拥有完成日常任务所需的工具和资源？缺少什么？谁可以帮助思考如何改变这种情况？

询问这个人多年来的日常生活是如何保持不变和发生变化的。需要做出哪些改变？谁需要改变？短期内容易改变或控制的是什么？最后，从长期来看，改变的机会在哪里？

8.5 应避免的陷阱：忽视那 20%

由于用户 80% 的任务往往日复一日都是相同的，而且 80% 的用户对某项功能或特性的使用也往往是相同的，因此评估这 80% 的用户，然后开始设计系统和解决方案并制作原型，既容易又似乎合乎逻辑。但是，在做出设计决策之前，至少要对剩余的 20% 的任务和 20% 的用户进行简单评估，这才是真正的价值和真正的成本节约。

一家家居零售商评估了其 80% 的用户群体，并开始为传统桌面用户、门户用户和移动用户设计界面。该零售商在整个过程中运用了良好的设计思维技术，快速迭代，收集反馈，每两周推出有价值的更新，收集生产用户所做的无障碍设计变更等。之后，零售商决定更深入地思考其剩余 20% 的用户和用例，其中有许多反映了有特殊需求和无障碍要求的用户的请求。

该零售商评估了剩余 20% 的边缘情况和有特殊需求的用户，并对已完成的设计工作进行了无障碍检查。其发现需要投入几个月的时间和 40 万美元进行重做，以更新现有用户界面和底层代码，这项工作本可以在处理 80% 的用户需求时较容易地同步完成。更糟糕的是，该零售商发现许多被忽略的用户已经认为该项目"不适合他们"，导致在代码和界面变更部署后出现了重大的采用问题。最终，尽管节省时间和预算会使早期关注 20% 的用户变得有价值，但更全面地服务于更广泛的用户群体将更好地定位项目，并更好地服务于零售商及其全部用户。

8.6　总结

在这堂设计思维课中，我们探讨了深入观察、建立联系和对利益相关者、用户以及用户画像移情的方法。我们讨论了认知移情、情感移情和同情移情，包括它们如何在不同层面上对用户及实践者移情。接着我们提出了一个简单的对他人移情的模型，并将五个设计思维的移情练习与这个模型相联系。第 8 课以"应避免的陷阱"结束，强调了排除我们的项目或计划中边缘化的 20% 的用户和用例的风险，指出更快地考虑边缘案例并对 80% 以外的有不同需求的用户移情，不仅能节省时间和金钱，还有助于推广采用，同时更全面地服务于更广泛的用户群体。

8.7　工作坊

8.7.1　案例分析

请参考下面的案例分析和相关问题。你可以在附录 A "案例分析测验答案"中找到与此案例相关的问题的答案。

情境

BigBank 最关键、最雄心勃勃的计划之一是"登月计划"，其任务是重塑银行零售业务。Satish 要求你以个人身份参与其中，了解、理解和组织目前在 BigBank 办理业务的用户类型，以及选择在其他银行办理业务的用户类型。Satish 略微了解用户画像并与用户沟通以了解他们的需求，但他需要你的专业知识。

8.7.2　测验

1）你将如何向"登月计划"团队解释什么是用户画像？

2）哪种设计思维练习可能有助于组织用户画像？

3）三种移情类型是什么？其中哪一种在理解为什么消费者选择在其他地方的银行时可能最有用？

4）移情沉浸与移情映射有什么不同？

5）"一天的生活"分析的三个额外维度是什么？它与旅程映射有什么不同？

识别正确的问题

你将学到：

- 识别和理解问题
- 识别问题的三个练习
- 问题验证的技术和练习
- 应避免的陷阱：草率行事（解决错误的问题）
- 总结和案例分析

这堂设计思维课的重点是问题识别。我们不是在解决问题，而是要确保我们已经考虑了所有的原因、影响、相关症状，并识别出了正确的问题来解决。在这堂设计思维课中，我们将通过七个练习来识别并更深入地理解一个问题，为接下来的几堂设计思维课做好准备，届时我们将运用创新思维和不同的思考方法来为这个问题创造潜在的解决方案。我们以一个"应避免的陷阱"的例子结束，重点是避免草率行事，从而去处理错误的问题。

9.1　识别和理解问题

在我们深入了解情况、与合适的人建立联系、倾听他们的意见，并在不同层面上对他们的处境表示同情之后，我们可能觉得自己已经很好地掌握了潜在的问题。的确，我们可能已经做到了。但在面对复杂情况时，过于自信地认为自己知道要解决的问题，往往会导致错误的开始和时间的浪费。

9.2　识别问题的三个练习

探索、识别和理解问题有几种有效的方法。问题树分析和问题构建是两个最简单且能迅速帮助团队找到并专注于正确问题的练习。通过这些练习获得的理解和洞察力，我们就可以利用第三个练习——问题陈述，来制定一个反映我们在发展中理解的问题陈述。

9.2.1　通过问题树分析明确问题

当特定情况或问题的原因和效果在我们的心中变得模糊不清时，将这些混乱的想法提取出来并写在纸上是很有帮助的。评估问题或情况的原因和效果的一种方法是执行问题树分析。这种练习源自保罗·弗雷雷在 20 世纪 70 年代早期的教育工作（Freire Institute，2022），如第 3 课所述，使用树作为隐喻。

图 9.1　问题树分析使用简单的树隐喻来帮助我们识别并区分问题与其根本原因和后果

如何开始？画一棵简单的树，如图 9.1 所示。我们将利用这个简单的视觉效果来帮助我们看清问题（我们现在所理解的问题）和问题的原因与影响之间的关系。单独或与小组一起进行问题树分析。

时间和人员：问题树分析练习需要 1 ~ 5 人，每个问题需要 30 ~ 60 分钟（根据问题的性质和复杂性，这个时间可以更长）。

- 在白板上画一个如图 9.1 所示的简单树。
- 在树干上标注我们想要了解和定义的整体问题或情况。
- 在树根上标注 5 ~ 10 个系统性原因或其他"根本"原因，正如我们今天所理解的问题（并考虑本堂设计思维课稍后涉及的"五个为什么"如何帮助我们现在或在本练习结束后不久进一步探索这些根源）。
- 给树干上的 5 ~ 10 个树枝贴上标签。每个树枝都是所分析问题的一个独特的已实现的或可能的影响或后果。

通过团队循环，先关注根本原因（树根），后关注后果（树枝），让每个人都有机会参与并在树上画画。在添加树根或树枝后，再次将注意力集中到树干上，使团队重新聚焦于问题。

不要害怕根据对问题的新理解重新创建这棵树。同样，也不要害怕在其他树枝上添加分支，或者在较大的树根上连接较小的树根。这项工作的价值在于其后果——树的可视性。通过"问题树分析"，创建了一个针对具体情况的思维导图或因果关系图，有助于探索已经发生的事情、发生的原因以及接下来可能发生的事情。

但是，如果我们在根本上理解问题（或就问题达成一致并优先考虑问题）方面存在问题，请参考接下来描述的问题构建练习。

9.2.2 问题构建

当问题树分析这样的直观方法无法帮助团队对某个问题或对众多问题的优先级达成共识时，可以考虑采用问题构建这一练习。问题构建源于格策尔斯和奇克森特米哈伊在 1976 年的研究，该研究强调了作为创造力前提的问题理解，帮助我们从一系列潜在问题中理解和优先考虑特定问题，并提供了必要的背景信息。

问题构建练习的价值在于：

- 促进讨论。
- 达成共识。
- 围绕共识推动团队团结和认同。
- 将过去的背景与现在的情况以及未来的目标或期望联系起来。
- 探索问题是否确实值得解决。
- 判断问题是否值得解决。
- 确认团队是否具备解决问题所需的技能或能力。
- 为可能的下一步行动提供明确的方向。
- 定义当前理解的问题，并制定问题陈述草案。

问题构建练习的步骤有助于界定问题，正如其名。通过这些成果，问题构建有助于以团队合作的方式确定"下一步最佳行动"。因此，这个练习在团队成员最需要团结一致的时刻，以重要的方式将他们聚集在一起。

与团队一起进行简化版的问题构建练习，请按照以下步骤操作：

时间和人员：问题构建练习需要 2 ～ 5 人，每个问题需要 30 ～ 60 分钟（根据问题的性质和复杂性，时间可以更长）。

1）回顾提出的问题。让每个人都有机会基于他们对问题的了解、背景和假设发表意见。

2）将问题与其根源联系起来。识别其他相关问题，并讨论它们与当前问题的关系。

3）思考理想的结果。明确团队希望实现的目标，并讨论相关的长远目标。

4）考虑问题和情境中涉及的用户、利益相关者和其他人员。重新审视我们对广泛环境和涉及人员的了解，以及他们的参与方式。利用利益相关者映射、移情映射、旅程映射、"一天的生活"分析等工具，确保将人们的需求和视角置于问题解决过程的核心。

5）探讨并达成共识，确定所识别的问题是否真正值得关注和解决。团队需要通过共识决定这个问题是否是正确的问题、现在是否是解决它的正确时机，以及这个问题是否值得尝试解决。

6）决定是继续还是停止。现在问题已经得到了界定，并且从多个角度得到了更好的理解，团队成员也达成了一致，应该能够做出下一步的决策。

通过这项练习，团队可以更好地发现问题，并随后解决问题，如果下一步确实需要这样做的话。通过问题构建，我们可以更清楚地知道下一步是否还需要请专家，或者是否需要先解决其他问题。重要的是，问题构建还能让我们创建一个明确的问题陈述，这将贯穿第 10 ～ 14 课，让我们在构思和探索问题的过程中找到潜在的解决方案。

9.2.3　问题陈述

问题构建的一个成果是能够制定出一个问题陈述草案。在对潜在问题及其与原因、效果或其他模糊环境因素的区别有了合理的理解和界定之后，我们现在可以识别出可能的问题。这是一个非常重要的成果。

确实，随着我们进行更多与问题相关的练习（以及后续的与思考和解决方案相关的练习），我们对问题的理解将会更加深入。但是，能够仔细审视潜在问题，以确保我们找到了正确的问题，这对于创建我们的问题陈述至关重要。为什么这很重要？我们的问题陈述提供了一个清晰的共识，有助于团结团队成员来共同解决这个问题。

一个好的问题陈述应具备以下特点：
- 它以一个声明的形式用单句表达。
- 这个单句要涵盖"是什么""为了谁"和"需求"。
- 它用词简洁明了，易于理解。
- 它精确地传达了我们对问题的理解（同时知道我们的理解将通过本堂设计思维课分享的练习得到进一步的明确）。
- 它为"我们该怎么做？"提问以及其他后续的创意和解决方案技巧奠定了基础。

与团队一起进行简化版的问题陈述练习，请按照以下步骤操作。

时间和人员：问题陈述练习需要 2 ～ 5 人，每个问题需要 15 ～ 30 分钟（根据问题的性质和复杂性，时间可以更长）。

1）分享之前的问题识别练习结果，包括问题树的可视化和问题构建练习中产生的问题陈述草案。

2）要求团队回答以下问题：
- 主要问题是什么？
- 为什么这是一个问题？

- 谁有这个问题？
- 这个问题何时发生？
- 看起来缺少或需要什么？
- 目前这个问题是如何被解决或规避的？

3）团队一起回顾答案，并根据团队之前学到的和现在看到的最真实或有效的"最佳答案"进行投票。

4）复制或重写最能定义当前状况与期望结果之间差距的问题陈述草案，并构建一个单句，其形式为"<什么>没有满足<谁>的<需求>"。

因此，一个好的简单问题陈述的例子如下：

- 我们的用户门户界面没有满足视力受损用户输入销售订单的需求。
- 我们为远程员工提供的团队沟通方法没有满足他们被倾听和代表的需求。
- 我们的端到端仓库管理系统没有满足在家工作的用户对实时性能的期望。

为了验证问题陈述的方向性，我们可以将其转化为"我们该怎么做？"的问题。结合这些最佳答案，构建一个与问题陈述形成镜像的问题，其形式为"我们如何改变<什么>，以更好地满足<谁>的<需求>"。

经过共同讨论后，一个好的问题陈述对应的"我们该怎么做？"的问题的例子如下：

- 我们如何改进视力受损用户的门户界面，以更好地满足他们输入销售订单的能力？
- 我们如何改进远程员工的团队沟通，以更好地满足他们被倾听和代表的需求？
- 我们如何改进家庭用户的端到端仓库管理系统，以更好地满足他们的实时性能需求？

有了我们手头的问题陈述，如果需要，我们可以在开始认真思考、解决问题和寻找解决方案之前，采用一种或多种问题验证方法。接下来将介绍问题验证的四种技术或练习。

9.3　问题验证的技术和练习

在寻求解决问题和创造解决方案之前的最后一步，可以考虑使用一种或多种设计思维技术或练习，让我们快速验证对问题的理解，并有可能完善我们的问题陈述。以下四种技术或练习很好地诠释了轻量级设计思维方法：

- 逐字记录。
- AEIOU 提问快速回顾。
- 五个为什么做根因分析。
- 主题的模式匹配。

这些面向问题的设计思维技术和练习在其他领域同样有用，但接下来将在与问题验证相关的背景下进行介绍。

9.3.1 逐字记录

倾听人们的意见并记录他们所说的话，是验证问题所在的明智的第一步。这种技术被称为"逐字记录"（Verbatim Mapping），是访谈的一种主要方法，也是一种很好的倾听方法，同时我们还可以整理出一套信念或陈述，以便日后提供背景信息。

逐字记录，正如这个词所暗示的，是指人们口头表达的直接引用、故事和其他反馈，它们描述或记录了个人的观点。当我们考虑逐字记录时，通常会想到负面反馈、挑战或痛点。但逐字记录同样包含好消息、洞察力和正面反馈。这些逐字记录中蕴含了可以解释问题原因、时间、地点、方式和相关人员的潜在主题。

对会议、故事和利用设计思维的"超级反派的独白"和"有意识的沉默"倾听的会议的内容逐字记录。如果你可以访问历史资料（例如旧故事或会议记录），使用先前记录的逐字记录来帮助理解问题或情境是如何随时间演变的。

有了所有这些信息，按照以下步骤进行逐字记录练习：

时间和人员：逐字记录练习需要 1～3 人，每人或每次被评估的会议需要 15～30 分钟（根据源文件的可用性，时间可能会更长）。

1）出于隐私原因，确保事先告知参与者我们正在进行这样的练习。

2）注意并记录你听到和看到的重复单词 / 短语。

3）如果事件是实时的（与使用会议记录研究过去的事件相对），考虑在练习进行时将趋势或主题进行聚类。

4）会议或活动结束后，将重复的单词和短语分到逻辑组或主题中。

5）创建一个个人假设来解释我们所认为的每个聚类的原因。

6）确定一组"下一步最佳行动"，并特别指出需要进一步探索的内容、需要学习或进一步了解的内容，以及我们拥有足够信息可以开始采取初步或补救行动的地方。

7）将这些逐字记录的聚类整合进我们的利益相关者增强映射和移情映射中，作为对话框，将每个逐字记录的聚类映射到适当的人员或团队中，以作为丰富我们现有映射的一种方式。

最后，如图 9.2 所示，逐字记录帮助我们学到新东西，甚至可能证实我们对情况及其潜在问题的理解。逐字记录为我们提供了一个拥有更丰富、更完整的用户和其他利益相关者的图片，帮助我们更多地了解人们以及手头的问题或情况。

图 9.2　逐字记录帮助我们更多地学习并验证我们认为自己知道的东西

9.3.2　AEIOU 提问快速回顾

有时候,一组精心设计的问题可以帮助我们确保我们的思考方向正确,或者关注问题的恰当方面。由 Rick E. Robinson(2015)提出的 AEIOU 提问练习,可以帮助我们快速审视一个情境,并在我们验证问题、提问和采访他人、主持会议、执行"一天的生活"练习、进行旅程映射、开展移情映射练习、参与用户移情沉浸等活动中,快速地在心中勾选出一系列关键维度。

AEIOU 是活动(Activity)、环境(Environment)、互动(Interaction)、物品(Object)和用户(User)的缩写。这个简单的 AEIOU 提问练习可以很容易地融入其他练习,帮助我们快速构建情境或验证问题。AEIOU 是一个助记符,很容易被记住,也很容易被遵循。

例如,如果我们正在探索和验证一个关于有效地进行积压工作优先级排序的问题,我们可能会进行一项练习,在这个练习中,我们从以下方面考虑并探索这个积压工作优先级排序的问题:

时间和人员:AEIOU 提问练习需要 2 ~ 5 人,每个问题需要 5 ~ 15 分钟。

1)准备阶段。分享问题陈述或议题。

2)活动。我们是否在正确的时间进行正确的事项,并执行适当的敏捷仪式(或其他特定方法的任务)?

3)环境。我们是否拥有适合有效地进行这项积压优先级排序工作的环境或空间?

4)互动。我们是否理解优先级排序的必要步骤?我们是否按正确的顺序执行它们?

5)物品。我们是否有适当的工具进行面对面协作或远程协作?我们是否有有效的 DevOps 工具用于记录文档、透明度和问责制?我们是否采用了适当的工具和流程来正确地将大型任务(史诗)细化为具体功能,再进一步细化为用户故事?

6)用户。我们是否涉及了正确的人员?我们是否了解关键角色?我们是否在正确的时间参与？我们遗漏了谁？是否有人在无意中或以其他方式被边缘化？

7）警告或模式。我们是否需要返回到特定领域并进一步探索？

AEIOU 提问过程是循环的，正如我们在图 9.3 中看到的。这个想法是为了验证我们对问题的理解，并识别那些可能需要进一步探索和迭代的领域或主题。迭代可能会揭示我们可能遗漏或无意中忽视的内容。

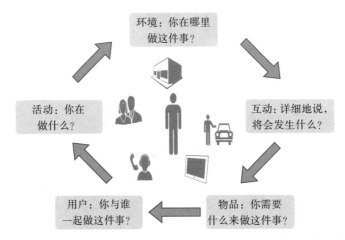

图 9.3　AEIOU 提问练习反映了一个用于验证我们理解的循环或迭代过程

9.3.3　五个为什么做根因分析

我们曾在第 3 课中简单提及五个为什么，它由丰田佐吉在多年前提出，是一种用来发现特定情况、思路、决策以及一般问题背后的根本原因或理由的技术。这项技术还有助于我们理解个人或团队的动机、价值观和偏见。

这项技术看似简单，但通常它是围绕一个练习而不是简单重复五次"为什么"来组织的。其关键在于根据前一个回答调整提问的方向，揭露显而易见的表面现象，探索隐藏的深层次原因。

五个为什么类似于顺藤摸瓜，去发现拐角处或表面之下的东西。最终，你应该能够找到根本原因。当然，仅仅解决根本原因并不总能直接解决问题本身，但理解根本原因是更好地理解问题本身的一个良好开端。正如我们在问题树分析练习中看到的，简单地将原因与效果分开就能提供清晰度，因此具有很大的价值。这个练习应该帮助我们在使用新方法思考的同时更好地定义真正的问题陈述。

时间和人员：五个为什么练习需要 2 ～ 5 人，每个问题需要 5 ～ 15 分钟（根据问题的性质和复杂性，可以更广泛、更长时间）。

要进行五个为什么练习：

1）分享问题陈述。

2）问五次"为什么"，在提问更多问题之前仔细评估前一个问题的答案。考虑以下示例：

- 我们为什么错过了部署日期？（"因为我们完成开发和测试晚了。"）
- 我们为什么完成开发和测试晚了？（"因为业务流程比我们估计的更复杂。"）
- 为什么业务流程比我们估计的更复杂？（"因为我们的 DevOps T 恤估算技术最大只到特大号，即 XL，而这个特定的业务流程实际上是超特大号，即 XXL。"）
- 我们为什么在 DevOps 系统中将这个业务流程不准确地描述为 XL 而不是 XXL？（"因为我们的 DevOps 估算系统不容纳任何超出 XL 的尺寸——我们只能输入四种尺寸，而 XXL 不是其中之一。"）
- 为什么我们的 DevOps 估算系统只限于四种尺寸？（"因为当前的 DevOps 模板为四种尺寸硬编码。"）

在这个示例中，如图 9.4 所示，根本原因在第三个为什么开始变得明显，但如果我们没有最终得到第五个——非常关键的——为什么，我们可能永远不会知道 DevOps 模板的限制。

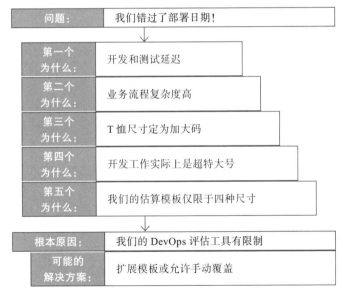

图 9.4　虽然根本原因在第三个为什么开始变得明显，但直到五个为什么练习中的第五个为什么，我们才最终找到了根本原因

然而，五个为什么绝不是万无一失的。这个练习可能会让我们沿着一个相当狭窄的路径前进，并没有真正给我们探索我们试图验证的问题周围的其他问题的自由度。因此，应该由提问者辨别正确的路径（或运行一系列五个为什么的练习来探索多条路径）。

此外，这项工作本身也会在过程中引发其他问题。例如，一遍又一遍地问为什么、为什么、为什么的过程会让人处于防御状态，导致人们闭口不谈或寻找指责的目标。另外，也可以尝试"探究以更好地理解"或"超级反派的独白"的技术，帮助我们进一步澄清问题并验证问题。接下来，我们将介绍最后一个验证问题的练习——模式匹配。

9.3.4　主题的模式匹配

寻找反复出现的模式以学习新事物是一项古老的技术，被用在生活中的每一个部分。在这里，模式匹配可以帮助我们发现重复出现的主题或意义线索，以验证我们的问题或告诉我们关于我们如何思考或执行的一些信息。为了验证特定问题陈述的有效性，请考虑以下问题：

- 我们看待事物的方式是否影响了我们的反应方式，进而导致同样的问题一再出现？我们是否有一种妨碍我们理解手头真正问题的观点问题？
- 我们的问题反映的是一种单一模式（我们的部署周期总是因为这样或那样而延迟），还是一种渐进模式（我们的用例比我们预期的要复杂，导致开发时间延长、测试周期延长，从而延迟了部署周期）？

时间和人员：模式匹配练习需要 1 ～ 5 人，每个问题需要 15 ～ 60 分钟（根据问题的性质和复杂性，可以更广泛、更长时间）。

要执行一个简单的模式匹配练习：

1）记住，没有好的数据，模式匹配是困难的。收集将从中派生出模式和主题的数据。数据可以来自记录的问题、先前完成的访谈和逐字记录练习、观察、听力练习、风险审查、会议记录等。

2）将相似的项目组合在一起。从大的分组开始（如积极和消极、输入和输出、症状和结果、原因和效果等）。

3）按主题进一步对这些组进行排序。如果你没有看到与行动或后果相关的明显模式，就开始寻找名词或动词，并从这里开始。

4）现在我们应该开始看到模式和主题的出现。按其主题标记每个组。

5）确定与每个组相关联的结果（积极、消极、不确定性等）。

6）作为一个团队，进一步整合和完善这些结果。你可能还想按优先级排序，例如，创建一个包括前五个模式和主题的列表。

对于每个主题或模式，请确保包括反映积极情绪和消极情绪的单独数据点。通过这些极端对比，我们可能识别出提供特殊见解的模式，或可以帮助我们进一步深入特定的分组。

9.4 应避免的陷阱：草率行事（解决错误的问题）

当一家地区性的房屋建筑商开始使用设计思维方法改变其与潜在购房者的互动方式时，业主们没有意识到在进行流程和程序变更之前验证其特定问题集的重要性。相反，该建筑商急于边做边学。它误解了在问题构建中验证和证实学到的内容以及创建问题陈述的价值。它浪费数月时间去"解决"实际上并不存在的问题领域，同时忽视了确实需要解决的领域。

快速学习是设计思维过程的重要组成部分。我们通常想要迅速开始学习和构建。但这种草率行事的做法通常适用于创意构思、原型设计和解决问题。当涉及理解我们的情况和问题时，我们需要在开始投入宝贵的时间和预算去解决错误的问题之前，花费时间和资源验证我们认为我们知道的东西。

9.5 总结

第 9 课总结了设计思维的一个重要方面，即在我们投入时间和精力思考、解决问题和解决方案之前，先要识别、理解和验证问题。在这堂设计思维课中，我们介绍了三个有助于发现问题的练习：问题树分析、问题构建和问题陈述（创建问题陈述）。然后，我们将注意力转向通过逐字记录、AEIOU 提问、五个为什么和模式匹配练习来验证我们对问题的看法。最后，我们讲述了一个"应避免的陷阱"的故事：一家房屋建筑商误解了快速学习的力量；相反，它跳入了错误的问题中，犯下了昂贵的错误，并在错误中耗费了大量的时间和精力。

9.6 工作坊

9.6.1 案例分析

请参考下面的案例分析和相关问题。你可以在附录 A "案例分析测验答案"中找到与此案例相关的问题的答案。

情境

BigBank 的执行委员会（EC）相信他们的杰出倡议领导者已经掌握了公司最紧迫的问题。EC 正在向几位倡议领导者施压，要求他们迅速开始进行创意构思、问题解决和制定解决方案的工作。然而，Satish 对于快速开始解决错误问题可能带来的预算和时间安排的影响而感到担忧，他需要你的帮助来更负责任地引导组织。同时，EC 一直在强调设计思维是关于快速开始、快速失败和快速学习的，他们不理解 Satish 在应用相同逻辑来确定要解决的正确问题时的犹豫。

9.6.2　测验

1）在创建问题陈述时，哪两种不同的设计思维练习非常有用？

2）问题树分析如何帮助我们清晰地理解问题？

3）哪四种不同的设计思维技术和练习有助于验证特定问题？

4）执行委员会如何误解了设计思维在快速开始和学习方面的力量？

第三篇
求异思维

第 10 课

求异思维概述

你将学到：

- 解决问题的构思与思考
- 发散性思维与收敛性思维
- 求异思维的热身活动
- 理清思绪的技术
- 应避免的陷阱：固守收敛性思维
- 总结与案例分析

第 10 课开启了第三篇——"求异思维"，专注于设计思维模型的第二阶段（见图 10.1）。在接下来的五堂课中，我们将探讨一系列技术和练习，以促进我们以更独特和深入的方式思考，帮助我们解决我们在第 9 课中识别和确认的问题。第 10 课为设计思维的核心部分——发散性思维——奠定了基础：在我们聚

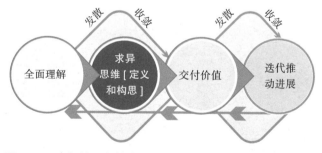

图 10.1　我们的面向技术工程师的设计思维模型的第二阶段

焦或收敛思维以形成一系列"最佳"想法之前，我们需要广泛而深入地发散思维。一旦我们确定了要解决的正确问题，并且这个问题是我们不能迅速解决的，我们需要在发散性思维和收敛性思维之间进行切换，可能需要进行一系列的思维预热活动来放松我们的大脑，并可能需要通过一些练习来帮助我们清理和疏通思维。我们以一个与保持收敛性思维相关的现实世界"应避免的陷阱"

案例结束这堂设计思维课，这提醒我们在需要打破思维束缚时，不要仅仅固守收敛性思维。

10.1 解决问题的构思与思考

我们为何需要改变思考方式？简单来说，当我们常规的思考模式无法指引我们下一步该如何行动时，我们需要寻找新的地方来激发新的想法，以产生新的思路！毕竟，如果我们的问题或情境的解决方案足够简单，能够用我们现有的工具或技术和练习解决，那它早就被解决了。

这就是求异思维和构思的力量所在。我们在前两堂设计思维课概述了"构思"的概念。构思是指一种特殊的思维方式，这种思维方式已经从我们安静的头脑中抽离出来，走向开放。它可以是口头分享，也可以是图片或模型；可以是白板上的图画，也可以是写在平板电脑或纸张上的文字。构思是外化了的思想。

正如我们知道的，构思可以单独进行，也可以作为与我们的同事或更广泛的团队和其他人更广泛讨论的一部分。当我们独自构思时，有时能想出绝妙的想法。但在他人的帮助下，构思可以帮助我们处理这些绝妙的想法，并为解决复杂问题找出更多的想法。这样，我们可以创建并填满一个由许多潜在想法组成的构思漏斗，如图 10.2 所示。

让我们结合构思漏斗来探讨我们的思维需要如何从收敛（填满漏斗）到发散（识别和使用最佳创意），并可能根据需要来回多次。

图 10.2 构思漏斗是收集想法的简单而有效的隐喻

10.2 发散性思维与收敛性思维

为了创造和填满我们的构思漏斗，我们需要花费更多时间进行发散性思考，而不是收敛性思考。正如我们在第 3 课中提到的，发散性思维关于收集想法、探索可能的解决方案，并扩大我们的选择。发散性思维意味着让我们的创意池变得更大、更多样化。这与收敛性思维完全相反，收敛性思维关于缩小和削减我们的创意、选择和解决方案至很少的几个（并且假定是最好的，至少基于我们今天对问题和情况的了解）。

我们大多数人天生倾向于以收敛的方式看待问题。我们在脑海中发散思考的时间很少，而是花费了大量的时间实施一个我们可能只用了几秒钟就决定的想法。但是，收敛性思维对我们大多数人来说在大部分时间都有效，因为我们的大多数情况和问题并不是非常复杂。

⊙ **注释**

55 与 5

阿尔伯特·爱因斯坦因他与思考相关的机智言论而闻名。当他说"如果我有 1 小时的时间来解决问题，我会花 55 分钟思考问题，5 分钟思考解决方案"时，他正戴着设计思考者的帽子（Debevoise，2021）。

但是，如果我们的情况和问题确实很复杂呢？如果我们的情况和问题确实很复杂，而且充满了昂贵的、有风险的选择，以及做出错误的初步选择带来了影响，又该怎么办？如果我们需要更多的想法呢？需要更好的想法呢？获得更多想法和更好想法的关键在于发散能力，从根本上改变我们的思维方式。与其试图找到问题的唯一"正确"答案，不如专注于创建一个强大的潜在答案或想法列表，用它来填充我们的漏斗。想法越多越好。这就是我们的目标！我们的构思漏斗需要挑战我们的现有思维，以此通过新的视角来探索我们的问题或情况。没有坏的主意。

爱因斯坦关于花 1 小时解决问题的名言捕捉了发散性思维的本质。非正式的目标是双重的：

1）产生大量的想法。

2）避免过早地解决问题。

发散性思维可以帮助我们通过多种想法扭转和重构问题，从而用一个、两个或三个最佳的潜在解决方案来解决问题。因此，我们在广泛思考的过程中发散，然后在瞄准潜在的"最佳"解决方案时收敛（见图 10.3）。

发散和收敛的过程听起来很容易。但实际上并非如此。这是艰苦的工作。爱因斯坦也说过："思考是艰苦的工作；这就是为什么很少有人这么做。"

我们如何使思考，特别是创造性的、不同的、发散的思考变得更容易？热身活动可以帮助我们，正如我们接下来所谈论的。

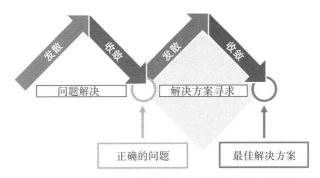

图 10.3　考虑发散性思维如何增加我们拥有的想法和潜在解决方案的数量，而收敛性思维如
　　　　何帮助我们找到正确的问题和最佳解决方案

10.3　求异思维的热身活动

研究和我们的实践经验表明：我们可以采取一些措施来帮助我们进入更具创造性的思维状态。有些措施本身就是设计思维技术，而其他一些则只是帮助我们刷新思维方式的小建议。

10.3.1　分类法启动器

我们在下堂设计思维课将要介绍的边界可以帮助我们更丰富地进行创意思考，有时候一些结构化的工具也能启动我们的思考过程。当我们的思维过于疲惫或混乱，无法用新的方式思考时，分类法能为我们提供急需的精神激励：

- SCAMPER 七步法为我们提供了新的头脑风暴方式，帮助我们填充构思漏斗。
- 敏捷宣言为我们提供了评估和思考的 4 个价值观和 12 条原则。
- UX 设计利用启发式分析法及其 10 种可用性启发式分析法进行构思。
- 可能的未来思维练习使用 STEEP 缩写帮助我们在 5 个或更多维度上进行思考。
- 船与锚练习可以通过标准风险登记册的分类法帮助我们更广泛地思考。
- AEIOU 提问练习用于问题验证，它围绕 AEIOU 助记符组织了 5 个步骤，帮助我们轻松记住活动、环境、互动、物品和用户。

分类法就像是大脑的备忘卡！在我们急需一套思维和创造力启动器时，它们非常有用且公平。

10.3.2　个体发散性思维技术

作为个体，我们采取的步骤和技术可以帮助我们采用不同的发散思维方式。与传统的收敛性思维相比，发散性思维需要练习，我们在接下来的几堂设计思维课里会介绍许多技术。从常见的头脑风暴到穿越沼泽、MVP思维、最糟糕和最好的构思、回溯过去、分形思维、力场分析和黄金比例分析、莫比乌斯构思法、寻找虫洞等，有许多技术和练习可以帮助我们以不同的方式思考，并填充我们的构思漏斗。

还有一些实用的活动或简单的窍门可以帮助我们更快地进入发散或创造性思维模式。想想这些年来，我们是如何利用自己的经验，从下面的清单和图10.4中获得一些最佳创意的：

- 梦想着未来可能的情景。
- 画出我们脑海中的图像。
- 用玩具积木或乐高搭建摩天大楼。
- 与邻居一起用意大利面或纸建造桥梁。
- 制作最精致或投掷最远的纸飞机。
- 仅用纸和胶带设计一个四杯架。
- 不抬笔或不重描线条画出一座房子。
- 思考哪辆车我们应该保留。
- 听播客或音乐。
- 洗一个放松的澡或淋浴。
- 在安静的地方冥想。
- 享受按摩或水疗护理。
- 散步或跑步。

图10.4　发散性思维的提示和技术触手可及

当然，还有许多其他有助于不同思考的有用活动。骑自行车、修剪草坪、瑜伽、游泳、冲浪、举重等重复性活动为我们的大脑提供了漫游的空间和时间。空间、时间和重复带来了思维的自由。

10.3.3　团队合作促进发散性思维

一旦完成了个人热身活动，就与团队成员重新聚在一起，共同在团队环境中练习发散性思维。首要任务是确保有其他人来帮助我们思考。实现不同思考的关键在于多样性设计（在第 4 课中有所介绍），同样也在于那些帮助我们以不同方式思考的技术和练习。例如：

- 在集体思考前先一起进行正念练习。
- 一起构建（某物，任何东西），以促进集体思考。
- 探索我们在接下来四堂设计思维课中介绍的 40 多种不同的思维和想法。

我们的创意源源不断，并拥有与之相匹配的发散性思维，是时候真正促进求异思维了。但求异思维并不意味着给自己一张白纸。我们很快就会发现，在我们给自己设定的限制、界限、透镜、视角或边界范围内，求异思维会茁壮成长。翻到第 11 课来了解更多，更重要的是实践和使用这些技术和练习。

10.4　清空思绪的技术

有时我们的大脑充满了自己的见解和不断强化的偏见，以至于在开始思考之前，我们需要先清空这些内容。考虑使用以下两种简单的技术来帮助我们清理大脑中的杂念，为新鲜的求异思维铺平道路。

10.4.1　思维疏通

当问题出现时，我们往往会依靠已知的和舒适的方法。低压力的解决方案帮助我们应对高压情况。因此，我们自然会寻找过去一直有效的快速解决方案。但如果快速解决方案不再快速或不再正确怎么办？如果它只是在阻碍我们的思考呢？如果我们无法以不同方式思考的原因就在于此呢？

当快速解决方案不再足够时，我们需要重置我们的思维方式、团队协作和与同事间的互动，以不同的方式进行思考。我们需要清除大脑中的混乱和杂念。这可能相当困难！毕竟，我们不能简单地忽视大脑中根深蒂固的想法；那些简单而熟悉的快速解决方案往往会悄悄地回来，阻碍我们以不同的方式思考。

当旧观念或杂乱无章的思想还停留在我们的脑海中时，我们往往会情不自禁地停留在那种思维模式中。为了解放我们的思想，让我们换个角度思考，可以考虑"思维疏通"。试着谈谈快速

解决方案如何与当今的现实相匹配:

- 我们喜欢快速解决方案的哪些方面?
- 为什么这次的快速解决方案不适合?
- 快速解决方案会导致什么后果?
- 为什么是时候(至少在这种特定的情况下)放弃它了?

尽可能客观地讨论快速解决方案的优点和缺点,最终排除它,以便我们可以以全新的视角重新开始我们的思考。"思维疏通"帮助我们刷新、重置和重新思考(见图 10.5)。

图 10.5 "思维疏通"帮助我们刷新、重置和重新思考

如果我们仍然发现旧想法不断涌现,排挤新想法,请考虑采用接下来介绍的"放弃旧观念,打破思维僵局"。

10.4.2 放弃旧观念,打破思维僵局

我们都曾陷入这样的境地:努力寻找新思路,但那些熟悉的、陈旧的解决方案或权宜之计总是不断地回到我们的脑海中。这些行不通的想法或许看似合理,但有没有更好的方法呢? 更重要的是,有没有多种可能性? 我们怎样才能刷新思维,发现这些可能性?

一个方法是直接将这些行不通的想法排除在外,明确地识别出在特定的时间和特定的问题上,它们对我们来说已经行不通了:死路一条。这些死路一条的想法确实需要被摒弃(或者有些人可能更倾向于说"退役")。摒弃我们的固有思维可以帮助我们找到解决棘手问题或重新取得进展的新路径。我们将这种摒弃作为一种强制机制(我们将在第 16 课中更详细地介绍这一强大技术),以尝试新的思路或学习新技能。

固有思维的例子可能包括:

- 完全依赖于我们今天所知的,而不是探索能引领我们走向未来的新知。
- 利用而非更新我们现有的技能和能力。

- 仅仅因为想法或立场属于我们而为之辩护（同时依赖于其他偏见）。
- 保护我们的宝贵观念，而不是以更符合当今市场、现实或经济的方式重新塑造它们。
- 未能放弃传统战略，转而采纳新思维。
- 因恐慌而选择停滞不前。

将这种技术与之前介绍的"思维疏通"等其他技术结合起来，以重启和刷新思维。与停留在过去、重复应对同样的问题相比，勇敢探索未知领域肯定会带来更好的回报。

10.5 应避免的陷阱：固守收敛性思维

如果我们不改变思维模式或重新点燃创造力，我们如何才能打破束缚我们的思维枷锁？在一家陷入缓慢的企业资源计划（ERP）转型过程的大型高科技公司中，其团队不断重复使用过去未能成功的相同技术和想法。他们用传统的 IT 项目管理技术来解决日程和人员配置问题，用权宜之计来应对设定不当的期望，实际上让自己受制于一个高管团队的摆布。这个团队基于设计永远不会足够接近细节来推动真正的进展。

该项目团队花费很少的时间思考，而将大量的时间用于行动。他们没有深入和以不同的方式思考问题，而是迅速确定了一个看似是下一步最佳行动的方案，然后投入了大量的时间和精力去执行，而那些通常并非最佳行动方案。此外，他们还浪费了更多时间处理高管的干预和不满的利益相关者。他们不知道自己不知道什么，直到一群新的思考者打破了这个持续的循环。

与匆忙应对他们的众多挑战相比，他们用新的眼光和新技术一起深入思考每一个挑战。设计思维在高管团队正在升级并尖叫着要求"更快、更快"的时候，让团队慢了下来。但设计思维最终使得这种速度成为可能，因为一段发散性思维的时期带来了收敛性思维无法实现的成效。听从爱因斯坦的建议，花更多的时间思考，少做事，帮助这个团队和这个关键的业务转型计划摆脱了其精心伪装的枷锁。这也帮助高管团队和广泛的利益相关者重新获得了对团队的信心，以及再次真正取得进展的能力。

10.6 总结

在这堂设计思维课中，我们深入了解了收敛性思维和发散性思维的重要性。这两种基本技术共同构成了创意思考和求异思维的核心。我们探讨了三种思维热身方法，帮助我们打开思路，包括分类法启动器、个体发散性思维技术，以及团队合作促进发散性思维。我们还介绍了两个清空思维的技术——思维疏通和放弃旧观念，打破思维僵局——以帮助我们清理思维障碍。最后，我们通过一个现实世界中的"应避免的陷阱"案例结束了第 10 课，这个案例展示了当我们陷入困境时，重复使用相同的思维方式只会导致停滞不前的结果。我们发现，放慢脚步并采用发散性思维，可以帮助我们打破束缚团队和个体的思维枷锁，从而恢复信心和动力。

10.7 工作坊

10.7.1 案例分析

请参考下面的案例分析和相关问题。你可以在附录 A "案例分析测验答案"中找到与此案例相关的问题的答案。

情境

BigBank 的执行委员会对执行 OneBank 计划下十几个项目之一的团队失去了信心。尽管 Satish 在过去一年中多次介入协助，但项目速度并未有实质性的提升。团队成员仍在以他们习惯的方式工作，结果自然是一成不变的，进展甚微。该计划的主要利益相关者开始担心是否需要再次推迟上线日期，一些人甚至开始质疑是否应该解散该团队或完全终止该计划。

Satish 再次需要你的协助，他准备根据你的建议采取任何必要的措施，以恢复对这个团队及该计划价值的信心。

10.7.2 测验

1）这个计划的执行团队在执行方法上是否存在根本性问题？

2）团队如何在短期内改变他们的执行模式？

3）在短期内改变团队的思考和执行方式可能带来哪些风险？

4）哪些热身活动或简单练习可能帮助团队以不同的方式思考？

5）团队中的一些成员似乎固守自己的思考模式，他们需要清理或疏通思维，以便能够以全新的视角进行思考。你有什么建议？

创造性思维的边界

你将学到：

- 限制与边界
- 简单边界激发求异思维
- 风险思考的练习
- 极限思考的非常规技术
- 应避免的陷阱
- 总结与案例分析

在这堂设计思维课中，我们继续深化对发散性思维的理解，介绍五种求异思维的指导原则、两种风险思考的练习方法，以及两种极限思考的非常规技术。这些共同构成了一套强大的求异思维工具箱。尽管其中一些名称听起来有些古怪或滑稽，但这些技术和练习能够帮助我们达到一个全新的思考和创意层次。正如本堂设计思维课的结尾所强调的，我们不应该因为一些听起来滑稽的设计思维术语而避免使用它们（包括如何避免或解决这类问题）。

11.1 限制与边界

真正的创造性思维是在限制和边界中蓬勃发展的，不是无限的可能性，不是一张空白纸，而是一套帮助我们集中思考的指导原则、视角或透镜。这些指导原则、视角和透镜帮助我们以新的方式思考和产生创意。回想我们在中学的时候，非命题作文往往不是我们最好的作品，而是命题作文写得更出色。老师会指定作文的主题或设定一套边界条件。例如，老师要求全班同学写暑假生活，或者写在假期收到的意外礼物等。

老师的边界条件创造了指导原则，使我们的思维更加集中。由于不需要花费时间从无数选项中人为地构建故事情节，我们有更多的时间深入而有意义地思考重要的事情——我们实际上要写什么。

同样的逻辑，指导原则逻辑，适用于任何要求我们创造性思考或寻找创造性解决方案的情况。尽管这似乎违反直觉，但给自己设定一套指导原则或特定的视角，有助于我们更深入、更全面地进行思考。让我们来看一看这些简单的指导原则用于不同角度的思考。

11.2　简单边界激发求异思维

虽然发散性思维是创造性思考的核心技术，但还有数百种简单的技术或指导原则可以帮助个人和团队稍微偏离常规，进行不同角度的思考。我们如何创造一套引人深思的指导原则？考虑以下指导原则：

- 类比与隐喻。我们能否利用类比或因果关系来从不同角度思考？一个简单的隐喻能帮助我们理解一个复杂的情况吗？
- 充分性或"够用"。充分与过度之间的界限是什么？一个"够用"的视角如何影响我们的思考、规划和执行？
- 边缘案例。我们需要考虑我们对产品或解决方案了解的边缘是什么？有人可能会以我们没有预料到或从未计划过的方式使用我们的产品或解决方案吗？
- 包容性和可访问性。我们用户社区的可访问性需求和特殊能力如何指导我们的数据收集、思考、原型设计或解决方案制定？
- 分解或模块化。我们的问题或解决方案如何被分解成更小、更易管理的部分？
- 时间旅行。如果我们能够穿越到未来并回顾过去，我们可能会发现哪些错误和不切实际的假设，这些信息如何帮助今天的我们？
- 时间表。如果我们展望未来，可能会有什么让我们放慢脚步或停止脚步？危险在哪里？我们如何准备来减少它们的潜在影响？
- 宏伟目标。我们如何利用一个几乎不可能达成的目标来帮助我们从不同角度思考？如果没有不可能达成的目标所带来的压力，我们能否实现比我们本来可能实现的更多的目标？
- 资源配置或效率。是否有一个足够但不太完美的方案让我们达到目标？有限资源的需求如何指导我们的思考？
- 可视化。是否有一张图片或图表可以比单独的文字更容易或更快地促进共同理解？
- 数量。我们是否有足够多的想法来探索？我们如何进一步充实构思？
- 时间压力。在巨大的时间压力下，我们的思维会如何改变，比如，如何在接下来的 5 分钟内找到解决方案？或者更快？

- 分形模式。是否有一个在不同规模上呈现的垂直模式？
- X 到 Y 验证。随着时间的推移，一种自然关系是如何变得异常或扭曲？我们如何才能正视这些异常或功能失调的情况？
- 逆向逻辑。什么会让我们的问题或情况变得更糟，而不是解决问题？我们能否利用这种逆向思维，为原来的问题或情况找到新的解决方案？

让我们从前五个指导原则和它们所代表的创意或思考技术开始。

11.2.1 类比与隐喻思维

设想我们需要与一群伙伴一起完成一段从 A 点到 B 点的复杂旅程，而团队成员对于为什么要这么做或如何去做并不清楚。这时，分享一个类比或隐喻就显得尤为重要！类比和隐喻通过将复杂的概念与已知或更简单的概念相提并论，以帮助我们理解它们。人们自然而然地倾向于使用类比和隐喻，因为它们能帮助我们迅速达成共识，统一思想，并朝着同一个方向前进。以下是一些常见的类比和隐喻，它们可以帮助我们简化复杂性：

- 动物。我们可能会问，如果是一群动物园里的动物，比如鳄鱼或河马，会如何解决某个问题。同样，我们也可以使用"分步骤吃掉一头大象"这样的旧类比来描述一个长期的项目或复杂的设计任务，或者将一个陈旧的系统比作恐龙。
- 日常物品。我们可以将一个项目比作旅途中的一艘船，将一系列选择比作飞镖靶或雷达上的点，将一个问题比作一个减速带而非路障，将一天中应对各种情况的过程比作乘坐过山车。未来的可能性可以通过镜头和轮子的类比来考虑，而原型则可以视为可以塑形的黏土。
- 大自然。我们可能会用湖泊作为需要跨越的障碍，或者用一棵树来分解问题（树干代表问题，树根代表问题的原因，树枝代表问题的影响或后果，类似于问题树分析练习）。树的比喻在制定指导原则时也很有用，它们是分形思维的另一个例子。
- 瀑布。我们可以将多个类比结合起来，构建一个具有多种不同结果的更丰富的情境。例如，考虑一下一群人如何在湖中的船上共同生存。改变船的大小和类型，以反映团队的规模、位置、限制等。在湖的一端加上终点线，在另一端加上瀑布。我们可以进一步解释每个人或每个角色在船上的职责，以帮助团队到达终点。我们可以自然而然地对把人和小船拉向瀑布的惯性进行规划，包括风暴和水流，甚至是不正常的人际关系（见图 11.1）。
- 虚构人物。我们可能会问，一个虚构的卡通角色或拥有超能力的超级英雄会如何应对某种情况。或者，那个卡通角色可能会完全避免这种情况。
- 历史事件。我们可能会将一项毫无意义的活动比作在泰坦尼克号上"重新安排躺椅"，或者将一种过时的思考或运作方式比作"马车"。

- 流行电影。我们可能会考虑《好人寥寥》（*A Few Good Men*）中卡菲中尉如何从杰瑟普上校那里逼出真相，或者《泰坦尼克号》（*Titanic*）中的杰克·道森如何全力以赴地确保他虚构的爱人罗丝能够幸存下来。
- 体育赛事。我们可以利用丰富的体育赛事类比来解释如何共同努力或如何实现目标。考虑高尔夫和摩托车越野赛，或者足球比赛、橄榄球比赛，或者美国职业棒球大联盟的世界大赛或国家橄榄球联盟的季后赛过程如何解释需要共同努力以实现使命，或者个人表现或团队协作将如何被衡量，以及将如何实现最终目标。

图 11.1　用瀑布类比整合多个类比与隐喻以描述一个项目或计划，以及它的人员和它的情况

这类练习帮助我们以更少的压力和更容易理解的方式思考复杂和困难的问题，为更好的理解和更深入的认知打开了大门。

11.2.2　"够用"思维

设想我们需要在有限的资源和时间下，从起点 A 前往遥远的目的地 B。我们的目标不是追求完美的体验，或者豪华游艇或私人飞机，而是以一种简单有效的方式安全到达目的地。在这种情况下，我们可能会考虑电话通话或虚拟会议等替代方案，而不是传统的交通工具。

法国哲学家伏尔泰曾说："不要让完美成为好的敌人。"这句话提醒我们，在追求完美的过程中，不要忽视了"够用"的价值。过度追求完美可能会导致时间和资源的浪费，而实际上，我们往往并不需要那么多。

在技术领域，我们经常面临紧急需求或新需求，这时候"够用"思维就显得尤为重要。追求完美可能会超出我们的实际需求，而"够用"的解决方案往往已经足够。这种思维方式鼓励我们考虑最低要求和收益递减点，从而在既定的范围、时间表和预算内寻找解决方案。

"够用"思维可以帮助我们节省时间、优化预算，并有效利用资源。它要求我们在体验、质量、长期可支持性等方面做出权衡，但当"更好"意味着时间和资源的浪费时，"够用"就是最佳选择。以下是"够用"思维的几个关键维度：

- 可接受的质量。产品的质量提升往往伴随着成本的指数级增长。我们需要问自己，提升1%的质量是否值得投入双倍的成本或时间？我们需要明确什么是"好"，以便知道何时应该停止。
- 可接受的时间。一旦我们完成了任务并满足了所有要求，就应该停止继续投入时间。除非有充分的理由，否则继续工作只会浪费资源。
- 可接受的风险。生活中不可避免地需要冒险。我们不应该花费太多时间权衡利弊，而应该迅速评估情况并做出决策。
- 可接受的下游影响。我们今天的决策将对未来产生影响。我们需要确保这些影响是可以接受的，或者制订计划来应对可能出现的不利影响。

"够用"思维关于承认收益递减和权衡。我们需要就"好"的标准达成共识，了解项目的范围、质量、时间表、预算和资源的边界，并在没有充分理由的情况下不超出这些边界。一旦我们完成了工作并满足了要求，工作就结束了，并相信我们可以在未来根据新的要求和标准进行迭代。

⊙ 注释

"够用"的质量标准

　　有人可能会认为"够用"降低了可接受的质量标准，但实际上，"够用"思维帮助我们确定原始计划或当前的工作是否超出了必要的质量。它鼓励我们精确地满足必要的质量标准，不多也不少。

11.2.3　边缘案例思维

　　设想我们的任务是改变一个大型社区从 A 点到 B 点的体验，并确保最终的体验能够满足整个社区的需求。虽然我们可能大致了解社区在最终体验中期望的功能，但如果我们并不完全了解他们所有的需求呢？如果我们目前的理解只覆盖了他们需求的 80%，那剩下的我们尚未知晓的 20% 的边缘情况可能会在我们达到 B 点后给我们带来问题。

　　边缘案例思维是一种设计思维技术，它通过同情那些处于我们的情境或解决方案的边缘的人群来实现包容性（见图 11.2）。边缘案例这个术语是描述那些处于我们的当前情境或解决方案的边缘、拥有超出我们已知需求或期望的额外需求或期望的人群的另一种方式。

图 11.2　注意，一个情境或问题的边缘可能代表了潜在解决方案需求的 20% 或更多

那些处于边缘的人们可以帮助我们以不同的视角思考、观察并提供解决方案。如果我们希望能够全面覆盖所有基础，那么我们需要考虑并纳入这 20% 的人群，他们能反映出我们目前理解的解决方案所缺失的部分。确保我们不会无意中忽略那些处于边缘或边界的人们的需求：

- 他们的行为或反应可能会与我们的预期或计划有何不同？
- 他们的需求如何能够对社区产生更广泛的积极影响？
- 我们如何整合这些需求，以服务整个社区？

这样的洞察力有助于我们更深入地理解问题和情境的广度，从而使我们能够长期创造更智能的设计和解决方案。

11.2.4　包容性和可访问性思维

边缘案例思维关注的是产品需求或解决方案能力中缺失的 20%，而包容性和可访问性思维关注的是我们社区中因特殊可用性和可访问性需求而常被忽视的更大部分。考虑任何一个社区都由有视力和听力障碍的人、有技术或带宽限制的人、有不可见或隐形残疾的人，以及其他因我们的产品或解决方案而无意中被排除在外的人组成。如图 11.3 所示，这些人通常没有与核心社区相同的背景、教育、经验、能力和需求。即使我们对一个需求有共同的理解，但当我们忽略包容性和可访问性思维时，就忽视了社区中一个巨大的群体。有人指出，忽视可访问性和包容性可能会使社区近一半的人被边缘化！

图 11.3　与专注于捕捉我们的情境或问题的边缘需求的边缘案例思维不同，包容性和可访问性思维专注于人们及其访问和使用解决方案的需求

想象我们正处在从 A 点到 B 点的旅程中，我们不能承担排除任何人的代价。要将整个用户社区从 A 点带到 B 点，我们需要尽早在旅程中采用包容性和可访问性思维，包括在离开 A 点之前。包容性和可访问性思维帮助我们足够早地全面思考，以避免可用性和可访问性的错误，这样我们就能解决整个社区的需求。

包容性和可访问性思维关于寻找和照顾我们经常忽视或完全忘记的人。这涉及给予客户，特别是沉默者和被忽视者发言权。我们如何让通常不被倾听的人发声？答案是有意识地行动，并问自己：

- 在我们寻求广泛学习和理解时，谁在我们的讨论和发现中缺席？
- 我们今天有意排除了哪些人，为什么？我们能帮助谁走出组织可能无意中或以其他方式随着时间创造或加强的困境？
- 在我们考虑解决方案和产品能力，以及如何发布它们时，谁在我们的问题解决中缺席？
- 在设计我们的解决方案时，谁需要支持？我们如何扮演这个角色？
- 我们能帮助谁找到一席之地，让我们共同完成旅程？
- 谁需要以独特的方式参与我们的工作？我们如何将具有不同能力的同事纳入我们的旅程中？
- 即使不方便或不是我们计划的一部分，还有谁需要加入我们的旅程？

考虑每个人的全部，包括他们明显和不太明显的能力。考虑每个人喜欢如何工作、思考、沟通、互动和被对待。他们独特的文化、语言、种族和其他独特的维度是什么？也考虑一下什么将社区联系在一起。随着时间的推移，哪些共同的线索和主题可以统一一个社区？

最后，当面对我们社区的可访问性挑战、能力、声音和应对策略时：

- 学习可访问性如何影响沟通和包容性，并使用建立性而非破坏性的语言，以此作为建立全面包容和尊重沟通的标准。
- 创建包容的委员会和理事会，以提高人们的意识和促进包容性。
- 作为团队和社区，就如何快速解决分歧和冲突进行讨论并达成共识。
- 使用包容性的类比和隐喻，使它们能够团结人心，而不是使一部分人疏远。
- 考虑人们可能如何有意隐藏或抑制使他们独特的东西；努力给予人们自由做自己的空间。
- 积极考虑边缘案例与更大的包容性和对可访问性的关注需求之间的重叠。
- 推动意识提升活动，以提高包容性并增强团队一起工作和沟通的能力；在这种情况下，意识关于尊重差异而不是推动一致性。
- 最后，在整个问题解决和解决方案范围内促进伙伴关系。关注包容性和可访问性思维意味着每个人都有朋友和支持者。支持者积极发声以避免疏忽并维护团队和正在被服务的社区之间的健康关系，在从 A 点到 B 点的旅程中发挥关键作用。

除了社区面临的可访问性挑战、能力和应对策略之外，还要考虑文化、价值观、生活方式等因素（如前所述）。对社区文化多样性的了解会影响每个人的参与方式、共同思考和共同解决问题的方式。

11.2.5 模块化思维

设想我们正在开发一个新方案来解决人们的问题和挑战，需要帮助许多人从 A 点前往 B 点，但他们的需求各异，并且随着时间的推移，这些需求可能持续变化。我们应如何设计这一过程，以便逐步开发解决方案，并让不同群体逐步加入？我们应如何思考，以便随着我们的解决方案满足他们独特的需求，让参与者的数量逐渐增加？我们是否能够以一种并行的方式满足这些需求，还是应该采取更线性的方法？

我们需要多样化的选择。我们需要将问题和解决方案分解成模块，这样我们就可以分阶段（逐步或按水平方向）交付解决方案，包括一次性向更大的用户群体提供服务（具有垂直特点的水平扩展）。

模块化还意味着组件的可互换性，这使我们能够通过并行处理各个部分来构建整体。模块化设计提供了通过逐步改进解决方案的各个部分来整体改进和升级的机会。这就是为什么模块化在汽车、住宅、计算机以及无数其他产品和服务中如此流行。模块化为我们提供了自由和多样化的选择。想象一下，如果我们不能更换硬盘、升级内存或通过升级操作系统和应用程序来提升系统性能，我们就不得不购买一台新的计算机。

模块化思维的另一种流行方法是"通过组合实现再生"。思考一下我们如何能够以模块化的方式结合新元素和旧元素，其结果自然不会太过新颖，因此更容易实现，也更容易被用户接受。模块化是指通过增量添加和插件，引入一套新的或改进的功能，使我们更接近目标。当我们向前看并努力带领一群多样化的人走上一条复杂的旅程时，考虑如何以模块化的方式构建新的基础，以便我们能够带领每个人共同前进。

11.3 风险思考的练习

设计思维提供了丰富的技术和练习，用于识别、思考、管理和减轻风险。当我们踏入不确定和不明确的领域时，有用的第一步是采用这些方法来评估情境。接下来，我们将探讨两种练习，它们不仅能让我们全面探索一个情境，还能让我们通过几种不同的视角来直观地审视这一情境。

11.3.1 预先失败分析，超前思考

设想带领一群人从 A 点到 B 点，这一旅程充满了风险。在开始之前，先在脑海中模拟整个

过程，并思考可能遇到的危险和障碍，这岂不是更明智？这就是预先失败分析的价值所在。我们大多数人都熟悉事后分析：在项目失败后进行反思。虽然事后分析能带来宝贵的教训，但项目终究是失败了。我们必须寻找更明智的思考和学习方式。预先失败分析提供了这样一种方法，让我们在项目或计划仍处于活跃状态时就进行审视。

预先失败分析是由加里·克莱因提出，并在 2007 年发表于《哈佛商业评论》(*Harvard Business Review*) 的一个概念。它提倡在项目"死亡"前进行详细评估，以期首先避免失败的发生。

这个概念很简单：我们需要有意识地提前思考项目可能失败的原因，或是外部可能发生的导致失败的事件，或是可能未能完成项目关键部分的人员。我们在失败或"死亡"发生之前就进行这样的思考。正如加里·克莱因所说："在预先失败分析中，团队成员假设他们正在计划的项目已经失败了——这是很常见的情况——然后提出导致失败的合理理由。那些有顾虑的人可以在开始时就自由表达，这样项目就可以得到改进，而不是事后分析。"

预先失败分析还包括制定缓解措施或增加用户参与，以避免这些失败场景。这些措施和参与可以帮助我们识别和避免那些可能会突然打击并导致项目、计划等失败的意外情况。

预先失败分析还允许人们以一种回顾式的、政治敏感度较低的方式指出潜在问题，这比直接提出"如果我们的集成团队未能按时完成系统集成怎么办？"要来得更为委婉。因此，预先失败分析是另一种通过回顾而不是展望来进行头脑风暴的方法。预先失败分析练习有助于帮助团队：

- 识别潜在问题。
- 根据影响对这些问题进行优先排序。
- 提前设计缓解措施以避免这些问题。
- 识别我们沿途可能遇到的潜在偏见和失误，并制定相应的缓解措施或下一步行动。
- 提前思考潜在风险如何在我们的计划、新兴的行业趋势和其他我们可能正在跟踪或计划的事件的影响下变成实际问题。

进行预先失败分析练习很简单，而且由于它是在失败之前进行的，所以通常压力不大，甚至可能很有趣。以下是一些步骤。

时间和人员：预先失败分析练习需要 3 ~ 10 人，每个项目或计划需要 60 ~ 120 分钟（根据项目或计划的性质和复杂性，时间可能更长）。

1）确定要进行预先失败分析的项目或计划。记住，我们在项目或计划的早期阶段进行这个练习，远在任何可能的失败之前。

2）召集团队并设定情境：我们穿越到未来，发现我们的项目变成了一场灾难！

3）让每个人想象可能导致灾难的原因，并在实体或虚拟便签上逐个分享这些想法。注意重复的答案，以便后续确定风险最高的领域，并鼓励团队提出新的想法。

4）如果创意停滞，引入风险或项目管理方法论来帮助团队激发新思维。

5）重新审视并记录得票最多的创意。

6）将创意和答案归类为亲和性集群或主题。

7）通过风险管理的角度确定最关键的想法集群或主题。

8）集思广益，并可能进行 SCAMPER 练习，考虑早期关注领域和预防措施，并共同讨论。

9）在正式的风险登记册中记录、优先排序并引入缓解措施和决策。

一旦我们完成了预先失败分析，就可以深入挖掘任何复杂项目中最棘手的领域之一——时间表，这是有意义的。接下来，让我们看看一个流行的设计思维练习，用于评估时间表挑战。

11.3.2　船与锚，应对时间表风险

设想我们正在进行一次旅程，其目标简单明确——从 A 点到达 B 点。但更重要的是，在旅程中，哪些因素可能会让我们减速或完全停滞？我们需要警惕哪些障碍？如何避免搁浅或偏离预订航线？通过"船与锚"这一有趣且实用的练习，我们可以思考时间表上的挑战，找出可能拖慢我们进度的障碍或"锚"，并评估这些锚，考虑如何减少它们对我们进度的阻碍或完全摆脱它们。

进一步扩展这个练习，不仅识别出锚，还要考虑沿途的礁石和浅滩。水中的鲨鱼、地平线上的风暴、海盗的威胁等因素如何影响旅程中的人和项目（即我们的"船"）？对于这些可能阻碍我们的因素，用视觉化的方式表示出来，并思考每个因素如何拖慢我们的进程，并确定如何切断锚链、避开风暴、绕过鲨鱼。如果无法完全摆脱锚链，至少考虑如何减少它们的拖累。我们还可以更进一步思考如何将这些锚转变为让我们加速前进的动力！

我们可以将整个旅程划分为不同阶段，深入评估每个阶段可能遇到的障碍。例如，在我们动员团队、了解情况、构思解决方案、原型开发、测试和迭代解决方案等过程中，哪些因素可能会拖慢项目进度？

进行"船与锚"练习需要团队的合作和一些想象力。想象我们的团队已经登上船，正前往一个名为 B 点的美丽岛屿。我们需要保护并维护我们按计划到达岛屿的时间表。现在考虑：围绕我们船只的水代表我们的处境。我们如何航行以避免在途中陷入困境？我们如何确保按计划到达岛屿？

使用白板或海报板绘制船只、岛屿和旅程。用便签代表锚和其他障碍。让团队成员各自提出可能的锚，并将其贴在板上。我们会在到达之前耗尽资源（预算）吗？我们是否拥有正确的技能或合适的人在团队中来驾驭船只？我们在旅程的某些部分是否需要特别的帮助？利用这个"船与锚"的类比来提前思考可能与时间表相关的威胁，这些威胁会影响我们的岛屿旅程。另外，我们可能会识别出凶恶的鲨鱼、迫使我们绕道的礁石和浅滩、想要窃取我们资源或控制我们船只的海盗，以及可能完全改变我们航线的风暴。考虑图 11.4。发挥创造力！

图 11.4　进行"船与锚"练习有助于我们创造性地思考日程安排方面的挑战

每一个锚、礁石等将如何拖慢我们的进程，或使我们偏离航线，或者以其他方式阻碍我们从当前位置到达岛屿？哪些额外的资源或帮助可以让我们加速？在他人的帮助下，现在考虑如何保持在正确的轨道上或重新按时间表前行。

进行"船与锚"练习，按照以下步骤。

时间和人员：进行"船与锚"练习需要 3 ~ 10 人，针对每个时间表困境或挑战，需要 60 分钟。

1）明确并分享当前的挑战或处境。

2）在共享的协作空间（如白板、在线协作工具等）上绘制船只（代表我们的项目或计划）、我们现在的位置（起点）和目的地（终点）。

3）列出可能的障碍（锚、礁石、海盗等），以供团队探讨。

4）给每个人虚拟或真实的便签。

5）轮流让每个团队成员提出每个阶段可能的锚。什么会拖慢我们的船只，或者让船只完全停止？哪里有浅滩？哪里有鲨鱼？我们需要警惕哪些海盗？

6）如果创意停滞，引入风险或项目管理方法论来帮助团队成员激发新思维。

7）完成所有阶段后，审查并整合学习成果。

8）在项目的风险登记册中记录这些新风险。

9）开始一个新的练习，探索和缓解每个新风险。

"船与锚"练习结合了船的类比和各种形式的头脑风暴，帮助我们从时间表的角度来审视问题或处境，包括我们在旅程中可能面临的挑战和风险。

11.4 极限思考的非常规技术

本节将介绍一些听起来可能有些疯狂，但实际上却非常简单且有效的技术，以帮助我们以创新和独特的方式进行思考。其中两种技术是"不可能任务思维"和"莫比乌斯构思法"。

11.4.1 不可能任务思维

在我们面临重大挑战时，有时给自己设定一个看似不可能达成的目标，可以激励我们尽可能地接近这个目标。一个极端的情景或"登月计划"能够促使我们以一种不同寻常的方式进行思考和决策。这种极端的思维方式可以帮助我们突破常规，找到解决难题的新方法。在 *Gamestorming: A Playbook for Innovators, Rulebreakers, and Changemakers*（2010）中，Dave Gray 讨论了由 James Macanufo 提出的"不可能任务思维"，它迫使我们跳出显而易见和简单答案的框架。

举个例子，如果我们要在资金充足、时间充裕的情况下从 A 点到 B 点，这相对容易实现。但假设我们只有 20 美元和 24 小时的时间，且 A 点是旧金山，B 点是新奥尔良，这就构成了一个需要极大创造力和资源利用效率的挑战。

最后，我们可能找不到能完成不可能任务的方法。但是，如果我们面前有多种选择，我们就可以做出选择，而这些选择在其他情况下可能并不明显。这才是重点；有了更多的想法来帮助我们前进，我们就为自己、团队和社区创造了更大的成功机会，即使我们最终的旅程需要比我们在探索"不可能的任务"时所设定的目标需要更多的费用或时间。

11.4.2 莫比乌斯构思法

在某些情况下，我们可能需要把大量人员从 A 点转移到 B 点，但在此过程中，我们需要以最有效和高效的方式最大化资源的利用。这种技术与"够用"思维类似，但有所创新：我们如何重新思考或重新配置我们的资源，以实现最大的效用？

考虑一下，如何充分利用莫比乌斯带的正面和背面，使其提供的价值可能是我们在表面上看到的价值的两倍（见图 11.5）。我们该如何优化资源配置模式，充分利用我们的资源？如何以不同的方式使用我们的设备和工具？如何以全新的方式使用我们的员工和团队，以实现更多价值？莫比乌斯构思法可以帮助我们

图 11.5 思考莫比乌斯带如何比传统环路提供多一倍的资源或能力，并利用这一方法以效率为指导进行创新思考

回答这些问题，使我们利用手头的资源做更多的事情。

⊙ **注释**

莫比乌斯在行动！

不了解莫比乌斯带的工作原理？打开网络浏览器，搜索"动画莫比乌斯带"，查看搜索结果中的图像。如果我们沿着经典的莫比乌斯带行走，我们会两次走过它的全长才能回到起点。我们将充分利用带子的两面，使它的使用寿命增加一倍。我们将看到一半的磨损，并从这条带子中获得比传统环路方式多一倍的价值。

当资源紧张且效率至关重要时，莫比乌斯构思法可以帮助我们创新思考。考虑一些传送带、老式打字机色带和自动人行道如何采用莫比乌斯方法来使其使用寿命增加一倍。那么，让我们看看能从中学到什么并将其应用到我们自己的问题和潜在解决方案中。例如，我们可以重新部署我们的人员，让他们承担更多角色或职责，从而在入职、沟通、管理、利益相关者联系等方面实现更大的效率。

我们的目标不是将我们所拥有的东西扭成莫比乌斯形状。莫比乌斯的类比只是帮助我们以新的方式看待我们的资源。这里真正的目标是如何以比今天更有效率的方式来对我们使用我们已经拥有的东西进行不同的思考。这不是为了减少义务或寻找新的预算，而是关于如何在我们前进的道路上最大化我们手头资源的效用。

进行莫比乌斯构思练习。

时间和人员：莫比乌斯构思练习需要 2 ～ 5 人，每个问题需要 60 分钟（根据问题的性质和复杂性，以及潜在解决方案的早期适应性，可以扩展得更广泛、时间更长）。

1）召集团队，确定项目或计划，并确定挑战、问题或情境。

2）列出团队当前可用的人力资源，按人员或角色以及他们的技能、能力、经验和资质进行分类。

3）确定项目的限制或边界条件，如固定预算或时间表。

4）确定项目团队的限制，如无法旅行或带宽有限。

5）对于每个限制，确定为什么改变问题或情境是困难的。

6）对于每个限制，确定项目或项目团队缺少什么。

7）最后，考虑与这种情境相关的每个人和每种资源，并在当前的限制条件下讨论：

- 可以改变什么？
- 什么或谁可以被充分利用？
- 什么或谁可以满足未解决的需求？
- 团队如何解决任何剩余的未解决的需求？

- 权衡是什么？它们如何被管理（包括倦怠、角色复杂性、责任或问责不一致）？

当资源匮乏，我们需要"用场上的团队来应对"时，寻找情境中可运用莫比乌斯构思法的机会，使我们能更充分地使用已经拥有的资源（从人员和团队到设备和工具等）来提供更多的价值，而成本保持不变。再以不同的方式重新组合资源，寻找从相同的人员那里发现更多价值的选项，并从莫比乌斯构思的效率中受益。

11.5　应避免的陷阱：忽视那些听起来荒谬的想法

面对失败，我们需要以全新的方式思考，这时就要借助全新的思维方式。一家小型医疗保健公司因隐私泄露和合规问题陷入困境，它本可以通过不同的理解和思考方式获益。然而，负责处理这一问题的 IT 团队却忽略了法律团队和一些外部变革管理和创意顾问的建议。IT 团队选择与那些最初导致问题的人进行内部头脑风暴，导致问题越发严重，直到 IT 团队被解散，更换了新团队去处理隐私泄露的后果。

为何 IT 团队会忽视专家的意见？因为其中一位外部顾问在初步的电话会议中过于急切地介绍了逆向思维、使用创造性的类比或隐喻来建立对情境的共识，以及通过"船与锚"练习来思考如何在充满挑战的环境中前行。团队被这些看似荒谬的技术和听起来荒谬且浪费时间的"东西"吓退了。

回想一下，那些急切的变革管理和创意顾问也没有做好他们的工作。与其向从未接触过设计思维技术和练习的人建议使用它们，还不如简单地讨论过程或结果。例如，顾问可以更一般性地建议 IT 团队通过稍微不同的思考方式来摆脱困境，针对当前状况对团队进行更广泛的协调，甚至建议团队更深入地思考即将面临的挑战。疏远了需要帮助的团队对任何人都没有好处。最终，IT 团队失去了工作，还延长了处理关键隐私和合规事件的时间。

11.6　总结

第 11 课在创意热身和发散性技术的基础上，首先介绍了五种促进求异思维的技术或指导原则：类比与隐喻思维、"够用"思维、边缘案例思维、包容性和可访问性思维，以及模块化思维。接着，我们探讨了预先失败分析和船与锚练习，以帮助我们思考风险；然后讨论了两种极端的思考技术，分别是不可能任务思维和莫比乌斯构思法。尽管这些技术的名称听起来有些荒谬或愚蠢，但它们能带领我们达到新的创意水平。最后，我们以"应避免的陷阱"结束这堂设计思维课，强调了更好地处理情境，以及对待那些可能因为某些设计思维技术和练习的名称或标签而退缩的人的重要性。

11.7 工作坊

11.7.1 案例分析

请参考下面的案例分析和相关问题。你可以在附录 A "案例分析测验答案"中找到与此案例相关的问题的答案。

情境

Satish 和你已经重新建立了对几个 OneBank 计划的信心，并且执行团队已经将注意力转移到了其他事项。然而，你最近得知了一个与 OneBank 关键计划相关的重大失败事件。你很好奇，一个看似计划周密的项目为何会突然且如此明显地失败。该计划的目的是升级位于一个知名客户关系管理平台上的一套合并系统。这个系统是在三年前的一次合并后匆忙搭建起来的。众所周知，其技术基础设施是薄弱的，因此大家预期，尽管这个平台项目会很艰难，但只要能够安排一次广泛且成本高昂的最终用户停机时间窗口，该项目就是完全可行的。

经过数月的规划和成功测试升级后，团队安排了一个完整的周末停机时间来执行升级。然而，在开始后不到一小时，第一次升级系统的尝试就彻底失败了。几天后，由于没有人真正明白发生了什么，利益相关者的信心依然受到重创。

现在，Satish 已正式请求你介入，以了解下一步可能需要采取什么不同的行动。他需要你分享在失败后能够取得成功的技术或练习，以及那些能够带来新结果的"关键因素"。Satish 的目标很明确：帮助团队制定一个风险更低的升级流程和可预测的时间表，并以实现零错误或缺陷为目标。

11.7.2 测验

1）除了事后分析，团队在识别新一轮风险并为下一次升级尝试做计划时，还可以采取哪些措施？

2）为了尽可能减少所需的停机时间，团队可以采用哪种练习来设定雄心勃勃的目标？

3）团队似乎在计划中超过了所要求的质量目标，花费了额外的精力和资源。在这种情况下，哪种思维方式会更有帮助？

4）在制订下一个多周升级计划时，团队如何更深入地考虑时间表风险？

5）哪种设计思维技术要求我们通过效率的视角来审视问题或情境？

第 12 课

提升创造力的练习

你将学到：

- 创造力和思维
- 创造性思维的技术和练习
- 应避免的陷阱：过早地停止思考
- 总结与案例分析

继第 10 课和第 11 课之后，我们在这堂课进一步探讨了不同的思考技术和练习方法，旨在增强或提升我们的创造力。我们首先从视觉思维和发散性思维的基本原理出发，然后介绍一些独特的方法来激发我们以全新的方式进行创意思考。通过诸如"穿越沼泽""分形思维""黄金比例分析"和"逆向头脑风暴"等练习，我们拓宽了思维的边界，并为进一步深化我们的创意提供了实用的"思维工具"。在第 12 课的结尾，我们通过一个"应避免的陷阱"的实例，探讨了在现实生活中由于未能深入思考眼前的机会而错失的机遇。

12.1　创造力和思维

在第 11 课，我们探索了一些有助于创新思考的技术和练习，并围绕"思维边界"这一概念对它们进行了分类。从类比与隐喻思维到"够用"思维、边缘案例思维、包容性和可访问性思维，以及模块化思维，我们提出了解决问题或情境的新途径。接着，我们将创造力应用于风险管理，并介绍了一些极限思维技术。

但是，如果仅仅有创造性思维还不够怎么办？如果我们不仅需要创造性思维，还需要提升我们的创造力怎么办？我们如何在已有的思维模式之上，增加新的技术或练习，并以不同的方式激发自己？我们可以采用哪些额外的创新技术或练习来提升我们的创造力？

在本堂课中，我们将探讨六种重新审视已有想法的方法，引领我们走向新的方向，包括视觉思维、发散性思维、穿越沼泽、分形思维、黄金比例分析和逆向头脑风暴。结合这些方法和其他技术，我们或许能够找到解决长期难题的新途径。

12.2　创造性思维的技术和练习

除了我们已经探讨过的用于创造性思维的界限之外，还有许多额外的练习能够帮助我们的大脑开辟新的思路。我们可以将这些练习视作对传统思维方式的补充。以视觉思维为例，它是一种我们可以纳入思维工具集的成熟技术，几乎可以应用于任何问题或情境，而不必局限于我们过去思考该问题或情境的方式。

12.2.1　视觉思维

如第 5 课所述，我们越是能将想法、计划和解决方案转化为直观的图片和图表，就越能更快地达成共识。本书的许多课程都围绕促进视觉思维的技术和练习展开，即通过形象化、展示、观察和视觉化的过程来增进理解和沟通。当我们能够将大脑中抽象无形的想法转化为图形、地图和图像时，我们就能更有效地思考、交流我们的想法和理解，并与他人共享观点。复杂的概念和流程通常通过视觉方式传达最为有效，这也正体现了"一图胜千言"的道理。正如我们在图 12.1 中所看到的，一张图片能够提供理解或解决问题所需的全部信息。

图 12.1　我们都知道，图表和图片具有将复杂信息变得简单易懂的能力，例如，它们可以解释为什么某人似乎在迅速逃离某种情境

当我们的创意和思考过程陷入僵局，或者我们发现自己难以用言语表达时，尝试绘制一幅图画。如果你面对一个复杂的情况而感到不知所措，试着从中找出两三个关键要素，并将它们绘制出来。图画能帮助我们识别关系和依赖性。它们能帮助我们简化情境，比文字更快、更清晰地帮助我们达成共识。

除了图画、图表、图形、模型和热图之外，我们还可以考虑使用动态和互动的内容（例如视频）来更有效地传达复杂的流程，并且保持一致性。例如，观看互联网上数以百计的莫比乌斯带动画，在传播资源效率方面要比文字好得多。

> ⊙ 注释
>
> **热图技术**
>
> 红、黄、绿三色的热图是利用颜色编码（或其他标识手段，以适应不同用户的访问需求）来可视化数据或概念的有力工具。色彩的多样性和渐变不仅有助于展示状态或变化，还能有效吸引人们对这些状态或变化的关注。

> ⊙ 注释
>
> **结构化文本**
>
> 当文字传达仍是最佳的沟通方式时，可以考虑采用结构化文本。在第 15 课中，我们将介绍如何使用结构化文本以清晰、简洁的方式进行有效沟通。

12.2.2　发散性思维

正如我们在第 10 课所了解的，促使自己进行更广泛的发散性思考，能够为我们带来源源不断的新想法。发散性思维鼓励我们探索多种可能性，而不是仅仅寻找一个最佳或正确的答案。随着众多想法的涌现，我们可以形成一个良性循环：新想法激发更多创意，为我们提供了实现目标所需的丰富性、深度和广度。不要害怕犯错或担心自己的"错误"。相反，让我们积极采用发散性思维，利用以下热身活动来激发创造力：

- 散步或慢跑。
- 享受按摩。
- 畅想未来可能呈现的景象。
- 将大脑中的想法绘制成图。
- 与孩子们一起搭建积木或乐高玩具。
- 动手制作一些东西。
- 听播客或音乐。
- 洗一个放松的澡或淋浴。
- 在宁静的环境中进行冥想。

记住阿尔伯特·爱因斯坦关于创意的重要性所说的话："避免犯错的唯一方法是不去尝试新事物。"利用发散性思维的策略和技术来为我们的创意源泉注入活力。

12.2.3　穿越沼泽

一旦我们对某个问题或情境进行了深入的思考，就可能想要改变策略，尝试快速思考。不再纠结于潜在的后果或根本原因，而是直接问自己：我们的直觉反应是什么？在不考虑所有可能的复杂因素的情况下，我们当前应该采取什么行动？这种紧迫的时间感可以激发出推动进步或生存所需的创意。

与之前的技术和练习类似，我们可以将这个练习想象为一个团队协作的场景。设想我们需要带领自己和社区成员从 A 点安全到达 B 点，但中间有一片沼泽。我们如何才能快速穿越这片沼泽，避免陷入其中？我们能否找到一种特别的方法或使用特殊的装备来完成这一挑战？

我们怎样才能绕过这片沼泽？能否像绿蜥蜴一样快速奔跑，或者飞越它？时间的压力有时能帮助我们打破常规思维的局限性。

"穿越沼泽"本质上是一个有时间限制的发散性思维练习。它融合了头脑风暴、类比思维、隐喻思维、视觉思维等多种思维技术，以激发创造性的构思。利用这个练习来激发那些在没有时间压力的情况下可能不会出现的大胆创新的想法。在这些大胆创新的想法中，可能隐藏着能帮助我们找到穿越沼泽的洞察力。

这个练习最适合通过视觉化的方式进行。找一张代表处于沼泽危险中的社区成员的照片，并将其与沼泽的图片叠加在一起（见图 12.2）。首先，确保社区成员与沼泽之间有足够的空间。在这个限时的练习中，如果我们未能及时想出可以帮助社区成员逃脱困境的创意和解决方案，我们将目睹他们逐渐沉入沼泽。

以下是如何"穿越沼泽"的步骤。

时间和人员：这项练习需要 5 ～ 10 人参与，每人进行 5 ～ 10 分钟的思考（尽管讨论环节可能需要额外的 30 ～ 45 分钟）。

图 12.2　"穿越沼泽"练习将团队置于时间紧迫的环境中，促使我们在不考虑常识和后果的情况下迅速产生创意

1）将团队集合起来，介绍他们面临的情境和挑战，并将受影响人群的照片放置在沼泽图片的上方。实体或虚拟白板非常适合展示这一过程。

2）将照片固定在沼泽图的上方，再次向团队明确问题或情境，并强调这是一个有时间限制的练习，鼓励提出任何想法。

3）启动 10 分钟的计时器，开始集体思考和头脑风暴。团队如何帮助社区穿越沼泽？将可能的和部分的解决方案记录在实体或虚拟的便签或白板上。

4）每过一分钟，象征性地将受影响人群的照片向沼泽深处推移。如果需要，可以裁掉照片的底部以简化操作。通过这一动作，增强现场或通话中的紧张气氛。这象征着社区正在下沉，团队正在努力寻找救援方案。

5）每过一分钟重复步骤 4 的动作。

6）当团队的创意产出停滞时，引入不同的头脑风暴方法。例如，可以快速进行一个简化版的"最糟糕和最好的构思"练习或"逆向头脑风暴"练习（这些内容将在第 14 课介绍），以激发不同的思考方式。尝试思考，如果不解决这个问题，情况会如何恶化？（比在沼泽中遇难更糟？是的。）

7）根据社区和团队的"沉没"进度，持续更新视觉展示。鼓励团队考虑所有可能的解决方案。将提出的解决方案记录在便签或白板上。通过展示紧迫的情境，激励团队深入思考，提出不同寻常的答案。

8）展示受影响人群逐渐下沉的照片——从腰部到胸部，再到颈部、下巴，直至淤泥逼近他们的嘴边。随着压力的增加，团队感受到时间的紧迫性。在这个过程中，没有所谓的疯狂想法——每一个想法都可能是拯救他们的关键！

思考一下，由于失败和死亡的威胁变得越来越真切，时间的紧迫感如何激发团队想出一些通常看似不可能的解决方案。"穿越沼泽"练习为参与者提供了一个机会，让他们能够自由地分享那些在常规情况下可能不愿意提出、不受过度思考和种种"不可行"借口限制的潜在解决方案。通过这种方式，我们能够获得一系列解决方案，其中一些可能不太可行，而另一些则可能更为实用。另外，还有一些可能是有难度但有潜力的可行方案。

"穿越沼泽"另一个意想不到的成果是它增强了我们对必须穿越困境的社区的同理心。为什么会这样呢？因为我们所关注的不是某个项目、计划、产品或解决方案的失败，而是我们被委托引导的人们正在被困境吞噬。正是这种情感的投入，激发了我们以一种截然不同的方式进行思考的勇气和理由。

⊙ **注释**

什么是"沼泽"？

世界各地的危险各不相同。考虑将"穿越沼泽"这个练习重新命名为更符合地理和文化背景的名称。例如，这个练习也可以称为"赶超火车""穿越流沙""过桥""蹚过湖泊"等，这些都是基于时间敏感的危险情境的类比。选择最适合当前情境、地理环境、团队成员或问题本质的类比进行练习。

12.2.4　分形思维

在第 9 课，我们探讨了模式匹配练习，它用于识别问题和主题，并简要介绍了一种特殊的模式——分形。分形是一种"永无止境、无限复杂且自相似的模式，类似于重复的反馈循环"（Sheedy，2021）。分形思维也称为"垂直思维"，为我们提供了一种独特的视角，让我们能够看到问题或情境中存在的自相似模式，这些模式可能存在于大小不同的尺度上，例如，除大小不同外，其他方面都非常相似的模式。分形可能在规模上小于或大于我们所面对的问题，但从数学角度来看，它遵循 X 与 Y 相似的原则（X~Y）。

⊙ **注释**

自相似模式

当两个几何对象的形状完全一致（尽管尺寸可能不同）时，我们就称它们具有相似性。如果一个自相似模式在不同尺度上重复出现，我们就称它们为彼此的分形。

因此，分形思维的关键在于认识和利用小尺度与大尺度之间的关系，以促进学习和创新思考。在特定环境或问题集中寻找反复出现的递归模式，并将这种按比例缩放的模式作为高层次的蓝图、设计或指导，以影响和引导变化。我们甚至可以假设，在某个尺度上成立的规律，在更小或更大的尺度上也同样适用。

分形在自然界中无处不在，无论是在地球上还是在宇宙的其他角落。它们之间的相似性可能蕴含着我们可以学习和应用的智慧，正如我们在图 12.3 中所看到的那样。

分形思维帮助我们在变化的背景下以全新的视角思考情境，其中最小的模式可能在不断扩大或不断缩小的范围内重复出现。比如，思考在家中观察到的模式如何在邻里、城市乃至更广泛的范围内显现。分形遍布我们周围，理解它们可以帮助我们以全新的视角看待问题，并预测未来的可能走向。

分形思维可以帮助我们找到模式，从而更好地理解和填补我们自身问题模式的空白。需要举例吗？请参考这些自然界中常见的分形：

- 原子、太阳系和星系内部的相似结构模式。
- 树枝逐渐细化为更小但形态相似的分支。
- 在循环系统中，血管不断分支成越来越细小但形态相似的血管和毛细血管。
- 在河流系统中，由一系列不断重复的小河流、支流和溪流构成的供水网络。
- 海绵、贝壳、松果、菠萝，甚至是西兰花等生物形态中的自相似结构。

分形思维使我们即使只观察到问题的一部分，也能对整个问题进行预测和规划。同时，它也帮助我们将最初看似极其复杂的景观、问题或情境进行简化。我们可以将分形思维与其他思维方式和创意生成技术结合起来应用。

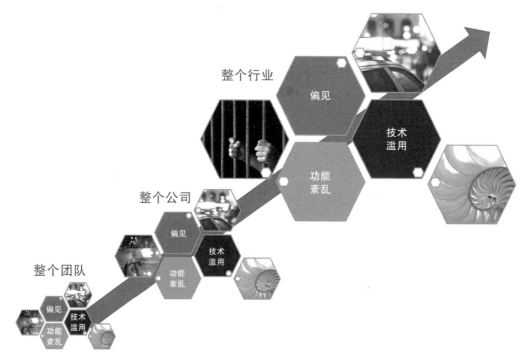

图 12.3 分形思维能够助力我们在超越传统模式和主题的基础上，进行更深入的思考，从而针对问题产生新的创意

12.2.5 黄金比例分析

当我们观察周围的世界时，会发现无数物体的比例和尺寸似乎恰到好处，令人赏心悦目。从高悬天际的巨大星系到地面上微小的植物，自然界中充满了和谐而对称的例子。它们的存在似乎理所当然，带有一种自然的美感，但我们往往难以解释为何它们如此令人愉悦。

这种美感的背后，可能与我们周围世界的一种生长对称性有关——无论是星系、太阳系、飓风、贝壳，还是 DNA 链等，都体现了一种基于自然生长规律的对称性，这一规律在斐波那契数列中得到了体现。斐波那契数列是一个无限增长的序列，以 1、2、3、5、8、13、21、34、55、89 等数字开始，每个数字都是前两个数字的和。

仔细观察这个数列，我们可以发现一个简单的规律，比如 5 加 8 等于 13，8 加 13 等于 21。只要将序列中任意两个相邻的数字相加，就能得到下一个数字。自然界中的细胞分裂、花卉形态、风暴系统等，都以特定的方式生长和发展，这些方式往往与斐波那契数列的模式相吻合。例如，许多花卉的花瓣数量都是斐波那契数列中的数字，像雏菊通常有 34 或 55 片花瓣，这解释了为何它们看起来如此和谐。

除了斐波那契数列所呈现的模式之外，还有一个数字比例在其中扮演着关键角色，它激发了一种独特而富有创造性的思考方式：相邻两数之间的比率。该比例为 1.618：1，我们称之为黄金比例。这个比例揭示了为何胎儿的自然生长方式、面孔的美感、iPhone 的设计比例、微软 Azure 标志的和谐比例等，都能给人以美感。这些例子都体现了斐波那契数列的特性，尤其是黄金比例的美学价值。实际上，正如我们在图 12.4 中所看到的，我们周围的世界自时间伊始就在不断地映射这一比例。明智的产品设计者和思考者会意识到这一点并将其应用于实践中，我们也应该学会这样做。

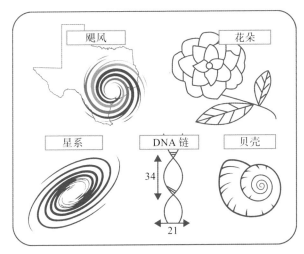

图 12.4　将黄金比例视作一种独特的分析工具，用以揭示问题或情境的维度中不自然或未被优化的关系

假设我们需要将一个社区从 A 点迁移到 B 点，而对当前状况的初步评估似乎并不理想。某些方面可能看起来或感觉不协调。我们可能会注意到以下问题：

- 我们旅程的规模和距离。
- 我们的人员配置模型的构成。
- 我们冲刺阶段工作项的大小和复杂度。
- 我们团队的结构和组织方式。
- 我们的原型或用户界面的视觉和感觉效果。
- 我们的沟通节奏和频率。

- 我们团队成员的多样性和经验水平。
- 我们测试计划中测试案例的特定组合和选择。
- 我们风险登记册中记录的进展和增长情况。

我们可能需要思考情境、问题或潜在解决方案的尺寸是如何体现或偏离黄金比例的。黄金比例或许能够帮助我们确认面前工作的自然适宜性或尺寸。

最终，斐波那契数列被证明是自然界某些生物或系统生长和变化的最有效或最实用的方式。在我们的环境、团队以及周围的流程中寻找黄金比例所体现的自然对称性。我们能否观察到这一比例在实际生活中发挥作用？如果某件事情给人的感觉是"不对劲"，那么解决问题的关键可能就在于识别并重新调整它以符合黄金比例。

12.2.6　逆向头脑风暴

尽管我们在第 14 课将更深入地探讨这项技术，但逆向头脑风暴以及其他逆向思维技术和练习是真正聪明的补充方法，它们可以帮助我们以不同的方式进行思考，如图 12.5 所示。在完成任何创意生成或思考练习之前，我们应该以逆向头脑风暴练习结束，并从完全相反的角度出发，创建一个新的想法列表：什么行动会使我们的问题或情境变得更糟？

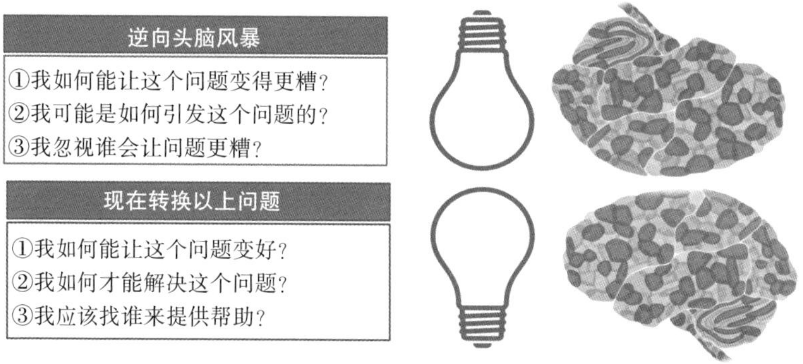

逆向头脑风暴
①我如何能让这个问题变得更糟？
②我可能是如何引发这个问题的？
③我忽视谁会让问题更糟？

现在转换以上问题
①我如何能让这个问题变好？
②我如何才能解决这个问题？
③我应该找谁来提供帮助？

图 12.5　考虑如何通过翻转我们的逻辑并进行一次逆向头脑风暴会议，以作为传统头脑风暴及大多数其他创意生成或思考练习的结尾

这样的列表很容易编制。为什么？因为大多数人天生就倾向于思考可能出现的问题。这是我们所有人都在使用的少数几种几乎成为默认模式的技巧之一。然而，如果有意使用，那么逆向头脑风暴可以为我们提供从困境中思考出解决方案所需的关键要素：一个详尽的"禁忌行动"清单。手头有了这份包含可能使我们的问题或情境恶化的行动的清单，我们就可以逐一审视这些项目，

将其转化为可能的解决方案。

例如，如果我们面临预算短缺的问题，不要直接尝试解决这个预算问题，而可以考虑采取什么行动会使预算问题进一步恶化：

- 继续超支消费。
- 提前动用下一年度的预算。
- 申请短期贷款。
- 从其他部门借款。
- 窃取其他部门的资金。
- 忽视问题。
- 对问题保密。
- 通过信用卡掩盖问题。
- 将问题归咎于他人。
- 创造性地调整会计记录以消除问题。
- 销毁会计记录。
- 烧毁建筑物及其记录。
- 在预算短缺被发现前找到新工作。

有了这份"禁忌行动"的清单，我们可以将每个行动翻转过来，形成一个我们在传统的头脑风暴中可能会遗漏的积极行动清单。

12.3 应避免的陷阱：过早地停止思考

一家大型的系统集成商（System Integrator，SI）遭遇了严重的困境。其原本稳定的收入来源已经枯竭，销售团队未能及时找到新的收入渠道来替代，这导致人才大量流失，使得该 SI 变得面目全非。为了寻求突破，该 SI 的领导团队聘请了一家外部咨询公司来探讨新的市场机会、品牌推广机会，以及公司转型的策略。然而，最终的结果却是该 SI 被另一家公司收购，它曾经的创新和成就也随之烟消云散。

回顾过去，该 SI 的领导层意识到，外部咨询公司并没有深入理解他们的情况，也没有为他们提供真正具有创造性的解决方案。外部咨询公司忽略了该 SI 拥有的宝贵资产和知识产权，这些在几年后被广泛称为"云计算"。它没有注意到在行业、数据中心技术和无共享计算平台上显现出的重复模式，即分形。这家外部咨询公司仅仅停留在表面的头脑风暴，没有深入挖掘该 SI 的潜力。它没有利用发散性思维技术来充实构思漏斗，而是过早地停止了思考，结果让许多人为之付出了代价。最终，这家外部咨询公司的失败让无数股东和成千上万受到收购、裁员以及错失市场机会影响的人们感到失望。

12.4 总结

在第12课中，我们在之前所介绍的技术和练习的基础上，进一步探讨了六种提升创造力的方法。这些方法包括视觉思维、发散性思维、穿越沼泽、分形思维、黄金比例分析以及逆向头脑风暴。我们详细阐述了这些思维方式和接下来的行动步骤，旨在帮助我们充实和完善创意生成的过程。第12课最后强调了"应避免的陷阱"，警示我们不要错失进行发散性思考的关键机会，也不要过早地停止思考。

12.5 工作坊

12.5.1 案例分析

请参考下面的案例分析和相关问题。你可以在附录A"案例分析测验答案"中找到与此案例相关的问题的答案。

情境

BigBank 的首席数字官 Satish 发现，在各个 OneBank 计划的负责人进行创意构思和执行的过程中，存在许多错失的良机。因此，他请你负责筹办一场创意工作坊，旨在探索多种提升团队创意思维和构思过程的方法。

12.5.2 测验

1）在这六种技术和练习中，哪一种特别强调将思维具体化，通过绘制在纸上或白板上来增进团队成员之间的共识？

2）在这些技术中，哪一种包含了多种方法和提示，用以激发不同的思考方式？

3）"穿越沼泽"这样的限时练习是如何在激发新想法的同时，也能增强团队成员之间移情的？

4）哪一种技术鼓励我们去观察和分析那些在我们影响范围之外或更广阔层面上重复出现的模式？

5）哪种技术要求我们去思考斐波那契数列对于某个特定解决方案的自然适应性或尺寸可能产生的影响？

6）工作坊的参与者可能会如何共同审视这六种创新思维技术和练习，并探讨传统的头脑风暴如何得到有效的补充和提升？

减少不确定性的练习

你将学到：

- 不确定情境下的下一步思考
- 降低不确定性和模糊性
- 应对不确定性及规划下一步
- 应避免的陷阱：蛮力策略
- 总结与案例分析

在这堂设计思维课中，我们将探讨一系列特殊的设计思维技术和练习，它们对于降低不确定性非常有帮助。通过下一步思考，我们将明确模糊性与不确定性之间的区别，并学习四种方法，这些方法可以帮助我们比在通常情况下更有信心地向前迈进。接着，我们将探讨七种技术或练习，这些技术或练习可以帮助我们在前方道路不明确时，确定"下一步最佳行动"。第 13 课以"应避免的陷阱"结束，特别强调在面对模糊性时避免使用蛮力策略。

13.1 不确定情境下的下一步思考

迷雾般的模糊性遮蔽了我们前行的道路。当无法将整个道路照亮时，利用本课中的练习至少能让我们看清眼前的一小段路。这一个被称为"下一步思考"的技术，实际上是一个集合了多种方法和练习的"综合技术"，它多年来一直被用来逐步推进进展。

我们的目标很明确：带着明确的目的，一步接一步地在旅程中前进，即使不是每一步都很完美，但每一步都能学习和增加价值。当我们已经规划出短期、中期和长期的路线图时，我们可以使用本课介绍的其他技术，比如"购买特性"和"MVP 思维"，以建立共识并取得初步的实质性进展。但接下来呢？我们如何达到中期目标或下一个目标？

首先，我们需要"控制可控因素"。然后，我们需要借助"下一步思考"来思考如何在短期、中期和长期目标之间进行过渡。从这个想法开始：在项目和计划的不同阶段之间，我们有机会思考如何：

- 保留并利用我们现有的知识。
- 利用我们的经验和成就。
- 依靠我们长期建立的关系。
- 识别并弥补我们的不足。
- 发现模式，抓住帮助他人的机会。
- 将完整的自我投入新的问题或情境中。

下一步思考帮助我们全面理解当前的局面，评估我们团队的能力和为实现目标所需的关键步骤。回顾我们的团队以往的成就，包括我们与谁合作，以及我们的成功程度，还有我们的交付成果。

在个人层面，下一步思考也是充分利用我们当前的身份、我们对自己的投资，以及我们提供超越当前价值的能力的重要组成部分。

- 我们能否利用当前的成功作为晋升的依据，以争取职位晋升？
- 我们能否通过扩大我们服务的社群来延续当前的成功？
- 我们能否与他人合作，探索并解决相关的新领域（稍后本课将讨论），或寻找新的创造价值的方法？
- 我们能否通过提升技能和弥补不足，来担任管理角色或其他领导职位？
- 我们是否应该将我们所学和所完成的一切带到需要我们帮助的其他组织中？

在进行下一步思考时，请考虑以下原则：

- 成为利用现有资源创造价值的专家；在我们现有的条件下寻求成功。
- 重要性比紧急性更为关键；即使是一个紧急任务的追随者，也要确保完成重要的任务。
- 在满足人们当前需求的基础上，进一步了解他们接下来的需求。
- 在迈向下一步或迎接新挑战之前，采取必要的措施来确保已解决的问题不会重新变成旧问题。

本课中的大多数练习都是下一步思考的表现形式。让我们从四个练习开始，这些练习可以帮助我们通过减少前方的不确定性、模糊性和风险，向前迈出明智的一步。

13.2 降低不确定性和模糊性

考虑低风险和高风险的可能性有助于我们识别出不确定性和模糊性的具体方面，这有助于我们做出更明智的下一步决策。在面对不确定性时，我们可以通过一系列练习尽可能地降低不确定性，这些练习包括可能的未来思维、根据时间跨度调整战略、回溯过去以及探索邻近空间以降低风险。你也可以尝试依次实施两个或多个这样的练习，从而形成一套定制的方法来减少不确定性。

13.2.1 可能的未来思维

Jerome C. Glenn 在 1971 年开发了"未来之轮"（Futures Wheel），至今这个轮状模型仍然是一个强大而简洁的思维工具。这个模型及其不同变体帮助我们围绕一个核心思想或事件来组织思维。它是一种视觉思维的方法，也是一种以图像为基础的"可能的未来思维"练习，使我们能够基于当前的趋势或事件，以及这些趋势或事件可能带来的后果，模拟出不同的未来情景。

"可能的未来思维"练习可以个人独立进行，也可以与团队合作完成（使用实体或虚拟的白板，或者通过 Miro、Klaxoon 等工具）。利用轮状模型，通过轮子的六个部分或类别的视角来观察情境。未来之轮最初版本的这些部分或类别对应 STEEP 这一缩写词（这本身就是一个独立且有用的思维分类法，无论使用何种方法或工具）：

- 社会（Social）。
- 技术（Technology）。
- 经济（Economic）。
- 环境（Environmental）。
- 政治（Political）。
- <我们自定义的第六个部分>。

轮子的第六个"自定义部分"是一个额外的自定义类别，可以根据其他维度、新出现的变化或我们想要深入思考的模式来进行分类。如果我们观察到的不仅仅是一个新出现的变化或模式，如行业趋势或一系列我们想要考虑的文化现象，就可以将轮子划分为八个或更多的部分。图 13.1 展示了一个典型的六部分轮状模型。

现在，让我们勾画出我们的核心思想与各个维度或部分有交集时可能产生的未来情景和各种假设。在通过这个轮状模型进行思考的过程中，我们应该开始思考各

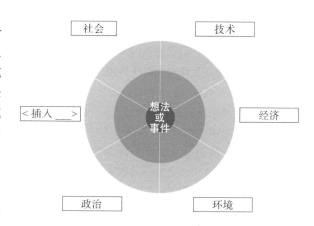

图 13.1 使用简单的轮状模型，通过多个部分或类别的视角来识别和探索情境

种机会，识别潜在的风险和制约因素，并考虑如何达成共识，以及战略性地考虑可能的变化及其对这些未来情景的影响等。

13.2.2　根据时间跨度调整战略

当下一步的最佳选择变得清晰时，我们可能会发现，第二步和第三步的重要性迅速提升，超出了我们预先思考的准备。有人说，从短期到中期的过渡可能是最关键的一步。毕竟，中期阶段就像一座桥梁，将我们今天熟悉且舒适的已知工作（因为它已经为我们所知）连接到我们可以规划和憧憬但目前还看不见的长期未来。

因此，"根据时间跨度调整战略"可以成为一个重要的前瞻性思考工具，它通过从未来反向思考到当下（从未来到现在），围绕三个步骤进行组织：

- 制定整体的时间跨度规划（这必然是高层次的和战略性的，但由于存在未知因素，因此在我们远眺未来时带有一定的愿景性质）。
- 制定一个计划路线图，以提供更清晰的中期视角（从而形成一个中期和中层战略计划）。
- 制订一个发布计划，包括一个基础的冲刺计划和必要的项目计划，这有助于我们在日常任务和近期里程碑中导航（将细节保留在我们的 DevOps 工具中，使我们的项目计划尽可能简洁，在理想情况下专注于高层次的里程碑和其他正在进行中的工作的依赖关系）。

"根据时间跨度调整战略"是一种视觉化练习，我们使用放置在类似于图 13.2 所示的时间跨度模板上的气泡来进行。通过视觉化地展示这些时间范围和计划，以帮助我们考虑优先级、确定哪些工作需要作为先决条件执行、哪些可以并行执行等。

在长期时间跨度区域内画出第一个气泡，并用描述长期目标的词语来标注它。我们可能将其标注为"重塑我们的团队""完成公司的业务转型"或"十年后退休"。具体的时间框架，如 1 年、4 年或 20 年，并不是最关键的，重要的是将整个旅程划分为到达最终目标所需的三

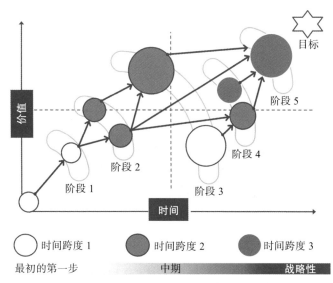

图 13.2　利用这个示例模板来规划根据时间跨度调整战略

个主要步骤或里程碑。如果练习中出现了四或五个步骤，那也无妨！只需要在模板中增加更多的时间跨度即可。

第二个气泡代表我们当前的位置；现在我们已经有了一个全面的视角，只需要进一步细化。进行一些思考，以创建第三个代表短期目标的气泡和第四个代表中期目标的气泡。例如，我们可能会意识到，在追求中期目标之前，我们需要获得特定的晋升、角色或完成某些教育。

如果可能的话，寻求一位已经成功走过这段旅程大部分或全部的同事或朋友的帮助，以识别在这段旅程中通常采取的各种步骤（即气泡）。当我们识别出这些步骤后，将它们放置在短期、中期和长期的时间跨度中的相应位置。然后，连接这些气泡，以视觉化的方式展示分步的优先级（第一步、第二步、第三步）和依赖关系（例如，可能在完成第一步和第二步后，才能进行第三步）。

在我们完成旅程中重大里程碑的规划后，我们可能想要重新审视它们，并在不同的时间跨度之间细化出一些小的阶段性目标。尽可能深入和详细地规划，但在某个时刻，我们需要运用"够用"原则（参考第 11 课的内容），开始迈出重要的第一步！

将这个练习与可能的未来思维结合起来，考虑 3 ~ 4 种可能的未来情景，以更好地了解哪些目标最可行、最耗时、最昂贵、风险最高等。

13.2.3 回溯过去

如第 5 课所述，我们越能将我们的想法、计划和解决方案以图像形式呈现，就越能增强我们的理解和沟通。在软件开发领域，回溯是指将最新版本的软件补丁或更新应用到同一软件的旧版本上（CrowdStrike，2022）。我们可以借鉴这种方法来应对近期的挑战，并为我们如何看待周围不可改变的事物带来新的视角。基于最大限度地利用现有资源，或将我们现有的团队投入项目中，或利用我们现有的知识和资源，回溯过去可以成为我们减少不确定性的方法。

考虑一下：技术团队很少有机会从零开始构建解决方案，或者完全使用一套新的平台和工具。在更多情况下，我们需要面对的是大量的技术债务、遗留系统和流程，这些都需要我们理解、适应某些领域、在其他领域开展工作，并最终实现转型。

作为一种设计思维技术，回溯过去关于承认当前的现实和有限的选择，然后在这些选择和限制内工作，以创造出新的可能性。它帮助我们应对不确定性，因为我们不是要进入一个新情境去改变它，而是利用我们面前的资源、我们现有的团队，以及我们当前所拥有的技能和经验——所有这些都是非常宝贵的——来创造新的选择。

我们该如何应用这一技术呢？首先，让我们列出一些步骤：

- 明确现状。区分哪些是不可改变的、哪些是有可能改变的。深思熟虑，并考虑采用"思维疏通"来排除那些不切实际或会浪费时间和精力的旧想法。

- 明确我们作为领域专家的身份。思考并记录下我们真正擅长的是什么、我们的核心竞争力是什么。
- 对团队也进行同样的分析。思考并记录下我们团队独有的技能集合是什么、我们涉及哪些行业，以及我们还存在哪些不足。审视我们多年来完成的工作。这些经历虽然不能定义我们是谁，但它们仍然是我们信誉和经验的基础，涉及人员、技术、商业等多个领域。深入挖掘并记录这些项目。
- 明确我们的热爱所在。思考并记录下我们个人和团队真正热爱的是什么，以及哪种工作或角色使我们即使每周一起投入 40 小时也不会感觉像工作。
- 确定我们可以迅速学习新知识和新技能的领域，以及在哪些领域进一步投入时间和精力将会导致收益递减。

最后，这种技术带来了对抗不确定性的创造性价值。思考我们如何能够将自己和团队的经验和技能，应用到与以往类似的新角色或新项目中，并赋予它们新的活力。这种设计思维技术不仅涉及缩小选择范围，而且涉及创造性地适应和以新的方式重新利用我们的能力和资源（Mittal，2022）。通过将我们当前的自我投入看似熟悉但实际上全新的角色和项目中，我们可以更快地迈向未来。

将不同的人员和团队结合起来，创造出混合型的机会和新的选择。记录下这些可能性！独自或与团队一起思考这些选择。通过头脑风暴和逆向头脑风暴与他人合作，挖掘那些未被注意到或未被说出的想法。最终，我们应该能够得到一个包含实际选择、创新选择以及中间一些其他机会的强大列表。

13.2.4　邻近空间探索以降低风险

能否通过探索与我们已知的相似或相邻的未来选择，找到一条低风险的下一步路径？这样的一步是否能够帮助我们节省时间并做出选择？答案是肯定的！与其冒险朝着一个完全未知的新方向前进，不如先在与我们现有知识相邻的低风险路径上迈出几步。追求邻近的可能性或探索邻近的空间可能不会彻底改变我们的未来，但这些方法可以帮助我们在短期内取得实质性的进展。

我们经常在职业发展中采用这种方法，通过拓展到新的但相关的领域来建立和利用我们的现有知识。这样做不仅让我们得以应用已有的知识和技能，在新的邻近空间中学习新知识，还可以让我们在更广泛的领域成为专家，如图 13.3 所示。

公司和组织在探索逐步增长的市场或在它们已知业务领域的边缘取得小步进展时，也会采取类似的策略。这种策略在初期是有益的，但随着时间的推移，我们多年来专注和精通的领域可能会在某种程度上变得不再适用。或者，我们可能会对熟悉的事物感到厌倦，或者在已知领域之外看到更大的机遇。

我们如何将这种"邻近空间探索"的思维模式应用于我们的应用平台或软件的下一次更新？

在我们推出新功能或变更用户界面时，我们如何确保用户能够相对平稳地过渡？

图 13.3　思考我们如何在职业生涯中探索邻近空间，以作为以一种低风险的方式逐步进行自我转型的策略

借鉴斯图尔特·考夫曼（Stuart Kauffman）在其著作 *Investigations*（2002 年出版）中关于成长的见解，邻近空间探索可以帮助我们识别在已有的基础上逐步成长和迭代的领域。勇敢地踏入我们当前所知所做之外的未知领域或空白区域，有助于我们思考并朝向一个虽然新颖但很可能熟悉的未来迈出步伐。这个过程之所以容易，是因为我们所保持的连续性；我们所了解的和我们所了解的周围的领域的相似之处远多于它们之间的差异。

13.3　应对不确定性及规划下一步

有时候，我们不得不接受眼前的不确定性和周围的模糊性，我们必须确定并采取最佳的下一步行动。我们已经讨论了旅程映射和分形思维如何帮助我们预见未来的行动，邻近空间探索如何降低下一步行动的风险，以及如何通过规划可能的未来情景和将策略与长期、中期和短期的时间跨度对齐来提供帮助。但是，我们只是初步探索了应对不确定性的多种技术和练习。在接下来的内容中，我们将详细介绍另外七种方法，以帮助我们在向前迈出最佳一步的同时，创造更多的清晰度和确定性。

13.3.1　"是什么，那又如何，现在怎么办？"

不纠结于过去，而是思考发生了什么、其带来的后果，以及基于这些后果我们接下来该如何行动，做这些通常是有益的。虽然这些可能不是最理想的战略性步骤，但它们可以帮助我们在考虑其他可能性的同时，更好地规划未来的路径。

有时候，通过游戏化的方式解决问题是最直接有效的方法，特别是当我们需要快速取得进展以摆脱僵局，或者不想深陷于细节之中时。一个简单的游戏化工具是"是什么，那又如何，现在怎么办？"的练习，它可以帮助我们积累足够的洞察力，打破决策僵局，推动事情向前发展。

管理科学家克里斯·阿吉里斯（Chris Argyris）和彼得·圣吉（Peter Senge）在他们 1990 年提出的"推理阶梯"模型中引入了这种方法。这个方法鼓励我们通过以下三个问题来审视最近的事件：

1）发生了什么？我们需要讨论与事件相关的具体事实。

2）那么这意味着什么？我们需要探讨这一事件的含义或后果。

3）我们现在该怎么办？我们需要总结下一步的行动和可能的改进措施。

这个简洁的三步流程是科技团队、高管委员会和项目领导者探索当前问题或情况的有力工具。"是什么，那又如何，现在怎么办？"教会了我们用一种简单直接的方法来处理潜在的复杂问题或情况。同时，它也为我们打开了确定下一步最佳行动的大门，并促进了关于如何在未来更有效地处理类似问题的健康对话。

13.3.2　MVP 思维

我们中的许多人都对"最小可行产品"（Minimum Viable Product，MVP）这一概念有所了解。MVP 是指满足用户或社群最基本需求的最初版本的产品或功能。它在功能或特性上可能不是最完善的，但它足够用，甚至可能已经"足够好"，正如我们在第 11 课所讨论的。

运用 MVP 思维就要思考在他人手中，一个产品或能力的最简版本是什么。它也是一种"种子思维"，因为 MVP 就像一粒种子，只要得到适当的照料、滋养和培养，它就能成长得更快。

当我们需要确定下一步最佳行动时，可以运用 MVP 思维来决定我们是否可以创建一个简单的 MVP，或者对现有的 MVP 进行扩展；这两种策略都能安全地引导我们进入下一步。例如，面对"获得博士学位""开始创业"或"重塑我的团队"等宏伟目标时，我们可能会感到不知所措。然而，我们不必一开始就着手实现这些长期目标，而是应该考虑每个目标的 MVP 是什么。对于每段旅程，我们首先执行的或接下来执行的最好的步骤是什么？通过实现这些较小的目标，我们就离实现更大、更困难的目标更近了。

具体做法是：确定达到我们目标所需的最低成就、能力或功能水平。将这个最低标准称为 MVP，并迈出第一步：

- 我们想要攻读博士学位吗？运用 MVP 思维，从一年或两年的学位课程学习开始。
- 我们想要开创自己的事业吗？运用 MVP 思维，从简单的个体经营开始。

- 我们想要了解更多关于电子商务和网站建设的信息吗？运用 MVP 思维，从通过志愿帮助他人建立网站，或参加在线课程开始。
- 我们考虑从事项目管理职业，但在获得此类职位之前需要一些实际经验吗？再次运用 MVP 思维，从在家为社区运行小型项目开始。参加 ExpertRating.com 提供的低成本培训，并在此过程中获得基本的项目管理认证。将这个基本认证视为我们的 MVP，但不要止步于此。在完成 PMI 的 CAPM（项目管理认证助理）的认证后，继续努力，一旦满足了项目管理经验的要求，就学习并通过 PMI 的 PMP（项目管理专业人员资质认证）。

正如我们在图 13.4 中看到的，MVP 思维帮助我们在已知的基础上构建，并在此过程中验证我们的大目标是否真的值得继续追求。

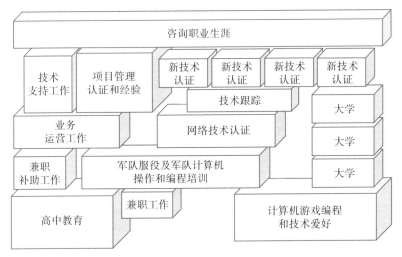

图 13.4 运用 MVP 思维，以一种低风险的方式在我们已知的基础上构建，同时在此过程中验证我们的方向是否真的值得继续追求

13.3.3 2×2 矩阵思维决定下一步行动

当我们面临选择时，有时通过分析情况的两个维度来做出决策是很有帮助的，比如，努力与时间、难度与重要性、成本与努力等。2×2 矩阵思维是一种简单的工具，多年来一直被用来帮助个人和团队在两个维度上评估多个选项。这种方法源自 Alex Lowy 和 Phil Hood 在 2004 年出版的书籍 *The Power of the 2 × 2 Matrix: Using 2 × 2 Thinking to Solve Business Problems and Make Better Decisions*。通过这种方式考虑选项可以帮助我们揭示最佳选择或理想的前进路径。这种被称为 2×2 矩阵思维的方法可以帮助我们充满信心地再次行动起来。

2×2 矩阵思维最常见的应用包括：

- 紧急性与重要性（针对任务或目标）。
- 重要性与难度（针对任务或目标）。
- 努力与价值（针对任务或目标）。
- 成本与价值（针对任务或目标）。
- 简单性与成果（针对任务或目标）。
- 权力与利益（针对利益相关者）。

使用 2×2 矩阵非常简单。例如，先画一条水平线，将其标记为"重要性"（我们称为水平轴或 x 轴），然后画一条垂直线，标记为"紧急性"（我们称为垂直轴或 y 轴）。用这两条线作为框的底部和左侧，然后将框分割成四个更小的空间，就像图 13.5 中的示例一样，我们就得到了一个 2×2 矩阵。

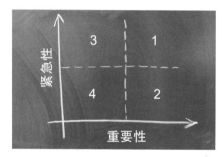

图 13.5　绘制并使用 2×2 矩阵来分析问题或情况的两个维度是十分简便的（图片来源：raywoo/123RF）

或者，你也可以简单地画一个大十字来形成四个开放式的方框，然后添加一个水平轴（x 轴）和一个垂直轴（y 轴），并用它们各自代表的维度进行标记。

创建和填充矩阵的过程本身对于分析就是有益的，但矩阵填充完成后，我们才能获得真正的价值。例如，一旦我们完成了"重要性与紧急性"的 2×2 矩阵，我们就可以识别出哪些任务或目标是最为重要且相对容易实现的，我们可能会优先处理这些任务或目标（以及相应的象限）。反之，我们也能识别出哪些任务或目标的重要性较低而难度较高，从而选择降低这些任务的优先级。通过这种方式，我们能够更清晰地了解接下来的行动步骤。

13.3.4　靶心优先级排序

当我们的团队遇到瓶颈，难以找到前进方向时，2×2 矩阵思维的一个特别版本——靶心优先级排序可以提供有效的帮助。这种视觉化方法将 2 × 2 矩阵与靶心或雷达图相结合,两者结合在一起,可以帮助我们在面对众多可能的选项或决策时做出最佳决策。

此练习的核心在于组织。靶心优先级排序帮助我们将面前的选项按矩阵的四个象限进行组织,然后在每个象限内进一步区分出最重要、次重要等的事项(见图 13.6,注意每个便签上都应写明具体的选择)。通过视觉化每个选项,这个练习变得非常直观——选项越靠近靶心,就表示团队普遍认为该选项或决策越重要。

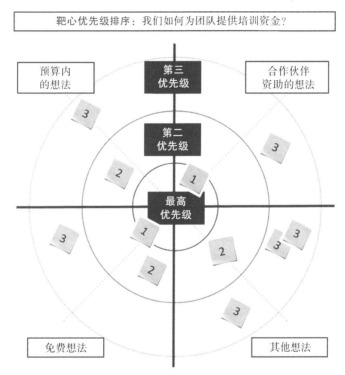

图 13.6　基于象限的靶心模型为我们提供了双重维度的洞察力:一是用来组织团队,二是用来确定团队内部各项的优先级

要执行靶心优先级排序以组织和确定选项的优先级,可以邀请团队或创意小组一起进行以下步骤。

时间与人员:靶心优先级排序练习需要 5 ~ 10 人参与,预计耗时 60 ~ 120 分钟。

1)在实体或虚拟白板上清晰地写下问题或情境。

2）在白板的一边，通过团队成员轮流测试，创建一个与问题或情境相关的选项列表。在目前的阶段，我们不进行分类或优先级排序，只专注于列出选项。

3）一旦列表开始成形，开始识别新出现的共同主题和分类。在理想情况下，找出 3 ~ 4 个主要分类。如果超过这个数目也可以，但通常 3 ~ 4 分类最为合适。

4）邀请团队为这些分类确定并标注一个主题名称。讨论并确定主题的过程有助于团队成员对每个分类达成共识（并且可能还会帮助团队发现更多选项或列表项）。

5）现在，在白板上绘制一个靶心图（或雷达图，或飞镖靶图），并将该图分为四个象限。每个象限都根据一个主题进行标记。如果起初只有几个主题也无妨。

6）将列表中的每个选项都写在便签上。接下来，我们将把这些便签放置在我们绘制的靶心图或雷达图上。

7）从第一张便签开始，向团队大声宣读其内容。集体讨论并决定这张便签应该放置在哪个象限。将便签放入相应的象限，暂时不用担心便签相对于图中心（靶心）的具体位置。只需要确保放入正确的象限即可。

8）继续下一张便签，直到所有便签都被放置到适当的象限。

9）当某个象限变得拥挤时，团队可能会想要开始根据便签与图中心（靶心）的相对位置来进行优先级排序。请暂时不要这样做！

10）所有便签放置完毕后，我们再考虑每个便签相对于同一象限内其他便签的重要性。根据便签之间的相对重要性，调整它们距离图中心的位置。如果某个选项比旁边的选项更好或更重要，就将其"提升"到更靠近靶心的位置。

11）当团队讨论并认为某个选项不如其他选项有价值时，将其向图的边缘移动。为最佳选项留出中心位置。

12）在团队达成共识后，将每个象限中最重要的选项放置在图的中心位置，每个象限放置一张便签。

13）继续进行优先级排序，将较不重要的选项向外推，远离图中心；便签距离中心越远，表示该便签上的选项的重要性越低。

就是这样！如果我们发现优先级排序的过程被少数人主导，我们可能需要采用不同形式的民主投票，以确保每个团队成员都能根据自己的见解和经验发表意见。

同样，如果我们遇到难以决定的平局或是选项太过于接近的情况，我们可以考虑使用其他设计思维练习来帮助我们打破僵局。以下是一些简单的平局解决练习示例：

- 使用"玫瑰、荆棘、芽"方法（稍后介绍）来深入了解每个选项的积极因素、潜在问题和未来发展的可能性。

- 运用"五个为什么"技术（第9课介绍过）来更好地理解每个选项，可以问团队或小组"为什么这个选项是这个象限中的最佳选择？"。
- 利用"我们该怎么做"的提问方式（已经介绍，第14课将更详细地讨论）来乐观地为讨论设定基调，探讨为什么某个选项可能比其他选项更可行或更优。利用这次讨论来重新确定选项的优先级。

或者，如果我们在比较多个象限中的选项时遇到困难（而不是像使用靶心图的方法那样，可以轻松地比较四个象限），可以考虑使用2×2矩阵思维。2×2矩阵思维适用于根据两个维度（如成本与价值，或成本与难度，或重要性与紧急性）来比较一组选项。而当我们需要思考单一维度，比如实施或执行某个特定选项的难度如何体现在对该选项的支持与反对的变化中时，可以采用力场分析。这两种练习都可以在第14课中找到。

13.3.5　运用"玫瑰、荆棘、芽"(RTB) 探索更明智的下一步

LUMA 研究所在 2012 年开发了 RTB 练习，用以深入探讨特定选项的细节。这个练习的核心是将一个选项的积极因素、潜在问题和机遇进行系统化的整理。每个方面都构成了一个讨论组，通过分析选项所带来的"玫瑰"（积极因素）、"荆棘"（消极因素）和"芽"（机会），我们可以全面审视决策的各个方面。具体来说：
- "玫瑰"代表选项中积极、有益或运行良好的方面。
- "荆棘"指的是那些消极或不利的结果或后果。
- "芽"则代表潜在的机遇，它们可能是洞见、机会或需要改进的领域。在选择某个选项而非另一个选项时，"芽"往往是关键因素。

要进行一个简单的 RTB 练习，只需要遵循以下步骤。

时间与人员：进行 RTB 练习通常需要 3～5 人参与，根据所讨论情境或领域的复杂性，可能需要 30 分钟甚至更长时间。

1）集合我们的团队或小组，根据情境选择使用实体白板或虚拟白板，并清晰说明所面临的问题和目标，即识别出可行的选项。

2）讨论并确定使用三种不同样式的便签（可以包括特定的图标或表情符号）来标识积极因素、消极因素和机会。每种便签样式将代表 RTB 分析中的一个维度。

3）为每个人准备一套三种不同样式的便签。

4）参照图 13.7 所示的模板，引导每个人识别出他们的"玫瑰"（积极因素）、"荆棘"（消极因素）和"芽"（机会）。

5）让团队或小组的每个成员轮流参与，确保每个人都有机会提出自己的观点。

6）一旦每个人都参与了，就重复这个练习，可以多次循环进行，以确保全面性。

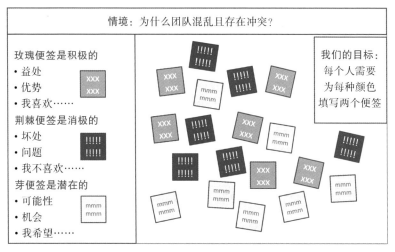

图 13.7 使用 RTB 方法按照积极、消极或代表机会（潜在）的维度来组织选项的各个方面

⊙ **注释**

玫瑰是红色的，对吧？

颜色的使用需要谨慎，尤其是在 RTB 练习中。颜色并不总是最佳的视觉辅助工具，因为利用它们可能会忽视那些有视觉障碍的人。此外，在 RTB 练习中，某些颜色可能会引起混淆。例如，红色通常代表停止或危险，但在 RTB 练习中，"玫瑰"（红色）代表积极因素。同样，绿色常表示前进或健康，但在 RTB 练习中，它代表"荆棘"（消极因素）的颜色。其中一个解决方案是使用图标和表情符号来代替颜色！

在 RTB 练习中，可能会出现几个主题，快速审视这些主题通常足以帮助团队或小组做出决策。然而，当出现多个主题时，我们可能需要重新进行靶心优先级排序练习，或者转向下一个练习——亲和力分组。

13.3.6 亲和力分组用于发现模式

有时我们面临海量数据和众多可能的下一步行动，不知从何下手，显然，不采取行动无法帮助我们取得进展。幸运的是，有几种技术可以帮助我们获得更多的清晰度，包括 LUMA 研究所提出的亲和力分组（LUMA，2012）。

亲和力分组帮助我们识别面前的选项逻辑分组或集群，这可以协助我们做出初步选择并采取更明智的下一步行动。通过这个过程，亲和力分组自然而然地减少了一些围绕复杂情况的不确定性。

亲和力分组如何运作？假设我们刚大学毕业，现在有数十种选项可供选择。我们可以使用亲和力分组首先根据相似性对这些选项进行分类（而不是纠结于单独审视每一个选项）。例如，我们可能确定了与军队相关的选项、加入几家小型初创公司、加入几家更成熟的公司、独立创业、协助家族企业、追求研究生学位、在投入职场前先休息一段时间去旅行或安定下来组建家庭。我们也可以将几个选项结合起来，创造如兼职工作、兼职攻读研究生学位或全职工作以组建家庭等混合选项。

无论面临多么多样的选择，我们都应该将它们组织成集群或组，如图 13.8 所示。我们可能会根据工作、持续教育和个人的主题，将选项围绕三个集群进行组织。

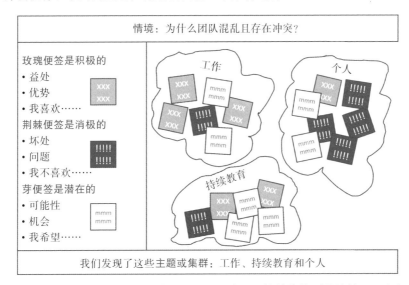

图 13.8　在我们组织并聚类面前的选项后，我们可能就能找到最佳的下一步行动

相反，我们也可以利用模式匹配技术，发现选项之间的其他不那么明显的联系。例如，我们可能创建按地理位置排列的集群或组（如让我们留在家人附近的选项、让我们留在州或地区的选项，以及基于旅行或国际性的选项）。我们还可能创建围绕家庭概念组织的集群或组（如家庭友好的选项、家庭中立的选项，以及不利于家庭友好的选项）。

13.3.7　利用"购买特性"达成共识

当我们面临困境，未来方向不明确时，我们仍需采取某些行动——某些明确的下一步。在这种情况下，明智的做法是获得一定程度的共识，以团队的一致性朝某个方向前进。利用 LUMA 研究所的"购买特性"练习来确定优先级并推动这一共识。

"购买特性"的基本原理很直观：团队需要共同制定一份特性列表、下一步最佳步骤或选项，然后对这些项目的重要性进行排序。团队成员不是通过讨论来达成一致的，而是通过使用虚拟货币来"用钱包投票"。如果某个特性、下一步或选项对许多人来说很重要，它可能会获得最多的预算，从而明确胜出。这样，"购买特性"能够真实反映出每个团队成员真正重视的是什么，而不仅仅是他们口头上所说的。

注意，"购买特性"通常要求所有团队成员地位平等，并给予每人虚拟的 100 美元预算（当然，我们也可以调整规则，给产品经理或销售副总裁更多的预算，从而增加他们的"投票权重"，但通常保持每个人平等是更好的）。每个团队成员需要在汇总的列表（包含不同的特性、下一步最佳步骤或选项）中分配他们的虚拟货币。在某些情况下，匿名分配这些预算可能更合适，而在其他情况下，练习的领导者可能希望所有参与者都能看到彼此的选择。

无论团队成员对某个选项是充满热情还是犹豫不决，他们都可能选择将全部虚拟资金投入列表中的一个选项上，或者选择分散投资。他们也可能像我们之前提到的那样受到他人影响。选择权在于个人。

正如在现实世界中一样，除非预算是匿名分配的，否则这种方法可能会产生一定的紧张感。人们可能会结成小团体，利用他们的影响力、权力和预算来推动某个选项。我们需要考虑这类行为，并在此类练习之后采取必要的步骤来重新推动团队的团结！毕竟，只有每个人都同意遵守结果，才算是真正的共识。

13.4　应避免的陷阱：蛮力策略

最具挑战性的情况往往会促使人们做出一些鲁莽的决策。有时，这样的决策可能是一个组织为了避免决策僵局而需要避免的。以一个全国性批发商为例，面对几种不同的"下一步最佳选择"，该批发商本可以与经验丰富的团队一起使用靶心优先级排序或亲和力分组来处理并确定这些选项的优先级，或者通过"是什么，那又如何，现在怎么办？"或"购买特性"等练习来获得一定程度的共识。然而，一位相对新的中层管理者却单方面决定了公司的未来。她认为，面对个人的不确定性以及公司和行业更广泛的模糊性，应该采取一种强行推进的策略，即"大家让开，跟我来"。

这位管理者坚信快速决策的重要性，但她没有借助他人的宝贵经验、专业技能和深刻见解。她带领团队走上了一条蛮力之路，希望这样的行动能够驱散迷雾，消除不确定性。其结果却事与愿违，她失去了关键的领导成员，六个月后不得不在离职面谈中解释自己的策略。"只管去做"可能作为广告口号非常有效，但当下一步充满不确定性时，它很少是一个正确的做法。

13.5　总结

在第 13 课中，我们探讨了十一种技术和练习，这些技术和练习有助于降低不确定性并明确"下一步最佳行动"。在此过程中，我们区分了模糊性和不确定性，并应用了可能的未来思维、根据时间跨度调整战略、回溯过去和邻近空间探索等方法。接着，我们审视了一系列用于达到确定优先级、归纳模式和主题、达成共识等多种目的的方法。这堂设计思维课以"应避免的陷阱"结束，特别强调了在面对未知道路时，单纯依靠蛮力是不可取的。

13.6　工作坊

13.6.1　案例分析

请参考下面的案例分析和相关问题。你可以在附录 A "案例分析测验答案"中找到与此案例相关的问题的答案。

情境

尽管 BigBank 在全球多个领域似乎都取得了进展，但是一些关键的 OneBank 计划仍在重启、重新规划和执行下一步行动上遇到困难。Satish 听到你讨论了一些应对不确定性和模糊性的技术和练习方法。他希望你能够与一些 OneBank 计划的负责人进行交流，并解答他们的问题。

13.6.2　测验

1）请简洁地描述一下不确定性与模糊性之间的差异。

2）有没有特定的方法或练习能够帮助团队基于如技术或经济等广泛领域对未来发展进行评估？

3）对于希望利用现有知识和行动逐步实现转型的组织，我们应该采用本堂设计思维课介绍的哪种技术？

4）靶心优先级排序如何帮助团队确定接下来的行动步骤？

5）在短期、中期和长期这三个时间跨度内，哪一个被认为是最难以预见或达成的？

6）当最佳下一步不明确，团队在支持哪个选项上犹豫不决时，本堂设计思维课讨论的哪种技术可能有助于达成共识？

第 14 课

解决问题的思维

你将学到：

- 从创意到潜在的解决方案
- 利用视觉化练习解决问题
- 应避免的陷阱：头脑风暴敷衍了事
- 总结与案例分析

在过去的几堂设计思维课里，我们探讨了 20 多种设计思维技术和练习，这些技术和练习对于打破常规思维非常有帮助。需要明确的是，本堂设计思维课介绍的八种技术和练习同样能够帮助我们进行思考和创意生成。但是，当我们的创意汇集到一定程度时，我们可以开始从广泛思考转向更加集中的思考，也就是说，着眼于筛选、精细化并潜在地解决我们面临的问题。第 14 课以一个关于头脑风暴敷衍了事的"应避免的陷阱"作为结尾。

14.1 从创意到潜在的解决方案

这堂设计思维课的技术和练习将协助我们从发散性思维迈向对问题解决和潜在解决方案的探索。在随后的课程中，我们会进一步将这些潜在的解决方案完善为部分或全部的解决方案。首先，让我们先来了解一下前五种解决问题的方法。

14.1.1 "我们该怎么做？"才能解决问题

正如在第 4 课所简要介绍的，使用"我们该怎么做？"来解决问题是一个一直被沿用至今的方法，它为构思和解决问题创造了一个安全的环境。这种技术展现了一种积极的态度，有助于汇聚人群和团队来共同进行创意构思和问题解决。

- How（怎么做）。这个起始词开启了解决问题的大门，表明解决方案是可行的。
- Might（该）。它向团队表明，每个想法都值得被考虑。它鼓励探索，而不是让人们局限于那些看似能直接解决问题的点子。
- We（我们）。它为协作奠定了基础，并传达了一个信息：这个解决问题的练习不是个人的任务，而是需要团队协作共同完成。
- ？（问号）。通过将设计思维技术构造成一个疑问句来提醒人们问题尚未解答。这种方法激发了人们的创造性思维，鼓励他们探索情境，思考那些可能被忽视的可能性。

"我们该怎么做？"代表了一种积极和包容的思维方式，它体现了设计思维的核心精神。正如我们在第 4 课所讨论的，"我们该怎么做？"非常适合收集不同的观点，激发创意，解决问题，并最终推动进步。

14.1.2　头脑风暴

常被誉为求异思维、问题探索与解决之父的 Alex Osborn 在 1953 年推广了头脑风暴这一概念（Besant，2016）。头脑风暴是一种独特的构思技术，它既能够激发发散性思维，也能引导收敛性思维。虽然我们可以在第 11 课就介绍了这一方法，但考虑到它在促进思维收敛和问题解决方面的作用，将其放在这堂设计思维课讨论似乎更为恰当。

我们每个人都或多或少参与过头脑风暴。乍一看，头脑风暴似乎是深入思考问题或情境的简单方式。然而，要有效地进行头脑风暴并非易事。IDEO（2022）提出了一套分步骤的有效头脑风暴过程，包括通过参与者的准备、设定思维的边界以促进创新和深入思考，以及提升和改进会议的其他方法。我们应该在已经完成的确定问题的工作（第 9 课）的基础上进一步发展，以确保我们集中精力解决的是正确的问题。

要开展一次高效的头脑风暴活动，请遵循以下步骤。

时间和人员：根据问题的复杂性，头脑风暴活动通常需要 5 ～ 10 人参与，时长从 15 分钟到 2 小时不等。我们也可以连续进行多场头脑风暴会议。

1）根据第 4 课介绍的"多样性设计"，组建一个多元化的团队进行头脑风暴，以丰富团队在思考和创意构思上的多样性。思维多样性、经验、教育背景、文化差异、组织内任职时间、职位类型，以及代表不同利益相关者的观点等，都是促进有效头脑风暴的关键因素。

2）在会前向团队成员分享问题陈述和即将讨论的情境。团队可能已经参与了如问题树分析或问题框架等早期问题识别活动（这些内容在第 9 课中有详细讨论）；确保团队对这些背景有所了解。

3）向团队提前分享关于这个问题或情境的最新研究成果或组织内的最新经验，可能会很有帮助。

4）另外，也可以考虑不提前透露问题或情境。虽然传统的头脑风暴需要提前通知，但通知过早可能会导致参与者带着预设答案进入会议。

5）在会议开始时，明确告知团队我们的目标是激发好奇心，任何想法都不应被认为过于离奇，所有的想法都值得被考虑。

6）在开始实际的头脑风暴活动之前，进行一个创造性的热身活动，帮助参与者开始思考（可以参考第10课中提供的热身活动建议，包括分类法、发散性思维的技术和练习等）。

7）使用"我们该怎么做？"技术开始实际的头脑风暴活动。例如，我们可以以"我们如何改进我们的软件开发流程以提高代码质量？"启动会议。

8）在引导头脑风暴活动时，请注意以下几点：

- 如果团队成员似乎已经有了一些预设的想法和解决方案，可以通过一些特定的思维活动来帮助他们清空或重新激活思维，比如进行"思维疏通"或"放弃旧观念"练习。
- 转向个人头脑风暴，让每个人独立思考潜在的想法和解决方案。建议每位参与者使用便签记录自己的创意。
- 需要定期提醒大家，在头脑风暴的过程中，任何想法都是有价值的。
- 个人头脑风暴进行10分钟或大家商定的其他时间后，将团队分成多个多样化的小组，让他们分别讨论自己的想法。小组内的创意碰撞可以提升个人头脑风暴的效果。
- 确保小组成员之间能够分享想法，并在彼此的想法基础上进一步发展，同时注意倾听和重视每个成员的意见和建议。

9）使用便签记录并分享小组头脑风暴环节中产生的想法。同时，也可以考虑将个人头脑风暴的成果添加进来（比如，将所有想法汇总到一个虚拟或实体的白板上）。

10）利用亲和力分组法（在第13课中有详细说明）整合这些想法，将相似的想法归纳成组。

11）对这些想法进行讨论，进一步将它们分类为潜在的解决方案、部分解决方案，以及可能需要进一步探讨的其他类别。

12）根据实际情况，安排并执行更多的头脑风暴会议，同时收集过程中的反馈，并通过在线团队和社区头脑风暴的方式，不断吸收新的创意。

我们可以使用多种额外的技术，以提高头脑风暴的效率。例如：

- 我们可以选择一个关键词作为分析问题的视角。比如，在团队讨论代码质量问题时，我们可以提出："让我们从速度的角度来审视这个问题。"引入关键词虽然增加了一定的复杂性，但正如我们在第11课讨论的思考指导原则一样，它也能帮助团队成员进行更深入和创新的思考。
- 我们可以将这次头脑风暴视为一个初步的学习过程，并提出："在我们深入探讨并共同决定如何应对之前，首先让我们思考在这个问题或情境中，我们需要学习或了解哪些信息。"

- 当团队在思考过程中遇到障碍时，我们需要准备一些额外的小型活动。例如，我们在第11课讨论的多种思考指导原则之一，可以帮助我们重新集中注意力或激发头脑风暴的活力。
- 我们还应该设计一个小型活动，通过"逆向思维"的视角来审视问题或情境（甚至是潜在的解决方案）。本堂设计思维课稍后将介绍的"最糟糕和最好的构思"和"逆向头脑风暴"等活动类型，都是很好的示例。
- "不可能的任务思维""视觉思维""分形思维""够用思维"等过去几堂设计思维课中讨论的其他创新思考方式，包括接下来将介绍的"SCAMPER"方法，都能为我们的头脑风暴增添深度，并有助于激发陷入僵局或偏离方向的讨论。

请记住，在头脑风暴阶段，寻求完美或完整的解决方案并不现实，也并非我们的主要目标。头脑风暴的真正价值在于激发出能够带来潜在解决方案的新想法。这些新想法和潜在的解决方案为我们提供了一个起点。综合这些头脑风暴的成果，它们为我们下一阶段的原型制作和解决方案探索奠定了基础。

14.1.3　运用 SCAMPER 激发头脑风暴

SCAMPER 是一个历经时间考验的头脑风暴技术，它在激发创新思维和解决复杂问题方面的作用经常被低估。Bob Eberle 在 2008 年提出了 SCAMPER，旨在增强头脑风暴过程中的创造力。这个技术通过一系列有序的步骤，帮助参与者更有效地进行头脑风暴。

SCAMPER 是由以下七个活动的英文首字母组成的缩写：替代（Substitute）、组合（Combine）、调整（Adapt）、修改或放大（Modify 或 Magnify）、目的（Purpose）、消除或最小化（Eliminate）、以及反转或重新排列（Reverse 或 Rearrange）。每个关键词都是我们在头脑风暴时可以提出的问题，旨在引导我们深入思考，如图 14.1 所示。此外，SCAMPER 也可以作为一个轻松的前导技术，在正式的头脑风暴会议之前使用，以激发思维。

图 14.1　将 SCAMPER 作为头脑风暴的有效分类法，它提供了一种既规范又经过时间验证的方法

进行 SCAMPER 练习时，请引导团队完成以下七个活动，每个活动都以关键词的形式提出问题。尽量将每个问题表述为"我们如何……"，以营造一个积极和创新的构思氛围。

以本堂设计思维课早先讨论的代码质量问题为例：

- 替代。我们如何能够将代码开发服务或解决方案的一部分或方面替换为另一部分？考虑在不影响整个开发生命周期的情况下，如何替换过程的一部分，或者引入一个更智能的替代方案，或者简化流程。例如，也许我们可以考虑将代码审查过程外包，或者用一个合作伙伴的开发团队来替代现有的开发团队。

- 组合。我们如何能够将代码开发过程中的不同部分合并或整合？我们是否应该与另一个组织合作以提高成果质量？也许我们可以将手动和自动化测试结合起来，以提升代码质量，或者将开发团队与业务分析师团队结合起来，在编写代码之前增强对功能需求的理解。

- 调整。我们如何调整我们的过程或过程中的各个组成部分，以获得更好的结果？我们需要改变或调整哪些方面，以提高流程的可预测性和透明度？例如，也许我们可以改进我们的DevOps流程，以便实时监控代码开发进度。

- 修改或放大。我们如何调整代码开发流程，以实现更高的产出、更优的质量和更佳的透明度？如果我们的团队扩大一倍或我们的代码需求增长一倍，也许我们有机会通过创新来提升代码质量。

- 目的。我们能否将代码开发流程应用于组织中的其他部门，或者与合作伙伴和客户共享？我们是否应该采取共同创新或共同开发的战略？例如，也许我们可以借鉴公司其他部门的质量与合规流程，将其应用于我们的代码开发环节。

- 消除或最小化。在我们的代码开发流程中，有哪些环节是完全可以去除的？我们是否执行了多余的流程？如果我们的团队缩减一半，或者市场规模减半，我们该如何调整？例如，也许我们能用自动化测试替代大部分手动代码测试。

- 反转或重新排列。我们能否通过重新调整当前流程中步骤的顺序来获得更好的成果？我们是否应该将部分测试环节提前到开发周期的更早阶段？如果我们从最终成果出发，反向审视团队接到开发特定代码任务的那一刻，是否有更高效的工作方式？例如，开发人员在接触到功能规格说明书之前，也许我们应该更多地参与前期的需求收集工作。

⊙ 注释

共同创新

快速实现业务价值的一种方法是通过共同创新。这一概念提倡与合作伙伴、用户、团队成员或其他相关人员一起，实时并行地开发解决方案和成果物，而不是通过反复迭代定义、构思、原型制作、演示、测试等环节，最终构建解决方案或成果物的。

共同创新消除了个人与组织间的隔阂，是联合设计能够加速实现业务价值的又一个例证（Gay，2016）。

SCAMPER 为团队带来多重益处：

- 它帮助我们自然地发现正在探讨情境的问题陈述中的缺失和不足。
- 它是我们在头脑风暴过程中可以使用的另一个有益的分类工具（如第 10 课所述），尤其当团队遇到瓶颈或难以进行充分创新思考时。
- 它为我们提供了一种强有力的方法来改进头脑风暴的过程及其成果。

我们甚至可以在结束头脑风暴会议之前，先进行一个简短的 SCAMPER 小练习，以确保头脑风暴过程的完整性。同样，我们也应该将接下来的两个设计思维练习视为头脑风暴的自然延续。这两种方法都是 SCAMPER 中"反向"思考的扩展，它们通过反向审视情境，帮助我们进行更深入的思考。

14.1.4 最糟糕和最好的构思

最糟糕和最好的构思练习既高效又简单易懂。作为多种逆向思维练习之一，它的氛围更加轻松愉快，特别适合用来激发那些彼此不太熟悉或对非传统思维方式不太适应的团队成员之间的初步讨论。

最糟糕和最好的构思源自 Interaction-Design.org 在 2022 年提出的一种思维方法。与要求参与者即刻提出一系列绝妙点子不同，我们给每位参与者一个情境或问题，并请他们分享一个可能使该情境或问题恶化的点子。就是这样简单——我们只需要每位参与者提供一个"最糟糕的想法"，如图 14.2 所示。

问题：设计会议缺失用户！

最糟糕的想法：
①忘记他们是谁
②有意忽视他们
③只邀请他们的经理
④在没有任何人的情况下设计
⑤从整个团队中随机选择用户

最好的新想法：
①
②
③
④
⑤

图 14.2　为了践行简单的逆向思维，可以与团队一起进行最糟糕和最好的构思练习，并从"最糟糕的想法"开始

请参与者不要对这个练习过度思考。分享第一个想到的最糟糕的想法，并享受倾听其他人的糟糕想法。愚蠢和疯狂的想法是有价值的，因为它们有助于让参与者更自在地跳出常规思维，这将在后续的练习中激发出更有趣和更优秀的创意。

我们可以将这些最糟糕的想法通过视觉化的方式组织成一个从不好到非常糟糕的想法的序

列。或者，我们也可以使用上堂设计思维课提到的简单 2×2 矩阵，将这些最糟糕的想法归入其中的四个象限中的一个。考虑不同的维度，如实施的简易性与成本对比、可行性与实际操作性对比，或者重要性与难度对比（请记住，在"最糟糕"的练习中，代表最糟糕的想法的象限可能会填满，而其他象限则相对空缺）。

一旦每个人都分享了他们最糟糕的想法，并将它们放置在序列或 2×2 矩阵中，我们就为这个练习中非常有用的部分做好了准备。正如我们在逆向头脑风暴中所做的那样，将每个最糟糕的想法颠倒过来，转换成一个"最好的"想法，记录下这些最好的想法，并用它们来填满 2×2 矩阵，如图 14.3 所示。如果我们发现一个"最糟糕"的想法能够引申出两个或三个最好的想法，那就更理想了。

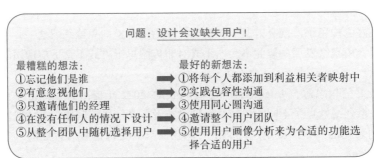

图 14.3　为了践行简单的逆向思维，现在将每个"最糟糕"的想法转换为"最好的"新想法

当团队习惯于逆向思维后，我们可能希望按照接下来介绍的逆向头脑风暴的方法重复这个练习。

14.1.5　逆向头脑风暴的再次使用

如前所述，并在第 12 课详细探讨的逆向头脑风暴，为我们提供了一种创新的头脑风暴方法，帮助我们打破常规，进行创新思考。这一方法由 D. Straker 在 2012 年提出，并由其他研究者更早地进行了概念化。逆向头脑风暴能够协助我们挖掘新想法，识别新的风险和利益相关者，发现创新的解决方案和挑战，并将问题转化为可能的解决方案。

当我们进行的头脑风暴会议成效有限时，可以考虑加入逆向头脑风暴的练习。与最糟糕和最好的构思练习相似，这个练习通过以新的方式连接问题与潜在解决方案，帮助我们解决问题。它充实了我们的想法库，不仅提供了更多的创意，还增加了潜在的解决方案。

正如我们已经看到的，逆向头脑风暴的前提很简单：什么会让事情变得更糟而不是更好？想想什么会让我们的问题或情况变得更糟。我们甚至可以问问自己，什么会让我们潜在的解决方案变得更糟。然后逆向思考我们的答案，找出一系列实际上可能会让事情变得更好的新想法。

如前所述，这种方法有时也称为逆向思维。执行起来很简单，因为在第 12 课我们已经讨论过，列出可能导致问题或情境恶化的事项清单是容易的。为什么？因为许多人天生更倾向于深入思考事情如何变得更糟，而非更好。这正是逆向头脑风暴的魅力所在。与最糟糕和最好的构思练习一样，我们很容易就能想到情境中不好和最坏的方面。

当然，这个练习的价值并不在于找出那些糟糕的想法。在深入思考了什么会使问题或情境更糟之后，我们需要将这些答案颠倒过来，重新思考如何使事情变得更好。持续挖掘可能导致问题恶化的因素，并将它们转化为好的想法和潜在的解决方案，直到我们为几个潜在的解决方案奠定了基础。接下来，考虑使用视觉化练习来进一步阐明我们的问题解决过程。

14.2　利用视觉化练习解决问题

尽管前述的 5 种技术和练习是解决问题的有力工具，但视觉化练习在帮助我们概念化并实际"看到"部分解决方案或值得深入探索的领域方面，具有其独特价值。

14.2.1　通过构建促进思考与收敛思路

正如我们在之前的课程中提到的，通过在纸上或白板上制作模型、构建草图或原型，可以帮助我们以新的方式思考问题。同时，动手操作的过程也有助于我们集中关注一个或几个最佳方案，将我们的思维和潜在解决方案从内心世界转移到可以公开讨论和评估的外部空间。

核心思想是什么？通过构建促进思考与收敛思路的方法很简单：绘制草图、概述框架、构建原型、组织信息、深入思考、展开讨论。这些步骤可以根据需要以任意顺序进行，并且可以循环重复。它们允许我们从发散性思维转向收敛的解决思路，并可能在这个过程中反复迭代，以围绕潜在的解决方案形成我们的问题解决策略。如果这种自由形式的收敛构思和部分解决方案制定方法效果不佳，可以考虑接下来介绍的两种可视化技术——力场分析和思维导图，用以辅助问题解决。

14.2.2　用于视觉化的力场分析

有时，将推动变革的力量和阻碍变革的力量以视觉化的方式展现出来，可以让我们从不同角度审视问题。力场分析（Force Field Analysis，FFA）由库尔特·勒温（Kurt Lewin）在 1951 年创建，最初作为社会科学领域的工具，帮助我们以视觉化的方式展现情境及其变革的动力。

通过 FFA，围绕不确定性或优先级的原因可以变得显而易见。力场分析使我们能够看到围绕所提议变革的动因，包括推动的力量和抵制的力量。由于这种分析是视觉化的，如图 14.4 所示，所以它比单纯使用文字更容易与他人建立共识。

图 14.4　通过视觉化的方式展现推动和抵制所提议变革的力量,有助于我们更深入地思考这一变革

力场分析不仅仅列出了变革的利弊。它的核心在于组织和展示推动变革和抵制变革(或维持现状)的力量。这些力量可能包括财务、政治、社会、战略等多方面的因素。我们可以从"为何需要变革"与"为何应避免变革"的角度来思考这一练习。

如果团队在深入思考方面遇到困难,可以借助一些流行的分类法,如 SCAMPER、AEIOU、在未来之轮(Futures Wheel)中使用的 STEEP 分析,或在船和锚(Boats and Anchors)练习中使用的风险分类法。

将我们通过研究、倾听他人的意见、倾听他人的经验和自身观察收集到的数据、逐字记录和信息等材料汇集在一起,创建这份推动变革和抵制变革的力量清单。利用前面几堂设计思维课所涉及的技术和练习,将其成果作为本练习的输入。

为了展示推动和抵制所提议变革的力量的相对强度或优先级,我们可以通过大小、编号或颜色编码来区分这些力量。如果需要考虑的力量众多,我们甚至可以通过亲和力分组或在第 13 课中介绍的靶心优先级排序练习,对最有力的积极和消极的力量进行排序。

14.2.3　思维导图

思维导图是一种广泛应用于商业及其他领域的技术,它能帮助我们进行头脑风暴、深入思考、增进理解,并最终形成对问题或创意的共识。Tony Buzan 在 20 世纪 70 年代发明了思维导图,它可以直观地展示我们在探索和深入理解问题或创意时的思路。

思维导图的工作原理是将一个核心问题、想法或解决方案与另一层级的想法、维度、依赖关系、人员等相联系,然后再将第三层级的想法或维度与上一层级相联系,依此类推。当我们将核心问题或想法向外扩展时,思维导图的创建过程逐渐加深了我们对核心议题的理解。这个过程不仅详细地描绘了问题的"全景"，而且帮助我们以一种如果仅在大脑内思考而无法实现的方式进行思考和解决问题。

例如，如果我们在管理团队的时间方面遇到问题，可以绘制一张时间管理思维导图，从而得出一系列想法（见图14.5）。当我们进一步充实这个授权想法时，我们可能会思考我们究竟可以授权什么、在哪里授权以及授权给谁。这些可能会反过来促使我们探索与团队被要求完成的项目相关的50项任务。这组任务可以进一步推动我们思考我们确实可以将哪些任务交给其他人、我们应该将哪些任务保留在团队内部等。最后，当我们考虑可以委派给谁任务时，我们可能会考虑如何分配这些任务、是否需要花钱请人来完成这些任务、如何管理这些任务的完成情况等。

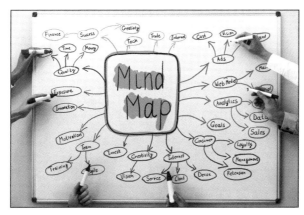

图14.5　绘制一张简单的思维导图能让我们获得非视觉难以达到的解决问题的洞察力（图片来源：andreypopov/123RF）

14.3　应避免的陷阱：头脑风暴敷衍了事

一家小型国防承包商在遇到问题时，其创新团队采取了一贯的做法：只是口头上支持头脑风暴，随后便急于走上一条仅在表面上看起来合理的道路。这家国防承包商的失败清单令人印象深刻，但这是一种令人失望的印象深刻。它几乎没有提前告知参与者会议的内容，尽管安排了一小时的会议，却只用了不到15分钟的时间来真正思考问题，没有考虑参与者的思维和经验多样性，没有利用SCAMPER或其他分类法来进行深入和创新的头脑风暴，没有通过热身活动或思维指导原则来事先或在会议期间促进思考，也没有任何形式的反向或逆向头脑风暴来结束他们的头脑风暴会议。团队只是到场，讨论了问题，匆忙得出了几个初步结论，然后选择了一个前进方向。如今，该组织及其人员已经分散。国防承包商也成为一段记忆，是历史篇章中的"脚注"。

14.4 总结

这堂设计思维课涉及从不同的角度思考、激发创造力、处理风险、减少不确定性和模糊性、克服不确定性以确定下一步最佳行动，以及解决问题。这堂课特别介绍了 7 种有助于我们从问题陈述转向想法和潜在解决方案的技术和练习。我们详细探讨了"我们该怎么做？"的提问方式和传统的头脑风暴方法，通过以 SCAMPER 为基础的头脑风暴、最糟糕和最好的构思以及逆向头脑风暴来实现逆向思维；通过构建促进思考与收敛思路，以及力场分析和思维导图来解决视觉化问题。这堂设计思维课以一个"应避免的陷阱"的案例结束，重点讨论了现实世界中覆盖面小、执行不力的头脑风暴的结果。

14.5 工作坊

14.5.1 案例分析

请参考下面的案例分析和相关问题。你可以在附录 A "案例分析测验答案"中找到与此案例相关的问题的答案。

情境

多年来，BigBank 的执行委员会一直自认为在思考和解决问题方面颇有成效。然而，当该执行委员会得知你采用的用于提升头脑风暴会议的效率的详细方法后，希望询问你关于如何运行更有效头脑风暴会议的问题。为了响应执行委员会的请求，Satish 已经安排了一场问答环节，以便你能够回答执行委员会的疑问。

14.5.2 测验

1）你建议执行委员会如何挑选和准备头脑风暴的参与者？

2）头脑风暴会议应该如何启动？

3）如果头脑风暴会议遇到僵局或偏离轨道，你建议执行委员会应如何采取措施来重新激发团队的专注力和思考能力？

4）SCAMPER 的含义是什么？它如何发挥作用？

5）执行委员会应如何结束头脑风暴会议，以确保每个可能的方面都已被全面审视和考虑？

第四篇
交付价值

第 15 课

成果导向的跨团队协作与沟通

你将学到：
- 跨团队协作
- 跨团队协作技术
- 应对沟通挑战的策略
- 应避免的陷阱：在需要图像时却只用文字
- 总结与案例分析

第 15 课标志着我们进入第四篇"交付价值"，我们将专注于面向技术工程师的设计思维模型的第三阶段（见图 15.1）。在第三阶段，我们将探索如何利用原型设计方法快速学习并尽早提供初步解决方案。接下来，我们将介绍通过小规模的原型设计和解决方案制定来快速启动的技术，并探讨如何更高效地交付价值。

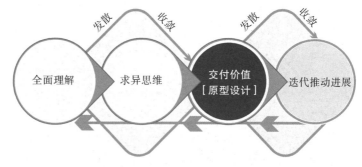

图 15.1　面向技术工程师的设计思维模型的第三阶段

然而，在本堂设计思维课，我们还需要通过合作、跨团队协作和有效沟通的技术，进一步强化我们与其他团队协作的能力。在此背景下，我们将介绍四种用于跨团队协作的设计思维技术，以及三种应对沟通挑战的策略。本堂设计思维课以一个"应避免的陷阱"的讨论结束，强调在某些情况下图像的重要性。

15.1　跨团队协作

真正有价值或持久的成就很少能够独立完成，特别是在充满挑战的技术项目和业务转型领域。这类工作通常需要团队之间的协作，也就是跨团队协作，以实现一系列难以达成的承诺利益和其他有价值的成果。无论是项目团队、产品开发团队，还是工作场所的各类计划，没有有效的跨团队协作，成功往往难以实现。

但是，究竟是什么构成了一个高效的项目或产品团队？我们如何才能有效地将多个团队连接起来，既促进合作又不抑制创新、不妨碍进步？我们又该如何营造一个积极的工作环境，让团队成员在完成工作的同时，能够在各自的团队内部和跨团队之间相互激励，发挥出彼此的长处？

在接下来的内容中，我们将探讨有效的跨团队协作不仅需要有能力完成工作的人才，还需要他们乐于用以下方式工作：

- 拥有成长型思维，认识到在学习过程中需要尝试、实践，甚至在成功之路上也会偶尔失败。
- 即使在困难时刻，也能展现出强烈的主动性和持久的动力。
- 能够展现出情境领导力，同时也擅长并持续地扮演好团队成员的角色。
- 练习并不断提升包容性的沟通技巧和冲突管理能力。
- 增强自我意识和自我管理能力。
- 通过尊重人与人之间的交流来分享有见地的观点。
- 经常性地吸纳那些发言不多的团队成员的意见。
- 展示出与任何团队成员合作的能力，并在相互帮助中学习和成长。

那些能够回顾自身表现并利用反馈来改进流程的团队，无疑是高效的。这种"反思性"的团队发展模式，不出所料地体现了设计思维中关于反馈循环、深思熟虑的迭代和持续改进的核心原则。

最后，正如我们在第6课"文化立方体"的维度中所探讨的那样，有效的跨团队协作需要投入必要的时间、关怀和注意力来创建和维护一种支持性的文化。这样的文化不仅反映了一个健康的工作环境，还创造了良好的工作氛围和多样化的工作风格。现在，让我们关注一些能够建立或加速这种跨团队协作文化的技术。

15.2　跨团队协作技术

尽管存在许多技术可以帮助我们与不同的人群和团队有效合作，但有四种设计思维技术特别有助于我们建立团队合作文化和加强我们的团队与其他支持我们工作的团队之间的沟通。这些促进跨团队协术的技术包括：

- 构建协作导向的治理框架。
- 同心圆沟通。
- 包容性沟通。
- 塑造共同的身份感。

接下来，让我们详细了解每一种设计思维技术。

15.2.1　构建协作导向的治理框架

虽然，在我们团队的内部工作中存在挑战，但相对来说比较简单，因为我们通常有一些特定的任务要完成，并且我们的团队有自己固定的会议节奏和协作方式。这很轻松！

然而，当我们的团队被要求解决一个棘手的问题，或为另一个组织开发产品或解决方案，并且在这个过程中需要与其他组织合作时，我们的联系和沟通就会变得极其复杂。随着我们不断加入更多团队——这些团队对我们解决某个问题或方案至关重要——我们需要考虑这些团队之间的联系，以及如何培养和管理这些联系。思考我们可能需要合作的团队和联系的数量，这在传统的产品开发计划中尤为常见，如图 15.2 所示。

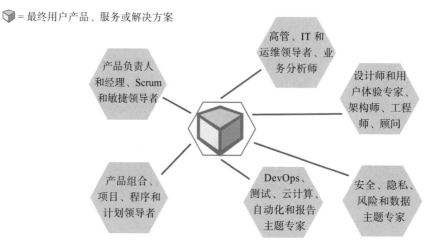

图 15.2　一个典型的项目或计划中的跨团队合作环境

在这些情况下，我们需要在广泛的团队组合之上构建一个治理结构。什么是治理？简单来说，治理就是指对工作进行监督和管理。它涉及对某个项目或计划的监督，以确保能够实现预期的成果；可能是一个具体的项目，也可能是一个简单的计划，或者是一个更广泛的项目。

在项目或计划的背景下，这种治理结构本质上是虚拟的，由将要扮演特定角色和人物的成员组成，他们支持一系列组织进行跨团队协作，以共同创造价值。从这个意义出发，虽然治理本身并不直接被视为设计思维技术，但"构建协作导向的治理框架"以框架或矩阵的形式创建了虚拟结构，并明确了完成复杂任务所需的组织机构。

构建协作导向的治理框架通过将人员组织到若干虚拟治理机构中来提高清晰度——包括委员会、理事会和董事会——每个机构都有特定的章程和责任。一个好的治理框架或矩阵不仅使层级结构一目了然，而且建立了清晰的沟通和紧急情况处理流程（Furino，2016）。对于大多数技术项目和计划来说，这些虚拟治理机构通常包括：

- 行政级别的指导委员会，其中包括一个负责做出关键决策的团队，以作为问题的最终升级点，并跟踪计划效益从启动到实现的整个过程，包括这些效益的质量和时间安排。
- 产品委员会或工作层级的运营指导委员会，定期召开会议以审查进展情况，并制定战略和战术决策，以实现一系列计划效益。
- 架构评审委员会，负责管理战略性技术决策和方向，确保当前的决策能够支持并符合未来的发展。
- 变更控制委员会，负责管理项目或计划的范围变更，包括制定策略、考虑用户影响、评估财务影响，以及其他与特定解决方案与组织整体解决方案和技术足迹之间的"差距"相关的事宜。
- 传统的项目管理办公室（PMO）或敏捷产品（SCRUM）管理办公室，负责管理高层级的计划，包括项目标准、财务、资源、时间表和报告等。
- 内部利益相关者委员会，代表负责建立和维护整个治理框架的虚拟团队。

我们可能决定增设其他治理机构，或者反过来，将一个或多个现有机构进行合并。无论如何，这些虚拟的委员会、理事会和董事会的成员都跨越了不同的团队，他们共同构成了一个覆盖在我们现有组织之上的新的框架或矩阵。通过这种方式，构建协作导向的治理框架使得治理结构变得清晰可见，如图 15.3 所示。

图 15.4 展示了虚拟治理框架是如何覆盖在实体组织结构之上的。

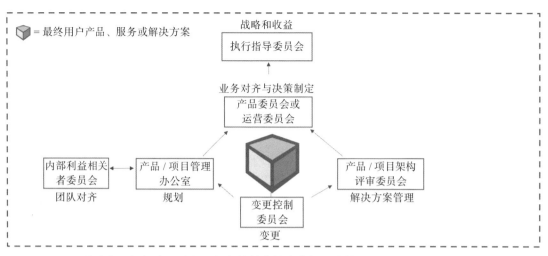

图 15.3　请注意，框架治理过程是如何从基本的实体组织中抽调人员，创建支持项目或倡议所需的委员会、理事会和董事会的虚拟框架或矩阵的

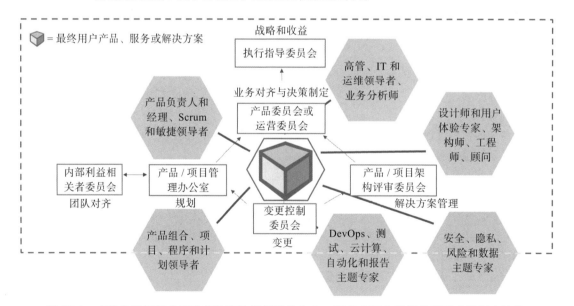

图 15.4　虚拟治理框架位于我们的实体组织结构之上，两者共同为我们的项目或计划中涉及的利益相关者提供了清晰的视角

15.2.2 同心圆沟通

同心圆沟通是一种确保在正确的时间通过合适的沟通渠道向正确的人群传递正确信息的技术——涉及人物、时机、内容和方式。其核心思想是将团队、项目及其拥有相关目标的利益相关者通过一组同心圆或圆环在象限上进行视觉化组织（我们可以为此重用"靶心优先级排序"的模板）。每个圆圈或圆环不仅代表了一个沟通的优先级，也代表了一个沟通的频率，而四个象限本身则反映了每个利益相关者、治理机构或其他团体所使用的四种沟通渠道。

- 确定四个主要的沟通渠道，并将它们映射到四个象限中。常见的渠道包括电子邮件、团队会议、一对一会议和即时通信（IM）。也可以包括其他渠道，如邮件列表、网站更新、博客文章等（如果需要，可以将四个象限扩展为六个或八个，类似于我们在第 13 课讨论的"可能的未来思维"模型）。

- 最内层，或称圆环 1，是"项目领导团队"，也就是必须始终了解并掌控项目或计划的核心团队。该圆环应该包括由项目经理、产品经理、Scrum 专家、企业架构师、主要解决方案架构师、首席业务分析师或功能型领导者、开发领导者和测试领导者组成的日常领导团队。该核心团队需要实时获取有关项目或计划的信息。该圆环内的领导者们应该通过会议、电子邮件或即时通信等方式，频繁地进行实时信息更新和共享。

- 在核心团队外围创建第二层圆环，即圆环 2，由更广泛的团队成员组成，他们需要了解核心团队掌握的信息的一部分，但不必了解全部。或者，他们可能需要了解核心团队掌握的所有信息，但不必每天接收更新的内容（理想的沟通频率可能是每隔几天一次或每周一次）。将特定的人员和治理机构与这个圆环相联系，并使用象限来组织沟通渠道，包括传统的电子邮件状态报告、定期的周会等。

- 在更广泛的团队周围再创建第三层圆环，标记为圆环 3。在这个圆环中的人员可能需要定期了解基本信息，但不需要了解所有细节。或者，他们可能需要了解全部信息，要等待很长时间，如几周或一个月以上。同样，将特定的人员和治理机构与这个圆环相联系。

- 如果需要，我们可以设立第四层圆环，其包括执行赞助人和其他高层利益相关者，他们通常期望每两周接收一次项目更新；在相应的象限中，根据沟通渠道来组织这类沟通。

- 根据实际情况，我们可以构建多个这样的同心圆层，以涵盖所有利益相关者，如治理机构、用户社群、专业贡献者、合作伙伴、服务提供者、积极关注者等。图 15.5 所示为同心圆沟通的一个实际应用示例。

同心圆沟通的价值体现在三个方面：

- 它为我们提供了一种新的组织利益相关者的方法，即根据他们的沟通需求（关注点）和沟通频率（时间点）来分类。

- 它帮助我们识别那些尚未被纳入沟通计划的利益相关者（遗漏者），以及当前沟通中的不足或空白区域。
- 它使我们能够清晰地看到并调整沟通的时机和方式（如何做），从而确保信息从核心团队向外有效传递给项目或计划的所有相关人员。

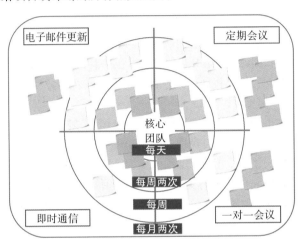

图 15.5　同心圆沟通不仅帮助我们可视化利益相关者，还帮助我们了解与每个利益相关者相关的沟通频率和渠道

　　我们可以运用"强制机制"（见第 16 课）来确保信息能够及时地传达给每个利益相关者层级。良好的同心圆沟通实践可以提升团队和项目的沟通效率，加强利益相关者的参与度，并有效管理期望。

　　同时，我们应该追求沟通的一致性。每个层级中的人和团队需要能够依赖沟通的规律性和准确性。在战略或信息传递方向发生变化时，要及时地向正确的受众传达更新的原因和时间点。

15.2.3　包容性沟通

　　随着我们治理框架的完善和同心圆沟通渠道的建立，接下来的重点是确保团队中的每个成员都能发声。包容性沟通是健康的跨团队协作的基石，使我们能够倾听团队中每个成员的声音，让每个人都充分表达自己的想法和意见。

　　包容性沟通从选择能够团结和包含所有人的词汇开始。使用"我们"而不是"我"或"我的"。这样做可以营造团队精神，甚至是团队如家般的氛围。

　　注意，包容性沟通主要关注的是沟通方式。同心圆沟通已经覆盖了沟通的对象、时间和内容，而包容性沟通则指导我们如何进行沟通。有意识地考虑包容性，有助于我们避免误解和无知的隔阂，这些误解和隔阂通常会导致挫败感和混乱，最终把我们需要吸引的人才排斥在外。

包容性沟通同样涉及信息的可获取性，这通常取决于我们选择的沟通渠道。确保我们的消息能够被正确理解和接受，通过使用不同人群所需的或偏好的沟通渠道（比如高管与开发团队的沟通方式不同，不同年代人群的沟通渠道也有根本差异）。另外，还需要考虑如何以包容的方式与担任不同角色的人沟通。比如，在与一个不喜欢早起的人沟通时，选择在早上还是下午分享消息的方式会有所不同。对于紧急信息，我们可能需要考虑时间因素，采用更为敏感的沟通方式（比如考虑不同时区、早起的人、周末工作的人和夜间工作的人）。我们的沟通方法和风格需要根据情况相应调整。

考虑如何包容性地与具备不同能力的人沟通也很重要。色盲、阅读障碍者、听力障碍者和行动不便的人可能需要不同的沟通方式。因此，我们必须了解我们的团队成员和同事，以避免不必要的误解。包容性不仅关乎沟通渠道，也关乎信息本身。

我们如何使用恰当的语言来实践包容性是我们如何与同事和团队进行良好沟通的重要部分。例如，想一想"以人为本的语言"是如何通过先人后己来描述残疾人的。以人为本描述的是一个人拥有什么，而不是一个人是谁。在与残疾人交流时，询问他们如何描述自己。以人为本的良好语言范例包括：

- 一位有视力障碍的同事。
- 我们的项目领导者患有自闭症。
- 我的产品经理是聋哑人。

请注意，这与说"一个盲人"或"我们的自闭症领导"或"我的聋子产品经理"是不同的。我们应该从一个人希望接收信息的角度，而不仅仅从我们想要发送信息的角度来考虑包容性沟通。最后，尝试采纳以下指导原则，以促进健康和包容的利益相关者与团队的沟通：

- 领导者的个人信誉、对事实的准确把握以及对他人的尊重，为我们团队其他成员以及项目或计划的其他利益相关者之间的信任和尊重树立了标准。
- 无论通过哪种沟通渠道，我们提供的信息都应该是及时和准确的，因为其他人需要依赖我们的分享更新，以及我们所分享的内容的真实性。
- 我们应该以尊重的态度进行讨论，并倾听他人的意见，假设我们可能遗漏或误解了某些信息。
- 我们需要知道何时应该分享长篇故事，何时应该简明扼要。
- 考虑并分享不同团队成员真正需要的信息，而不是我们可能想要分享的信息。在识别出有新沟通需求的新利益相关者时，考虑建立一个特别的沟通层级。
- 如果人们没有从我们这里听到原因和时机的解释，那些未被告知的人会用自己的想法、担忧和恐惧来填补沟通中的空白。我们需要尽量减少这种沟通上的缺失。

- 充分了解我们特定的不同受众，在一次分享的信息过少或过多之间取得适当的平衡。考虑"时间配速"（第 16 课的内容），以平衡频率和数量。
- 正确的人需要传递正确的信息；例如，技术或架构的问题应该由技术或架构的专家来传达，而不是项目经理。
- 我们需要知道何时需要面对面沟通、何时可以通过其他渠道沟通，并明智地选择这些渠道。
- 对于关键信息要重复传达。对于紧急或重要的沟通，应使用接收者实际关注的多个沟通渠道，以确保信息能够被接收。

领导者需要积极地与他们的利益相关者和团队进行沟通。正是在这种沟通的可见性和努力中，我们加强了有效的关系和健康的文化氛围。而且，重申一次，通过以一种表现出尊重的方式进行沟通，我们将更自然地实践并为包容性沟通设定标准。

15.2.4 塑造共同的身份感

作为团队领导者，增强和巩固团队成员之间的共同身份感是他们可以承担的最重要的任务之一。然而，更为关键的是跨越多个团队创建一个共同的身份感。这能够决定我们是一群各自为战的团队，还是一个有着共同目标和承诺的团结集体。

塑造共同的身份感可以视为一个自然而然但加速进行的过程，它涉及寻找共同基础、建立跨团队关系，并在不同人员和团队之间形成共同的纽带或主题。

当我们首次遇见或与另一个团队的同事建立联系时，我们应该进行自我介绍，说明自己的角色，并使用如"趣味事实"这样的破冰活动来缓解紧张气氛。一个简单的"趣味事实"破冰活动可能包括以下几个问题。我们还提供了领导者可能针对每个问题回答的示例，这些回答能够展现个性，为建立真诚的联系和相互学习奠定基础：

- 我梦寐以求的工作是什么？在巴黎、新加坡和巴哈马的办公室之间轮换，进行写作和咨询工作。
- 我最喜欢的团队是哪个？我孩子所在的任何团队。
- 我的第一辆车是什么？一辆橙色的福特都灵。
- 我最自豪的成就是什么？在海军陆战队全职服役期间完成了我的 MBA（工商管理硕士学位）。
- 我遗愿清单上的第一项是什么？跳伞一次，并且安全着陆。
- 我最近在听什么音乐或播客？和我的孩子一起听奥利维亚·罗德里戈（Olivia Rodrigo）的歌，虽然有点野蛮。
- 上周末我是怎么度过的？由于整个周末都在下雨，我们一家人就窝在家里，重温了《哈利·波特》系列电影，一边吃着爆米花，一边享受外卖。

我们需要做真实的自己，勇于展现自己的脆弱面，并与他人分享我们的真实身份！通过塑造共同的身份感，我们可以更多地了解彼此。例如，可以通过"趣味选择游戏"或"这就是我"活动来增进相互了解（详见两个"自己试试"专栏，了解每个活动的例子）。

而且，不仅仅是在新团队介绍时才进行这些活动。在新团队成员加入时，也应该利用这种加速关系建立的方法。除了面对面的喝咖啡、共进午餐或晚餐之外，很少有其他更好的方式来加速我们之间的联系和相互了解。

▼自己试试

趣味选择游戏

快速增进相互了解的一个轻松有趣的方法是玩趣味选择游戏。这是一种简单的集体破冰游戏。由一位领导者或其他协调者逐个提出以下问题，然后，每个人，包括协调者在内，都要表达他们更倾向于哪个选项。根据我们的文化、地理位置等因素调整问题列表：

- 喜欢狗还是猫？那鸟类呢？
- 喜欢无所事事还是忙忙碌碌？
- 喜欢可口可乐还是百事可乐？
- 喜欢怪兽能量饮料还是激浪饮料？
- 喜欢吃牛排还是鱼？或者野味怎么样？
- 喜欢看喜剧电影还是动作片？
- 喜欢用 iPhone 还是 Android 手机？有人还在用黑莓手机吗？
- 喜欢冷一点还是热一点的天气？
- 喜欢在山里度假还是在海边？
- 喜欢波音飞机还是空客飞机？觉得房车怎么样？
- 喜欢徒步旅行、跑步还是散步？

可以根据我们的情况或参与游戏的团队特点，添加其他问题，使游戏更加贴近我们的实际情况。在游戏过程中，要保持尊重和包容，享受乐趣，同时更深入地了解彼此。 ◀

▼自己试试

这就是我

通过在一系列团队晨会或其他定期会议中逐渐引入"这就是我"的环节，可以很好地增进我们对彼此的了解。注意不要一次性给新团队或新成员提出太多问题，否则可能会让他们感到有压力！可以在初次讨论时引入大约 5 ～ 10 个话题，之后再探索另外的 5 ～ 10 个。最重要的是，保持这个过程轻松、自愿和包容！

- 我们的名字（是的，每个人都需要听我们如何介绍自己的名字）。
- 我们曾经做过的最酷的工作。
- 带给我们最多快乐或最大自豪感的事情。
- 我们最感激的事情。
- 我们目前的抱负和目标。
- 我们童年的梦想。
- 我们最喜欢的音乐、书籍、食物、电影（类型、乐队、歌曲等）。
- 我们最喜欢的电视节目或正在追的流媒体系列（或者我们计划观看的下一个）。
- 我们在行业中的经验和资质。
- 我们的出生月份以及为什么它很特别（或者为什么我们喜欢这个月）。
- 这个世界上有一个人可能是我们的孪生兄弟，或者应该是！
- 我们的工作地点、家庭住址或时区。
- 我们愿意分享的任何家庭或宠物的趣事。
- 我们愿意分享的任何爱好或兴趣。
- 我们在大学主修的专业或专注的领域，包括我们最初可能追求的方向！
- 我们上一次的假期去了哪里，和谁一起去的！

虽然这个活动的初衷是以一种轻松愉快且非正式的方式了解彼此，但要注意避免以任何可能造成分裂或对立的方式强调或追问差异。参加任何类似的练习或活动都应该是完全可选的，没有压力地分享任何让人不舒服的事情。毕竟，当我们试图比平时更快地建立关系时，隐私和尊重仍然超越了一切。 ◀

随着我们持续合作，将不断出现深入了解彼此的机会。破冰活动和其他类似的练习不仅用于认识新朋友，也用于更深入地了解我们现有的团队成员。这些活动和练习可以帮助我们更好地了解同事，并寻找新的方式来加强我们的团队凝聚力和共同的身份感。例如：

- 在"趣味选择游戏"或"这就是我"活动中增加新的问题，分享新内容，以新的方式促进彼此间的联系。
- 寻找或创造共享体验的机会，如团队聚餐、下班后的社交活动、周末聚会、共同放松的计划休息时间、与扩展团队共饮早咖啡、与核心团队的定期午餐等。

- 努力在新加入的成员或团队与现有的成员或团队之间建立共同点或联系。这些联系有助于用共同点取代差异，对于创建和维持共同的愿景、加强关系和合作，以及进一步塑造团队之间的协作方式都是非常有益的。

如果我们是团队中的新成员，或者是跨团队项目或计划的新领导者，我们可以考虑如何吸引他人，并快速建立关系。怎么做呢？通过分享关于我们自己的趣事、加入"这就是我"的提问系列，或主持"趣味选择游戏"或其他破冰活动。

记住，这些游戏和练习的目标不仅仅是了解彼此。我们真正追求的是发现我们彼此之间的相似之处和独特之处，着眼于建立联系、增强我们共同的身份感，并发展我们的团队文化。

15.3 应对沟通挑战的策略

在最近的几堂设计思维课中，我们多次强调了创建健康团队，以及促进跨领域或跨团队的协作和沟通的重要性，其方法是为团队提供一个安全的环境，让他们可以自由地创新、思考、解决问题和协同工作。然而，面对不可避免的沟通和协作挑战，除了我们已经掌握的常规技术外，我们可能还需要掌握一系列设计思维技术，以帮助我们渡过难关。接下来，让我们探讨三种具体情境及其对应的沟通技术：

- 黑箱照明。
- 深度理解的叙事。
- 快速理解的结构化文本。

每一种设计思维技术都旨在使沟通更加透明或易于消化，具体内容将在后续部分进行介绍。

15.3.1 黑箱照明

当事实或真相不为人知时，项目进度很容易延误，关键里程碑也可能无法按时完成。如果在不了解进度延误和里程碑未达成的根本原因的情况下，许多人可能会急于找出原因，而其他人则可能正在分享他们未经证实的看法。同样，当我们面对一个未知过程或状态的"黑箱"，并且对其中所取得的进展失去信心时，我们需要揭示这个黑箱的内部情况，以防止人们开始自行推测造成延误的原因。我们需要一种能够清晰地展示实际情况和挑战背后的进展机会的沟通方式。结合其他几种技术，使用一种被称为"黑箱照明"的综合方法可以获得所需的洞察力。

- 如果我们遇到与项目进展相关的问题，要确认我们是否已经有效地运用了时间管理和"时间限制"技术来将开发黑箱转变为一系列有明确输入、依赖关系和输出的计划迭代。
- 如果我们未能达成目标，需要深入挖掘并揭示黑箱，通过我们的 DevOps 工具识别并定期通报实时状态，以及需要完成特定任务的人员和任务依赖关系。在必要时，运用强制机制来促进可预测的进展。

- 如果我们发现自己无法按完全履行承诺，可以采用黑箱照明的方法，通过更细致的层面重新组织和重新沟通承诺，将其分解为更小的工作单元，以便我们能够更加周密地进行规划。

以最后一点为例，假设我们有大量的开发定制工作需要完成。如果我们错过了开发完成的关键里程碑，那么对后续的过程和性能测试、缺陷修复、最终用户培训等环节的影响将是巨大的。然而，一旦我们意识到开发完成的关键里程碑有风险，就可以立即通过功能区域重新组织和调整开发重点；优先完成某些功能区域的开发，使这些区域能够更早地进入测试和培训阶段。从图 15.6 中可以看到，如果我们让开发团队集中精力完成功能区域 1 的剩余开发任务，我们就可以准备将该功能区域移交给测试团队。虽然部分工作可能会延迟交付，但通过让我们的测试和培训团队保持忙碌，而不是空等整个开发工作的完成，我们更有可能实现与测试和上线相关的关键目标。

15.3.2 深度理解的叙事

讲故事是一种普遍的方法，可以帮助他人学习、理解、深入思考，以及寻找灵感和勇气。它是一种能够引起情感移情的沟通方式。它为什么重要呢？它如何帮助我们从跨领域或跨团队协作的角度出发呢？

- 好的故事能够促进理解。
- 好的故事能够触动我们，并留下深刻印象。
- 好的故事能够改变看法，重塑偏见。
- 好的故事最终能够塑造工作团队和企业文化。

在困难时期，我们依赖于那些充满勇气的故事；在不确定的时期，我们从领导和同事的故事中寻找方向。故事能够安慰我们，给予我们自信，而且好的故事在分享之后能够长时间引起移情。通过这些方式，好的故事对小型团队和大型组织及其企业文化都有着深远的影响。

> ⊙ **注释**
>
> **寓言**
>
> 寓言是一种特殊类型的故事，它通过人与隐喻的结合，帮助我们传达复杂或抽象的情况。利用寓言来传达普遍的真理，获得更深层次的理解和移情。

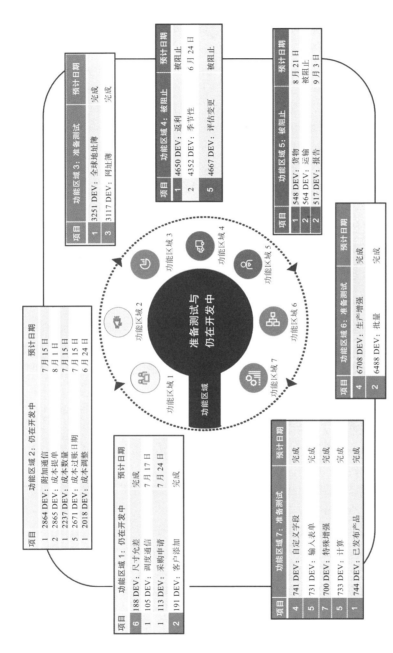

图 15.6　使用黑箱照明技术来洞察技术领域的未知黑箱。例如，我们可以通过这种方式重新聚焦我们的定制开发工作，以便在开发落后区域的同时，允许特定区域的后续工作（如测试）能够开始

我们都熟悉寓言、传说和类似的讲故事技术，它们通过人与简单隐喻的结合来阐释更复杂的情况。这样的故事帮助我们以一种持久且"黏性"的方式传达抽象的观念，即使在信息分享之后很久，这些观念仍然能够留存。

我们可以围绕一个核心主题来塑造故事，这个主题最终可以用一个词来概括，比如真理、勇气或爱。这个主题即使在被阅读或被说出很久之后，仍持续使作者移情；通常是这个主题赋予了故事持久的吸引力。我们在以下情况下使用故事：

- 当我们需要灵感来启动新项目时。
- 当我们需要更多勇气来坚持并继续前进时。
- 当我们需要通过一个简单的主题来教授复杂的概念时。
- 当我们需要在不透露具体细节的情况下分享一个惨痛的教训时。
- 当我们需要以最微妙的方式植入一个想法，影响并指导未来的决策时。

故事拥有强大的力量。然而，我们必须确保恰当并节制地使用这种力量，以便长时间保持观众的注意力，这样我们就能够在最需要的时候发挥出讲故事的潜力。

15.3.3　快速理解的结构化文本

有时候，文字在传达信息方面比图像更为有效，尤其是在需要简短的书面更新，而图像的上下文并不直观的情况下。在这些情况下，如果图像或图表不适宜，或者创建和更新耗时太长，可以使用结构化文本快速传达信息。一封结构良好、格式得体的电子邮件、短信或即时消息往往比相同内容的非结构化段落更容易被快速阅读和理解。

结构化文本利用了格式设置、物理布局、边距以及文字周围的空白区域（即文字周围的空间），还有文字高亮和颜色，以帮助接收者理解和吸收信息。

- 项目符号：使用项目符号列出条目，帮助整合思路或主题，并突出最重要的信息。
- 编号：采用编号列表一步步引导流程或活动序列。
- 空白：将关键词以自然吸引视线的格式呈现；作者需要运用深思熟虑的方式来激发读者快速直观的反应（Kahneman，2011）。
- 一致性：以动词（执行、完成、审查……）或动名词（执行中、进行中、审查中……）统一开启每个项目符号。项目符号的结束方式也应保持一致；变化会分散读者的注意力，甚至可能使他们停下来思考变化背后是否有特定意图。
- 风格：选择一种易于阅读的字体，并谨慎地使用加粗功能，仅用于组织整体信息或在颜色使用不合适时突出下一步行动或关键风险。
- 颜色：适度使用适宜的颜色来突出段落或项目符号中的关键词。例如，用高亮标注几个关键词，以吸引读者对下一步行动或关键风险的关注。

有了这些格式和可读性技术，我们可以将优秀图像的许多优点融入电子邮件或文本文档中。在必要时可以依赖图像和视觉元素，但通常使用结构化文本来确保我们的信息传达准确无误，且其效率更高。

15.4 应避免的陷阱：在需要图像时却只用文字

我们每个人都会碰到口头沟通无法有效表达的情况。想想我们如何误用词汇、使用含义不同的词语，或者试图用冗长的语言描述一个复杂的情况。在这些情况下，言语可能显得力不从心，而用图像来沟通可能正是我们所需要的。

一位坚持使用冗长和详细的沟通方式的项目经理发现他根本无法充分表达他所面临的工作、他的团队以及他的客户技术和业务团队所面临的复杂性。他花费了数月时间，通过会议和状态报告来传达发生了什么以及需要做什么。但事后看来，他的继任者发现他所用的大量言论只会让更广泛的团队感到困惑。人们对滔滔不绝的话语感到厌烦，逐渐失去倾听的耐心。新的项目经理采用了简单的项目路线图，并运用了"黑箱照明"技术，以帮助所有人清晰地看到需求，并围绕一系列后续步骤团结起来。

15.5 总结

在这堂设计思维课中，我们探讨了几种设计思维技术，这些技术帮助我们实现跨团队的沟通和协作。我们通过建立一个名为"构建协作导向的治理框架"的虚拟治理结构，为有效的跨团队协作奠定了基础。接着，我们探讨了多种技术和活动，它们可以帮助我们组织同心圆沟通、实施包容性沟通，并创建及增强共同的身份感，以培养一个包容性的团队和共享的团队文化。之后，我们讨论了三种应对沟通挑战的技术，包括用于传达复杂性的"黑箱照明"、用于促进深度理解的叙事，以及用于快速理解的结构化文本。最后以"应避免的陷阱"结束，强调了仅通过口头或书面言语沟通可能带来的问题。

15.6 工作坊

15.6.1 案例分析

请参考下面的案例分析和相关问题。你可以在附录 A "案例分析测验答案"中找到与此案例相关的问题的答案。

情境

Satish 担心，OneBank 的一些项目领导者并没有营造出一个良好的工作环境，使得员工无法在工作中真实地展现自我，发挥最大潜力。由于一些项目跨越了组织界限，有时需要合作伙伴组织的参与，但职场文化却在每周引入许多新员工的同时失去了活力。在这些新加入的团队成员中，有些人感觉他们像是在孤立无援地工作；而另一些人则感觉他们像是在一系列缺乏统一目标的计划中工作，而非在一个团结一致的 OneBank 团队中工作。

Satish 请你分享一些你的见解和有效跨团队工作的技术，包括如何创建一个更具包容性和凝聚力的工作环境，以及如何应对沟通上的挑战。

15.6.2　测验

1）OneBank 的项目领导者可以采取哪些活动或措施来塑造团队共同的身份感？

2）哪种技术有助于构建一个跨越 OneBank 各个项目计划的治理框架或矩阵？

3）哪种设计思维技术能够通过同心圆的方式可视化沟通，以明确不同人群和团队的特定沟通频率和渠道？

4）哪种技术对于将冗长的文字沟通以视觉化的方式简化是有效的？

5）如果不宜使用视觉或图像手段，哪种技术有助于创建简洁的书面沟通？

通过实践建立原型和解决方案

你将学到：

- 原型设计和解决方案的思维模式
- 取得进展与解决整个问题
- 取得计划性进展的技术
- 应避免的陷阱：忽视逆幂定律
- 总结与案例分析

在本堂设计思维课中，我们将探讨原型设计和解决方案的思维模式，它是形成解决方案初步构想的一种方法。如前所述，有时我们需要采取行动、绘制草图或构建原型，以帮助我们更好地理解和应对挑战或情境。通过实际操作，我们能够巩固自己的思路；通过将思路具体化，我们能够寻求他人的帮助来共同建立理解，并开始取得进展。在本堂设计思维课中，从流程图到各种原型设计方法、从"边构建边思考"到更多技术都可以帮助我们迅速取得进展。通过使用强制机制、时间限制和时间配速，以及应用逆幂定律来引导变化，我们可以制定一个既有计划又可预测的进展路线图。第 16 课以一个"应避免的陷阱"作为结尾，重点讨论了一个常见的现实世界例子，说明了忽视逆幂定律可能带来的后果。

16.1 原型设计和解决方案的思维模式

原型设计是一个涵盖广泛内容的概念，它涉及将我们大脑中的想法具体列在纸上、模型中或屏幕上，以便他人能够观察、思考、学习、迭代并改进。与其他我们已经探讨过的技术和练习一样，原型设计帮助我们将思考过程具体化，并建立起共识。它是引发变革的有力工具。原型设计助力我们实现从现状到未来的巨大飞跃。而迭代则是一个逐步改进的有力工具。迭代帮助我们在日常工作中小步前进，不断改进直至需要下一次重大变革。我们通过迭代来细化解决方案，增加新功能和特性，同时简化复杂性，去除不必要的元素。

因此，原型设计和解决方案，以及随后进行迭代的目标主要有三个：

1）将我们的想法具体化为潜在的解决方案。

2）在达成共识的过程中获得更深入的见解。

3）从我们自己的团队以及最终用户那里获得及时反馈。

在本堂设计思维课中，我们探讨了通过原型设计和采取其他"实践"形式来学习和"解决"问题的各种方法。请记住，我们的目标是取得进展，而不是一次性解决所有复杂问题或提供一个完美的解决方案。

⊙ 注释

让我们先做原型设计……

在我们投入时间和资源开发和部署一个完整的解决方案之前，我们需要确保我们的方向选择是正确的。所有形式的原型设计都有助于我们确认方向。不过，不必担心，在第21课，我们将探索实践和迭代的方法，这些方法将帮助我们充满信心地交付，最终将我们的工作成果部署给其他人使用。

16.2　取得进展与解决整个问题

为了通过迭代反馈以及我们的团队和未来潜在用户的学习来推动进展，让我们考虑以下几种设计思维技术：

- 为共同愿景创建封面故事模拟。
- 利用流程图提高清晰度。
- 边构建边思考。
- 快速粗略的原型设计。

接下来，我们将详细探讨这些设计思维技术。

⊙ 注释

设计思维模式

设计和原型设计自然而然地得益于所谓的设计思维模式。这种面对情境的方式侧重于事物的工作机制。因此，它是一种以解决方案为导向而非仅关注问题的思维模式，它要求我们在认知分析能力和想象力之间找到平衡。为了培养设计思维，我们可以回顾第12课中关于发散性思维的热身练习、建议和技术。

16.2.1　为共同愿景创建封面故事模拟

我们需要预先设想我们的项目、计划、产品、服务和解决方案的最终目标。当最终我们的作品能够被他人使用时，我们希望人们如何评价和思考我们的工作？在目前的阶段，我们在整合资源和为我们的产品或服务争取支持时，能够学到什么？

采用 LUMA 研究所提出的封面故事模拟方法来设计杂志、报纸或在线新闻故事的封面，是为未来我们的产品和服务成为他人生活一部分的那一天，提前创造一致性和激发热情的有效手段。我们的封面故事扮演了多重角色：

- 它为我们未来的解决方案打下基础，并在我们当前工作的背景下，促进对未来的共同理解。
- 它提供了一个格式和平台，用于展示强有力的统一视觉或其他图像。
- 它迫使我们将产品或服务的核心价值精简成几个要点，类似于文字版的电梯演讲。
- 它使我们有机会通过未来用户的视角，阐释我们产品或服务的需求或优势。
- 它帮助我们对齐、动员并吸引我们自己的团队，共同致力于实现产品或服务，以及未来愿景。

利用 Microsoft Word 的报纸模板或在线的假杂志封面生成器，我们可以迅速制作出封面故事的模拟图。通过这种方式，向人们展示我们工作的成功愿景及其在将来用户群体中的影响。我们能够激发赞助商和其他利益相关者更强烈的认同感、热情和支持，尤其是那些目前可能还在观望或对我们工作意图产生的影响不太了解的人。

⊙ 注释

持续传达愿景

传达愿景并非一劳永逸的事情。对于任何持续时间超过几个月的项目或计划，持续地保持清晰的愿景是有必要的；否则，人们很快就会忘记。当随着时间的推移，竞争优先级和冲突自然出现时，保持清晰的愿景可以创建和维护团队的一致性。

16.2.2　利用流程图提高清晰度

流程图多年来一直被用来提高工作的清晰度。我们可以把流程图想象成一条高速公路，它将我们潜在的解决方案串联起来。如果我们能够理解数据如何在不同地点之间流动、它们的流向如何，以及它们在何种条件下流动，那么我们就能够设计出一系列的功能和能力。流程图为我们潜在的解决方案的其余部分提供了必要的结构。而那些设计不佳的流程图则帮助我们发现解决方案中需要进一步深思熟虑的领域，无论是在架构、设计方面，还是在功能方面。通过这种方式，流程图为我们提供了本书中经常强调的共享的理解，而这正是那些致力于解决复杂问题的人迫切需要的。

视觉化的流程和流程图向我们展示了流程的工作组成部分，包括它的输入、依赖项、任务和输出。通过视觉化地记录这些流程，我们可以实现以下几个方面的价值：

- 通过将复杂性可视化，实现共享的理解。
- 对参与流程的人员以及流程服务对象有了广泛的认识。
- 建立共享的术语体系。

在技术领域，我们经常使用缩写词、专业术语和短语，它们对不同的人和不同的学科可能意味着不同的意义。而视觉化是实现共识的强大工具，它引导所有人达到一个共享的理解平台。视觉化为我们提供了情境，激发了质疑，使得术语和缩写词变得更加清晰。它还将执行流程的工作人员与流程的各种参与者（及其输入、依赖项、任务和输出）联系起来。一旦我们理解了流程，我们就可以明智地进行必要的更改或改进。

作为一种设计思维技术，探索并体验数据在所提出的系统中的流动。考虑数据存储的位置、如何呈现数据，以及数据如何被用作输入和输出。创建图表和示意图，以帮助推动讨论并缩小原型之间的差距。利用流程图来帮助缩小潜在解决方案和实际生产解决方案之间的差距。

16.2.3　边构建边思考

在着手解决问题之初，我们会先花时间了解该问题的影响范围——它涉及哪些方面、它对什么产生了影响、它的生态系统如何等。然后，我们通常会进行一些规划。接下来，我们可能会讨论这个规划，不断优化它，然后再进行更多的规划。适度的讨论和规划是有益的。但是，我们如果长时间停留在规划阶段，推迟实际行动，那么在最初就误解问题的风险很大。想象一下，花了六个月的时间进行规划，然后开始执行后却发现一切都不如预期。这样的情况是有可能发生的。我们需要停止空谈规划，开始实际行动！

这时，"边构建边思考"的方法就显得尤为重要。这种方法鼓励我们通过积极行动来学习和思考，从而更有效地进行规划、执行和部署。将这种设计思维技术视为一种"用手思考"的方式。

在技术和软件开发领域，开发者通过构建模拟图或进行系统原型设计，自然而然地运用了"边构建边思考"的方法。我们也可以将这种方法应用到软件开发之外的领域；无论何时遇到难题，需要确认我们是否走在正确的道路上，都可以采用"边构建边思考"的方法。以下是一些可以考虑的行动：

- 绘图！这包括所有形式的图形化表示，如利益相关者映射、思维导图、旅程映射、移情映射等。正如我们在第 5 课中讨论的，将我们的想法和原型以图形化、可视化的方式展现出来，有助于建立上下文和创建共享的理解。我们可以使用各种工具来进行绘图，从传统的纸笔、白板到现代化的 Adobe Photoshop、Microsoft PowerPoint、Paint、Klaxoon 等。

- 利用便签和分步流程图来模拟构思和原型设计。
- 利用 Microsoft PowerPoint、Word 或 Excel 来模拟样本报告或其他成果。考虑到流程图所需的输出（如报告、数据立方体或其他形式），我们可以逆向思考，规划如何收集这些报告所需的数据。
- 在草稿纸上或白板上描绘数据在系统中的流动路径、工作流程（类似于工时和动作研究）、人们可能与之交互的界面，以及该界面需要包含哪些元素。
- 通过制作静态图形和图片的动画，逐步展示流程图的每个步骤。Microsoft PowerPoint 是一个简单易用的工具，可以快速为设计和故事板添加动画效果。

⊙ 注释

故事板的制作！

故事板是通过一系列粗略草图或绘图的有序排列来创建的，这些草图或绘图用来展示流程中的一系列步骤或环节。每个草图或绘图代表一个步骤，整个故事板提供了一个强有力的视觉工具，帮助创建共享的理解。

正如我们所见，边构建边思考涉及绘图、建模、原型设计等，这与第 5 课中的许多技术和理念相呼应。有时，最佳的模型可以用非常低成本的方式完成，只需要用记号笔和白板就能草拟出简单的流程或模型（例如，A 导致 B、B 导致 C，以及 A、B、C 的输出）。如果我们能够进行三维建模或创造出可以触摸和操作的实体，那就更理想了。我们越早将想法从大脑中释放出来并公开展示，就越能快速发现不足之处，并对想法进行迭代改进（见图 16.1）。

要记住，边构建边思考的核心理念是，通过直接投入行动，我们能更高效地进行最佳思考并迅速找到解决方案。不要在事前过度思考；一旦开始行动，深刻的见解和更明智的思考就会随之而来。

⊙ 注释

规划与思考？适时进行

如果我们过早且过度规划，许多见解和学习将推迟到执行阶段才出现，那时再做更改将既耗时又昂贵，而且可能需要将不周全的设计推倒重来。确实，规划是必要的，但规划也有其适当的时机和场合。同样，适时地接受早期的失败和低成本的失败……或者说，通过早期和低成本的尝试和错误来学习，也是必要的。先边构建边思考，然后再考虑实现长期价值所需的规划。

图 16.1　通过将过度规划转变为边构建边思考（例如，将白板绘图转变为用于监控项目或计划健康状况的移动界面），我们能更快地达到目标

一些最后的想法包括：

- 在边构建边思考时，要记住"三原则"。要有这样的预期：可能至少需要三次迭代才能真正找准方向。
- 在我们边构建边思考的工作中，构建反馈循环。
- 考虑将无声设计反馈作为一种深刻反思和改进解决方案的有效方式。
- 使用强制机制定期审查和刷新我们的解决方案；如果未特意留出时间进行刷新，可能就永远不会去做。

最重要的是，在我们想要陷入长期规划的诱惑时，要记住蒂姆·布朗（Tim Brown）的忠告——"与其坐而思，不如起而行"（Brown，2019）。

16.2.4　快速粗略的原型设计

与其在复杂情境中耗费时间尝试一次性解决整个问题，不如通过快速粗略的原型设计来取得实质性进展，这是另一种通过动手实践来促进思考和创造原型的方法。制作一个能够使用户直观感受到的粗略原型，可以帮助我们将未来共同的愿景可视化，进而协助我们：

- 更迅速地测试我们的理念。
- 尽早确认特性和界面设计。

- 比传统方式更快地进行开发迭代和测试。

快速粗略的原型设计的目的是快速利用低成本的方法和易得材料制作概念模型和进行界面设计。我们越早向潜在用户展示实体模型，就能越快收集到有益的反馈。快速粗略的原型设计有助于我们确认哪些设计方向是正确的、哪些需要改进（从而明确我们在哪些方面需要投入更多时间进行原型迭代和细节调整）。快速粗略的原型设计的例子包括模拟解决方案、在白板上绘制线框图、制作纸质草图，以及组合二维模型。我们也可能使用黏土、泡沫和纸张等低成本材料制作三维模型，以更好地理解某个创意的外观和触感（同时尽早发现原型的不足）。

正如著名建筑师弗兰克·劳埃德·赖特（Frank Lloyd Wright）所言："你可以在绘图桌上用橡皮修改，或者在建筑工地上用大锤返工。"

16.3　取得计划性进展的技术

在我们利用如"边构建边思考"和"快速粗略的原型设计"等解决方案技术，针对目标取得了一定的方向性的进展之后，我们便可以开始规划接下来的工作。在工作的初期阶段会从结构化的方法中获益，这样我们可以比传统方式更快地进行学习和迭代。有了轻量级且结构化的计划，以及一个待办事项列表或工作储备供我们参考，我们终于可以开始取得实质性的进展。设计思维工具箱包含了许多经过时间检验的技术，这些技术在推动项目进展方面非常有用，即便我们的解决方案逐渐成熟，我们也会持续使用这些技术：

- 强制机制。
- 时间限制。
- 逆幂定律。
- 时间配速。

接下来，让我们探讨这些设计思维中的计划性进展技术。

16.3.1　使用强制机制推动进展

我们都利用截止日期来帮助自己或强迫自己完成事务，尤其是那些如果不集中精力就不太可能自然完成的难题。截止日期对我们有帮助；它们提供了可见性，并且通常会带来一些结果，帮助我们完成必须完成的实际工作。我们如何利用截止日期来确保自己能够完成那些真正重要的长期任务？我们如何利用截止日期在那些没有内在激励因素的任务中取得计划性的进展？

截止日期不必非得由经理或其他领导者来设定。相反，我们可以尝试给自己设定截止日期，甚至利用一些人为设定的截止日期，以推动进展。这些人为设定的截止日期被称为"强制机制"，它们对于在工作和项目中完成重要任务和日常任务都非常有用。

强制机制是一种长期运用的日程安排和日历技术，它帮助我们达成计划或满足一系列计划中的里程碑和截止日期。强制机制也可以用来驱动准备工作和就绪工作。最重要的是，强制机制帮助我们推动进展。这样的进展可能也会包含一些失败，但进展本身是不容置疑的。

以我们近期内安排完成技术认证考试的日期为例。这个日期作为一个强制机制，促使我们去学习。即使我们第一次考试没通过，但强制机制通过迫使我们比本可能开始准备的时间更早开始准备，从而发挥了其作用。正如许多技术专家所知，通过参加考试、失败、再参加考试，而不是从一开始就不尝试，我们能更快地通过认证考试。强制机制驱使我们去尝试。

在工作场所，强制机制也驱使我们去尝试。我们的经理、同事和用户社区会欣赏我们敢于尝试，而不是完全不尝试。他们会赞赏我们在"边构建边思考"的过程中所做的工作，即使我们失败了；随着成功的到来，失败很快就会被遗忘。

为了帮助我们完成工作并取得实际进展，有许多创建强制机制的方法：

- 将关键任务的截止日期提前一周，以此来确保我们不仅能够按时完成，还能争取超额完成我们的目标（这是第 11 课中提到的"不可能任务思维"的变体）。
- 利用其他的限制条件和技术作为日常工作中不同思考方式的强制机制，这有助于我们在技术项目和计划中需要使用这些技术之前积累经验。
- 将新任务分配给新团队成员而非那些我们已经知道能够胜任的资深成员；这样做可以激励新人，同时为资深成员腾出更多空间（这种方法是第 22 课中讨论的伙伴系统配对和杀死英雄的一种变体）。
- 寻求一个新的角色，以此作为促使当前雇主提拔我们或让我们离职的强制机制。
- 利用失败后的重新规划练习和其他艰难情况作为强制机制，将那些可能通常不会相互联系的人和团队聚集在一起。
- 应用"不允许放弃"的心态来面对情况，排除放弃或回头的选项，这成为寻找解决当前挑战的方法的强制机制（就像我们在第 17 课中讨论的"向前失败"技术）。
- 将庞大的工作量划分为更小的、有时间限制的冲刺，以作为加快参与速度和尽早发现挑战的强制机制（称为"时间限制"，接下来将进行探讨）。

强迫一个目标或条件的实现，既是对日历或日程表的关注，也是对那些重要到需要遵循日历或日程表的事情的追求。

16.3.2　用时间限制加快速度和反馈

1955 年，西里尔·帕金森（Cyril Parkinson）阐述了一个观点：工作量会膨胀，以填满分配给它的完成时间（Scott，2018）。我们大多数人也都有亲身体会，帕金森定律虽然是非官方的，但至今依然有效。如果我们给自己设定了两个月的时间去测试一个应用，很可能会拖延到最后一刻才完成测试。如果我们计划了一个为期三个月的开发周期，那么我们也很少会提前完成开发。工作往往会自动延长，以填满我们分配给它的时间。

帕金森定律之所以成为问题，有两个原因。首先，没有紧迫感，我们往往会缓慢开始工作。这样一来，当我们不可避免地遇到挑战时，解决问题的时间就更少了，可能会破坏我们的计划。其次，在一个没有明确结构的大段时间内工作，我们没有一系列沿途要达成的目标。

解决方案是什么？试试时间限制，这是一种由詹姆斯·马丁（James Martin）于1991年开发的时间管理的简单敏捷技术。时间限制一个活动，即设定一个时间"盒子"，可以有效地推动该活动取得显著进展，甚至是完全完成。这个想法很简单：给自己和团队设定一个明确的截止日期，并规定他们可以在某个任务上花费的最长时间。这样做会在时间的"盒子"内形成一种适当的紧张感，同时带来紧迫感和一些"够用"思维（在第11课中介绍过）。为什么这个技术多年来一直如此有效？考虑以下几点：

- 当我们给团队无限的时间时，紧迫感的减少通常意味着进展的减少。
- 当我们不给团队设定截止日期时，定义的缺失会带来更多的不确定性和更少的进展。
- 然而，如果我们在日历上对一个任务进行时间限制，我们将得到一些成果；在最坏的情况下也需要通过计划的反馈周期进行一些迭代或改进（这是我们应该无论如何都要计划的）。

所以，当我们面临许多任务要完成时，可以将这些任务错开并进行时间限制，以便完成我们面前的所有工作。时间限制规定我们的准备时间，框定我们需要完成以取得进展的重要依赖项，以及框定我们的日常任务，以便为我们提供更多的带宽来处理等待我们完成的真正重要的工作。正如我们在图16.2中看到的，通过时间限制，我们可以用更高的可预测性和更少的时间浪费来完成更多的工作。

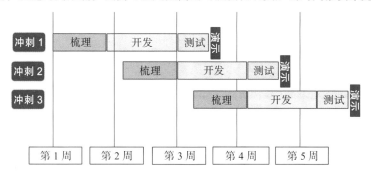

图 16.2　使用时间限制来组织我们和我们的团队面前的工作，平衡强制机制和够用思维，以
　　　　更快和更可预测地取得进展

16.3.3　用于负载分配的逆幂定律

自然界有其独特的方式来分配生活中规模不一的各类事件。当我们观察自然界和统计数据时，可以发现这些事件呈现出一种有趣的分布模式。无论是观察龙卷风、飓风、沙尘暴等天气现象，还是地震、火山爆发等地质活动，普遍存在这样的规律：

- 小型事件频繁发生。
- 中型事件较少出现。
- 大型或重大事件极为罕见。

在这里，事件的大小与其发生的频率成反比，即事件规模越大，发生的次数通常越少。这种关系称为逆幂定律，类似的事件分布也普遍存在于生物学、天文学以及我们日常生活的方方面面。在我们的应用中，逆幂定律作为一个约束条件，用于指导任务分配、学习过程，以及评估一个社区在特定时间内能够适应变更的能力，如图 16.3 所示。

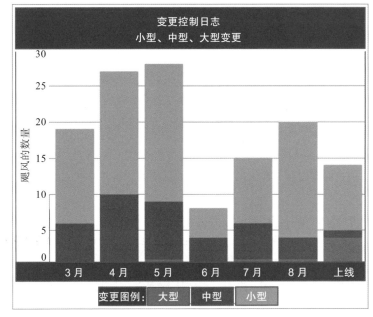

图 16.3　利用逆幂定律来确定一个社区在一定时间内能够接受的小型、中型和大型变更的数量

运用这一设计思维技术，无论是主动推动变更还是被动应对周遭变更，都可以组织和处理项目或计划生命周期中的重大变更。通过观察并适应我们项目和计划内部及其周围发生的变更的规

模与频率，我们可以在面对以下典型情况时做出更明智的选择：

- 我们是否应在向用户社区部署最新版本的同时，承担另一组冲刺任务？
- 当用户忙于结算季度财务或应对行业旺季时，我们应如何安排用户测试的时间？
- 如何将两项中型变更分解为四项或更小的变更，以使我们的干系人更容易适应？
- 我们能否利用模块化思维或第 11 课提到的其他策略，将即将到来的变更重构成更易管理的部分？
- 我们在寻求业务转型的同时，应如何应对行业的巨大变化？
- 我们应如何重新调整即将到来的任务、变更和事件，以取得可预测的进展？

考虑即将到来的日程、变更和目标如何随时间整合，并寻找机会和空隙，即变更较小或事件较少发生的时期。在这些空隙中，我们可能有足够的空间来适应额外的任务量或新的变更。其关键在于任务或变更的规模。任务、变更或其他事件的规模越大，对我们的时间线影响越大，因此我们用于处理其他任务、变更或其他事件的时间就越少。

16.3.4　时间配速以管理相互依赖性

逆幂定律关注的是适应一系列任务、事件或变更的大小和频率，而时间配速则用于考虑业务、项目、行业等的重复性和可预测性节奏。时间配速是指在用户社区已经安排的或常规的活动中取得进展的一种方法，它通过在高峰期间放慢节奏，在低谷期间加快进度，从而在用户社区的常规活动中实现进度。

时间配速还可以用来提高用户社区或项目团队内部的可预测性。Kathleen M. Eisenhardt 和 Shona L. Brown 在 1998 年的 *Harvard Business Review* 发表的文章中提到，时间配速是一种"通过在可预测的时间间隔内安排变化，在快速变化、不可预测的市场中竞争"的策略。这样，我们的工作就成为业务节奏的一部分，其他人应该期望并适应这种定期的变化。例如，一个组织可能会期望每月完成强制性培训，这成为该组织业务节奏的一部分。

在软件部署领域，时间配速为我们提供了一种深思熟虑的方式来构建必要的人员配置模型和实施方法，以便随着时间的推移向不同的用户社区部署软件。对于大型科技公司而言，它还涉及将产品发布和其他变化安排到其运营流程中，以此来保持可预测性和相关性。

"如果你没有时间做重要的事情，那就停止做那些不重要的事情。"——Courtney Carver

思考如何应用时间配速技术，帮助项目和计划团队在最合适的时机安排工作并交付价值或其他成果：

- 规划项目的常规财务支出，比如每月的咨询费和云服务费用，与项目的预算收入相对照，并根据时间线进行规划，以便及时发现资金缺口或抓住增加工作量的机会。

- 在项目路线图旁边，标注出我们无法控制的、可能会影响我们和我们的团队的常规外部节奏和工作流程，并将这些外部因素视为对我们"工作带宽"的限制或依赖。
- 结合我们对工作高峰期（如逆幂定律所描述的）的了解，包括我们计划中里程碑的大小和频率，以及我们可以用来加快进度或休整团队的低谷期。
- 将时间配速与时间限制结合起来，更有效地规划我们在低谷期将要关注的重点，以加快项目进度或提高成果交付的频率。

时间配速最理想的实施方式是通过将日历、挂钟或一系列其他定期事件视觉化来进行。例如，图 16.4 展示了模拟组织"常态业务"的高峰和低谷，以及这些高峰和低谷的持续时间，覆盖了典型的一周。鉴于周四和周五活动较为密集，我们可能会避免在这两天引入新的变更、会议等。

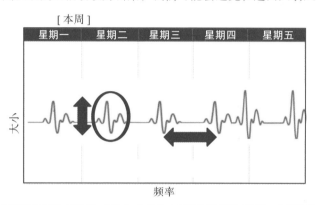

图 16.4　使用时间配速来考虑组织"常态业务"日历的规模和频率，以便我们能在变化最容易被吸收或适应的地方引入新的变更

16.4　应避免的陷阱：忽视逆幂定律

随着时间的推移，大多数个人和组织都认识到，我们不能在短时间内强迫我们的团队成员——无论是用户社区、技术团队、商业领袖还是高管团队——做出太多的改变。人们能够接受的变化量是有限的，超过了这个限度，他们可能会抵触甚至完全反抗。然而，出于某种未知原因，一位经验丰富的全球汽车制造商的项目管理者却认为自己可以做得更好。

这位项目管理者负责一系列全球应用推广，他忽略了他高薪聘请的顾问团队的意见，甚至忽视了自己的执行委员会的建议，制定了一个过于激进的开发和上线时间表。他的项目级路线图和详细推广计划，没有充分考虑到他所要求的用户社区适应变更的规模和频率，而这个用户社区已经资源紧张。

冲刺计划、测试和培训等耗时的任务与之前规划的业务活动以及汽车制造商的一个主要产品发布周期发生了冲突。幸运的是，公司的用户社区得以避免了更大规模的混乱，因为在一个月度的指导委员会会议上，这位项目管理者的路线图被彻底废弃。随后，新任命了一位负责人来审查和领导该项目，这一次充分考虑了逆幂定律和时间配速对整体路线图和时间表的影响。尽管该项目仍然面临许多其他挑战，但至少全球各地的相关用户社区得到了适当的准备、培训，并给予了必要的时间和空间来适应这些关键的工作方式变化。

16.5　总结

在这堂设计思维课中，我们探讨了四种通过实践逐步学习的技术，包括封面故事模拟、流程图、边构建边思考和快速粗略的原型设计。接着，我们回顾了四种在执行过程中有计划地取得进展的技术。从强制机制和时间限制到逆幂定律和时间配速，我们讨论了如何组织和计划进展，以适应我们要求社区适应的任务、事件和变更的广度、规模和频率。第16课以"应避免的陷阱"作为结尾，重点讨论了忽视逆幂定律可能带来的后果。

16.6　工作坊

16.6.1　案例分析

请参考下面的案例分析和相关问题。你可以在附录A"案例分析测验答案"中找到与此案例相关的问题的答案。

情境

BigBank 的执行委员会对 OneBank 计划领导者应如何执行项目感到好奇。他们注意到你之前与 Satish 讨论了两组技术：一组是通过实践学习的方法，另一组是用于实现更可预测进展的技术。由于这些计划涉及多个国家和用户群体，执行委员会担心组织在面对众多正在进行中的活动时适应变更的能力。他们希望你能与他们的团队讨论这些技术，并探讨如何适应即将到来的巨大变更。

16.6.2　测验

1）哪四种技术可以帮助团队通过实践学习来利用用户反馈和其他学习成果？

2）哪种技术能帮助我们描绘我们工作的成功愿景，并展示它在未来用户群体中的影响力？

3）哪种技术通过理解数据如何在不同地点之间传递，以及它的方向和条件，来创建结构？

4）哪四种技术可以帮助我们取得有计划的和可预测的进展？

5）时间限制体现了哪种非正式的法则？

第 17 课

小而快的解决方案

你将学到：

- 进展心态：小步快跑，持续进步
- 通过 OKR 实现价值
- 小步快跑，快速交付
- 交付与执行的思维技术
- 限时……
- 应避免的陷阱：永无止境的最小可行产品
- 总结与案例分析

第 17 课深入探讨了设计思维的核心理念，即如何在不确定性中取得进展，并介绍了在用户需求不明确或前景未知时，有助于解决问题的多种技术和实践方法，接着讨论了价值的概念，并阐述了如何通过目标和关键成果（Objectives and Key Results，OKR）来定义和衡量价值。为了快速实现价值，我们探讨了四种策略，以帮助我们将已完成的问题解决和原型设计阶段与最终需要交付的解决方案之间建立桥梁。这些策略包括进行概念验证、推出最小可行产品、在社区的特定群体中部署功能完备的试点项目，以及采用"向前失败推动进展"的方法，让我们的团队专注于未来的发展而非纠结于过去。本堂课的"应避免的陷阱"部分展示了一种情况，即在我们经历了探索未知的旅程后，一旦达到一个稳定和舒适的阶段，就可能陷入停滞，而不是向迫切期待的社区提供完整的解决方案。

17.1 进展心态：小步快跑，持续进步

在面对不确定性和模糊性时，学习、思考和原型设计都是有益的做法，但最终我们需要根据

既定的目标和关键成果取得实质性的进展。我们需要采取行动、创造成果并实现交付。毕竟，价值的实现在于行动和成果的完成。

那么，实现目标的第一步是什么呢？那就是展示。正如卡尔·荣格（Carl Jung）在 1980 年所言："你的行为定义了你，而非你的言语。"在我们真正开始行动之前，任何计划的价值都只是空谈。说"我将要做这项任务"和"我们将要共同努力完成这项任务"这两句话在我们每个人和团队准备好共同面对眼前的任务之前都毫无意义。展示，是完成任务的第一步。

尽管展示是开始工作的前提，但正如我们之前所学的，通过从小处入手、快速行动并在过程中不断取得小成就，可以使工作变得更容易，也更可行。从小事做起和快速交付让我们能够通过实践快速学习，并在不浪费太多时间的情况下进行必要的调整。而调整是必不可少的！

不确定的道路和不明确的环境很自然地会引导我们走上需要重新审视的路径。这是不确定性和模糊性的固有特性。设计思维帮助我们更早而非更晚地认识到我们需要学习更多、验证我们的了解或确实需要重新考虑。

幸运的是，有许多设计思维的技术和练习可以帮助我们更好地理解和移情、快速学习和快速失败、思考如何调整方向、通过原型设计来学习、再次进行调整等。正是通过这样的工作方式，我们才能在不确定性和模糊性中创造价值。

但是，价值究竟是什么呢？我们又该如何衡量它？接下来，让我们探讨这些问题。

17.2　通过 OKR 实现价值

价值，也可以称作益处、业务成果或达成的目标，它是指对我们被要求作为技术项目或计划的一部分所需交付的成果有贡献的要素。价值涵盖了由我们服务的社区实现的好处、进步、资产以及其他成果；它标志着社区的当前状态与我们努力带领他们达到的目标之间的差异。价值的衡量完全基于该社区的观点，因为他们是预期的受益者。

正如我们在之前的课程中所了解的，价值并不仅仅在项目或计划结束时才交付。实际上，本课程的核心理念是，我们需要尽早地交付价值，哪怕只是为了获得一些反馈。我们在整个工作过程中需要持续地交付价值，通过交付实用的小成果不仅帮助我们走向终点，而且通过反馈帮助我们确认我们是否始终沿着正确的方向前进。

17.2.1　定义和衡量价值

价值有时显而易见。例如，我们交付的产品或服务本身就是价值的有形体现。当用户社区或预期的受益者确认我们交付了价值时，我们也可以直观地感受到这一点。但是，我们如何提前识别和衡量价值，以便后续能够验证其是否完全实现？我们如何确保已经完全交付了产品或服务预期的 100% 的价值？我们怎样知道自己达到了预期？

正因为如此，价值本身必须是可衡量的。为此，我们需要设定一系列目标，并将每个目标与一个可量化的指标相联系。一个好的指标通常体现在一个动词或动名词上，它指明了我们的方向，比如我们增加了 X、减少了 Y，或改进了 Z。以下是一些常见的、可衡量的价值表达方式的例子：

- 提高销售额 R 个百分点。
- 将每个冲刺周期的平均缺陷数减少 S 个百分点。
- 将平均支持中心的等待时间缩短 T 个百分点。

这些可衡量的结果或成果被称为关键成果。它们必须是容易衡量的，这意味着我们的系统不仅要能够测量，还要能够方便地进行测量。我们还可以通过以下方式来衡量价值：

- 直接的财务效益，包括增加的营业收入、减少的底线成本，以及其他可以直接从财务角度衡量的结果。
- 直接的非财务效益，包括可以量化但往往难以直接用金钱衡量的结果。例如，生产力的提升、客户投诉的减少、流程的改进带来的支持团队响应性的提高、员工流失率的降低以及其他人员保留措施等。
- 间接效益，包括可以观察到，但往往更难以量化或容易受到主观偏见影响的效益或成果。例如，通过调查可以衡量最终用户的满意度提升、客户服务质量的改善、团队士气的提高等。

还有其他衡量价值和效益的方式，但对我们而言，这些方法已经足够作为一个好的开始。确保价值可以衡量，并将价值与直接的财务效益、直接的非财务效益或间接效益相联系，这样的理念应该始终放在我们心中。在我们致力于快速而有效地解决问题，致力于交付有价值、有意义的成果的旅程中，我们应该始终牢记这些关于价值的理念。

17.2.2 OKR

确保价值可衡量是确保我们真正交付有价值成果的关键。但我们应如何组织一个循序渐进的价值观呢？

1）思考我们通过创意构思和问题解决对用户社区及其需求的理解。

2）确定对于该用户社区而言，"好"的解决方案应具备哪些特征。

3）将"好"转化为一组高层级、具有指导性的目标。

4）将每个目标与一个或多个可量化的关键成果相对应。

凭借这些基础，我们可以在项目或计划的任何阶段衡量我们的目标实现程度。OKR 将项目或计划的战略目标与交付团队的日常活动联系起来，以实现这些目标。因此 OKR 体现了一个目标设定或以价值为中心的框架，旨在将社区设定的战略目标与为实现这些目标而执行的活动相连接。随着这些目标的实现，价值也随之产生；目标与价值成为同义词。因此，OKR 为价值的具体形态及其实现提供了清晰的视角。

- 在 OKR 中，目标代表了"什么"。目标应具有启发性和激励性（例如，反映了我们在第 16 课中使用封面故事模拟技术所创造的东西）。目标明确了我们通过工作将要完成或实现的内容。它可以是宏观的、战略性的，也可以是不那么宏伟的目标。
- 在 OKR 中，关键成果代表了"如何"。正如我们所讨论的，关键成果是可衡量的，它们量化了"好"的具体表现。我们应明确将如何定期衡量关键成果（例如，每月或每季度），并将这些关键成果与我们为实现它们而执行的活动或冲刺阶段相联系。我们甚至可以为预期成果设定一个"够用"的范围。无论如何，它们必须是可衡量的。

我们可以看到，对于技术项目而言，OKR 很好地对应于宏伟目标（目标）和特性（关键成果）。OKR 也非常适合那些以商业思维模式思考的人。正因如此，OKR 为我们提供了一个衡量在从原型设计到解决方案制定和交付过程中取得的进展所需的价值框架。

▼自己试试

SMART 思考法

在考虑关键成果时，不要忘记 SMART 原则！SMART 是具体的（Specific）、可衡量的（Measurable）、可实现的（Attainable）、相关的（或现实的）（Relevant）、时间限制的（Timebound）的英文首字母缩写。这一英文首字母缩写出现在彼得·德鲁克（Peter Drucker）在 1954 年出版的 *The Practice of Management* 一书中。SMART 思考法是帮助我们创建可衡量关键成果的有效方法。它通过确保每个关键成果都是具体的、可衡量的、可实现的、相关的或现实的，并且有时间限制的（如两个月、11 个冲刺等）来帮助我们。我们越能用数据或基于计划的措施来支持我们的关键成果，就越容易跟踪我们在一段时间内取得的进展。 ◀

17.3 小步快跑，快速交付

很多时候，学习和理解的最佳方式就是去做一些事情或建造一些东西。正如我们在上堂设计思维课所介绍的，无论是从解决问题的角度，还是从更广泛的解决方案的角度来看，原型设计和

"边构建边思考"都是设计思维的基础。同样，无数的设计思维技术也是为了帮助我们获得更好的端到端解决方案，并在此过程中不断学习。还记得我们之前介绍过的所有技术和方法吗？在这堂设计思维课中，我们将在这些模型、线框图、流程和一系列粗略快速原型制作方法的基础上，取得更大的进步，如图 17.1 所示。

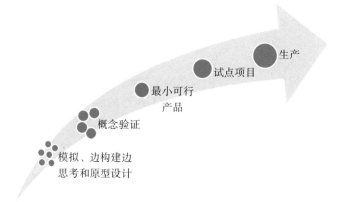

图 17.1　请注意，从最初的原型到各种概念验证练习，最终到完整的生产解决方案，价值的
　　　　自然递进趋势

接下来，我们将探讨四种经典的设计思维技术，这些技术帮助我们从早期的原型设计和边构建边思考的工作，过渡到开发完整解决方案，以作为我们边执行边思考的一部分，包括：

- 概念验证（Proof Of Concept，POC）。
- 最小可行产品（Minimum Viable Product，MVP）。
- 试点项目（Pilot）。
- 向前失败推动进展（Failing Forward for Progress）。

这些方法使我们能够从小处开始，快速学习和迭代，最终实现快速交付。

17.4　交付与执行的思维技术

在掌握了边构建边思考的方法之后，我们现在可以将注意力转向一种新的且有目的的思考方式——边执行边思考。这种方式的区别既在于它的范围，也在于它的受众对象。首先，从范围的角度来看，边执行边思考帮助我们在已经完成的工作上进一步发展，并且为了我们自己的利益去深入学习更多，主要是为了确认我们是否沿着正确的方向前进。而当我们开始进行设计思维练习，旨在取得一系列小成就时，我们更加专注于第二个方面，即更深入地了解我们的受众需要什么、他们需要的方式，以及他们需要的时机等关键信息。

17.4.1　概念验证

由布鲁斯·卡斯滕（Bruce Carsten）在 1989 年提出的概念验证 POC 是一种验证大型想法或活动是否可行的实践。POC 的核心在于通过小规模的实践来展示更大或更复杂项目可行性的一种方式。它与原型设计有相似之处，但更注重解决方案的探索，尽管可能只是解决方案的一部分，如图 17.2 所示。以下是一些典型的应用实例：

- 我们可能希望通过 POC 来展示现成的企业资源规划（ERP）或客户关系管理（CRM）系统配置如何满足最终用户社区的具体需求。
- 在我们将新型用户界面推广为更广泛的用户社区的标准之前，我们需要证明这种新界面在响应速度和性能上都优于现有界面。
- 我们可能想要证实，在我们采纳云服务提供商的新技术以加强访问密钥的安全性之前，该技术不仅能够满足我们的需求，还能在通过法规和合规性审计后继续有效。
- 我们可能希望向关键决策者展示，低代码或无代码的报告解决方案如何赋予非技术用户自行完成业务报告的能力，这在以前可能需要三个月的昂贵定制或依赖于"报告专家"。

概念验证示例：
- 演示现成配置如何满足最终用户社区的需求
- 验证新型用户界面是否更加敏捷
- 证明云提供商保护访问密钥的新技术运行完美
- 向关键决策者展示低代码/无代码报告解决方案

图 17.2　概念验证在我们之前的原型设计和边构建边思考的基础上，进一步验证了特定方法或技术的可行性

这些例子都是 POC 的典型应用场景。通过小规模的实践证明某项技术或方法的可行性，我们不仅可以增强信心、节省时间，而且更重要的是，如果小规模尝试失败，也不会对我们的用户

造成干扰。这样不仅能够保持用户对我们的信任，还能为未来的尝试和学习打下基础。

17.4.2　最小可行产品

最小可行产品（MVP）指的是具备足够功能，能够满足特定目标用户群体基本需求的初步产品。其核心在于目标用户群体能够利用最小可行产品完成实际工作；最小可行产品是一个小规模的、实用的解决方案，如图17.3所示。最小可行产品并不完美，也不适用于所有用户，但它能够为社区中的一小部分人提供真正且有限的价值。

图17.3　最小可行产品在我们之前的原型设计、边构建边思考以及一系列概念验证的基础
上，为社区的一部分提供了价值

正如我们通过原型设计和执行概念验证来边构建边思考那样，通过执行以思考或细化以思考的方式，我们在构建最小可行产品的过程中深化了对解决方案的理解。这种方法使我们能够适时调整方向，不仅优化了我们所提供的价值，也加快了交付速度。一旦最小可行产品经过反复迭代和完善，它就可以进一步发展为下一阶段——试点项目。

17.4.3　试点项目

在将一个全功能解决方案推广给更多用户之前，先在一个小型用户群体中进行试点是明智的选择。这种做法的核心目的是在解决方案发布之后，通过收集用户的早期反馈来对其进行微调和改进，类似于电视剧在播出试播集后，根据观众的反馈调整剧情或角色。

正如我们在图17.4中所看到的，试点项目在功能上是完整的，这与概念验证的策略性或部分功能，或者最小可行产品仅针对用户社区一部分提供的最基本功能有所不同。然而，与原型、概念验证、最小可行产品一样，试点项目通过在大规模推广解决方案之前收集关键反馈，来降低风险。

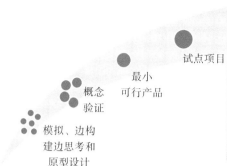

試点项目：
- 为用户社区的一部分提供功能完整的解决方案
- 建立在原型设计、边构建边思考、概念验证和最小可行产品的基础上
- 为相当广泛的社区提供真实且可衡量的价值
- 通往为全体用户社区发布生产系统的最后一步

最小
可行产品

概念
验证

模拟、边构
建边思考和
原型设计

试点项目

图17.4　试点项目在我们最小可行产品的基础上进一步发展，通过社区的一部分验证了全功能解决方案的有效性

17.4.4　向前失败推动进展

"向前失败"是一种重要的技术，也是我们在第16课中讨论的"强制机制"，用于激励或强制我们取得进展。其核心思想是在遇到难题时，消除回到旧状态或旧版本的选择。这一策略在技术领域通常被称为"向前失败"。它还有其他名称，如"烧船"或"炸桥"。

⊙ 注释

烧船！

1519年，西班牙征服者埃尔南多·科尔特斯（Hernando Cortez）率领11艘船和600多名士兵从西班牙出发，抵达尤卡坦半岛的海岸。他们的目标是征服新土地，夺取战争的奖赏和财富。但随着时间的推移，一些士兵开始对战斗感到犹豫。传说，科尔特斯为了断绝退路，下令"烧船"。这样做的目的是消除撤退的可能性。没有了返回西班牙的船只，科尔特斯的士兵们只能选择战斗，无论胜败，他们都必须不断战斗，直到最终取得胜利。

在遭遇挫折或灾难后推动个人和团队向前发展时，我们应该考虑采用科尔特斯的策略思维。通过摒弃过时的产品和解决方案，消除使用旧方法的选择。实践"向前失败"的方法，通过实际消除回头的选择，增强了团队向前推进的动力和决心。没有退路，我们就更有可能勇往直前，专注于解决当前的问题。通过"向前失败"，我们为迈向一个更加光明的未来奠定了基础。

17.5　限时……

正如我们所见的，通过概念验证、最小可行产品和试点项目，我们能够在构建原型和思考新想法的过程中边执行边思考。然而，我们必须注意，不要因为过度沉思而失去观众。毕竟，对完美的追求往往会阻碍进步。相反，我们应该考虑以下几个问题，以帮助我们在可能倾向于在 POC 等舒适区域内进行迭代时，继续向前推进：

- 我们是否真的理解了更广泛受众从某项工作中获益所需的最小可行产品？我们是否已经记录并就 MVP 的特性达成共识？
- 关于时机，我们能否通过一系列时间限制的冲刺或迭代来实现 MVP，还是需要更多的周期或发布？这个时间安排如何与团队和组织验证和交付价值的需求相匹配？
- 是否存在外部现实，比如需要淘汰现有解决方案，这可能会阻止我们推迟价值实现的时间？这些现实是否可以作为我们在第 16 课中讨论的推动进展的健康强制机制？
- 在没有硬性的外部"强制机制"日期的情况下，我们能否就一套好的人为制定的日期或其他日期达成一致，这些日期也可以作为推动进展的"强制机制"？
- 我们是否理解了交付一个 MVP 与等待交付一个全功能解决方案之间的权衡？我们是否让 90% 的用户等待，而只为 10% 的用户服务？我们应该扩大 MVP 的范围，还是相反，缩短它的持续时间？
- 用户能否在新解决方案中执行他们工作的一部分，同时在当前解决方案中执行另一部分？或者这种"多任务处理"从业务和技术角度来看是否太复杂或成本过高？

在不断迭代 POC、构建 MVP 和试点项目的过程中，我们需要警惕在为一小部分受众改进工作与为更广泛受众提供价值之间的紧张关系。在我们的整个工作中，我们必须记住，更广泛的受众正在等待！

几乎在所有情况下，取得进展比追求完美更为重要。我们是否理解什么是"够用"以部署？我们的用户社区是否已经确认了我们需要了解的足够信息？我们是否认识到，对于短期视角的解决方案，何时需要最终转向满足长期视角的解决方案？奖励是否超过风险？我们是否需要组织我们自己的"向前失败推动进展"的策略？尽早就这些关键问题达成共识，并持续关注更广泛的受众和我们的价值交付计划。

17.6　应避免的陷阱：永无止境的最小可行产品

无论是小型技术项目还是大型业务转型，都普遍且鼓励采用设计思维技术，例如原型设计、概念验证、最小可行产品和试点项目，以学习、适应并改进我们的解决方案。然而，我们不能永远停留在这些预生产解决方案的迭代和循环中。一家小型消费品公司的 IT 部门痛苦地体会到，概念验证和最小可行产品都是为了某个特定阶段而存在的，而不是永久不变的。

该组织陷入了所谓的"瘫痪分析"，在太少的功能上花费了太长时间进行迭代，而对于预期的最终用户社区来说，并没有看到明显的好处。开发团队和许多围绕并支持它的其他团队浪费了大量宝贵的时间，每个冲刺阶段只交付了很少的功能，且进展缓慢。最终，整个团队变得自满，每个冲刺阶段仅完成了计划中 10% ～ 25% 的功能。与此同时，负责开发用户故事和准备冲刺的小用户社区忙于在他们实际能够测试的少数功能中寻求完美。

由于缺乏紧迫感，也没有明确的、有时间限制的价值衡量，执行赞助人对她的"永无止境的最小可行产品"项目感到厌烦，并撤回了她的支持。随着项目进入短时间的"暂停"状态，领导层也发生了变动。最终，项目因为目标用户群体失去耐心并开始寻找自己的解决方案而被迫终止。

17.7　总结

在本堂课中，我们深入探讨了设计思维的核心理念，即在需求不明确或路径未知的情况下，如何取得实质性的进展。我们学习了一系列有助于解决问题和推动进展的技术和实践方法。我们讨论了价值的概念，并通过目标和关键成果（OKR）来定义和衡量价值的必要步骤。接着，我们将衡量价值的理念与四种"边执行边思考"的技术相结合，这些技术有助于我们从问题解决和原型设计阶段过渡到向广大用户群体交付最终解决方案。这四种技术包括进行概念验证（POC）、部署最小可行产品（MVP）、在社区的一部分中部署功能完备的试点项目，以及采用"向前失败推动进展"的方法，使我们的团队专注于未来而非过去。第 17 课最后通过"应避免的陷阱"部分，强调了过度运行最小可行产品等预生产活动而不是及时向更广泛的用户社区部署解决方案可能带来的风险。

17.8　工作坊

17.8.1　案例分析

请参考下面的案例分析和相关问题。你可以在附录 A "案例分析测验答案"中找到与此案例相关的问题的答案。

情境

Satish 和 BigBank 的执行委员会对倡议团队在改进跨团队合作和原型设计技术后，工作变得更加高效和迅速感到满意。然而，团队仍然面临着尽快交付价值的压力。BigBank 的一些股东和赞助商对于投资于人力、预算和原型设计，却只获得递增价值表示不满。有人甚至认为这些投资现在似乎陷入了僵局。

执行委员会提出了一些关于你所了解和使用过的技术的问题，这些技术将帮助银行在实现预期重大胜利的旅程中取得快速且实质性的小胜利。他们需要看到成果，需要看到成效。他们相信你能够帮助推动这项工作的进展。

17.8.2　测验

1）这堂设计思维课描述了哪三种策略可以帮助团队边执行边思考，并最终实现交付一些虽小但具有价值的成果？

2）正如本堂课所讨论的，团队应如何界定并细化价值的定义？

3）"向前失败"指的是通过失败来推动进展，这对团队来说有何益处？

4）试点项目与概念验证或最小可行产品有何区别？

5）在面临不确定的路径或社区需求不明确时，"进展心态"如何帮助我们建立一种前进的方法？

快速交付价值

你将学到：

- 提高价值交付速度的技术
- 提高团队速度的考虑因素
- 提高速度的变更控制注意事项
- 应避免的陷阱：缩短冲刺时间以加速
- 总结与案例分析

第 18 课在第 17 课讨论的"尽早交付价值"的基础上，进一步探讨了如何通过快速交付来提升价值。本课重点介绍了提升价值交付速度的技术，以及团队可能采用的另一组加速交付的技术。同时，我们还审视了可能对交付速度产生显著影响的变更控制因素。本课以一个实际案例结束，该案例强调了对缩短设计和开发冲刺周期以期提高速度或敏捷性的误解。

18.1 提高价值交付速度的技术

如前所述，一些简单取得进展的技术也非常适合快速或负责任地取得进展。我们已经讨论过一些流行的设计思维方法，例如时间限制（Time Boxing）、时间配速（Time Pacing）和逆幂定律（Inverse Power Law）。在本堂设计思维课中，我们将探讨发布和冲刺计划、通过小规模运营实现大规模成果的策略，以及智能知识产权重用在提升交付速度中所扮演的角色。

18.1.1 发布和冲刺计划

在第 13 课中我们简要介绍过，版本发布规划是一个识别、排序并选择高级功能和用户故事

（需求）的过程，这些需求将体现在我们的解决方案中。这个解决方案将跨越数月而非数周的时间来构建，并在该时间段结束时以一个固定时间期限的"版本发布"形式交付。由于敏捷冲刺规划和优化已被广泛采纳，并被项目管理协会（PMI）认为是标准操作程序，我们在这里没有深入讨论，而只是介绍了如何使冲刺和版本发布更加清晰和可视化。

为了组织、排序并考虑项目间的依赖关系，我们将每个大型的版本发布时间限制划分为多个较小的时间限制，称为冲刺。每个版本中的冲刺通常按顺序执行，反映了配置或开发必要代码以交付计划中的功能集和用户故事所需的工作。冲刺的时长通常为 1 ～ 4 周。关于版本和冲刺的层级结构的更多背景信息，如图 18.1 所示。

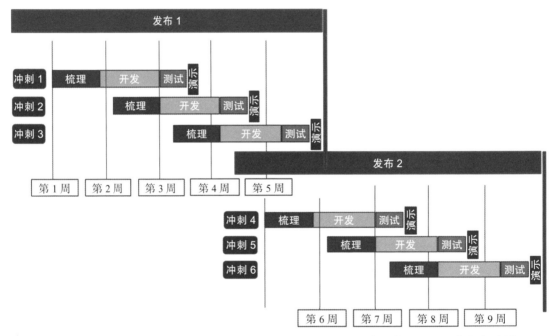

图 18.1　注意，冲刺是按顺序进行的，它们共同构成了一个版本发布和一个版本发布计划，最终成为整个项目或计划的重要组成部分

思考和规划特定的冲刺和更大规模的版本发布，有助于我们制订计划并把握全局。然而，仅仅这样做并不会自然地帮助我们提高速度。但是，当我们对全局有了清晰的认识，并且时间表也对齐之后，我们就可以考虑下一步最佳的行动，以帮助我们实现更高的速度。

- 我们的三种时间跨度是什么？我们的版本发布计划及其基础冲刺如何与这些时间跨度相匹

配？我们是否有机会提前交付？是否有可能并行地进行某些冲刺或其他工作？我们是否可能同时进行两个或更多的版本发布？

- 我们能否更准确地识别和评估我们预期获得的益处的价值和影响？我们如何跟踪计划中的收益实现情况？我们是否超越了"够用"思维的原则，或者我们是否有机会采用第 11 课中讨论的另一种思考方式来提升速度？
- 我们应如何改进冲刺的梳理和规划，以实现更可预测的交付？例如，我们为何未能达到预期的交付成果，我们如何利用第 9 课中提到的"五个为什么"、问题框架、问题树分析（Problem Tree Analysis）或问题陈述（Problem Stating）来提升我们的速度？
- 我们是否有效监控了我们的成果交付？我们能否在某些方面加快交付速度，以交付更多成果？我们是否需要更好地利用工具来优化我们的操作流程，以便更快地实现我们预期的收益和其他成果？我们是否真正理解了这些工作如何贡献于整体规划或我们的长期计划？
- 我们应如何更深入地分析计划变更对我们预期的收益和成果的潜在影响？是否有可能重新吸引用户参与，共同重新构想一系列的冲刺？
- 我们预期的收益与我们的目标、宗旨和关键成果有多吻合？有哪些方面是不完整或不一致的？

在考虑实现收益的责任和义务时，我们还需要考虑如何优化我们的流程和角色。正如我们将在后面的课程里介绍的那样，我们越了解目前的价值实现情况和预期收益，就越能确保这些预期收益在未来得以持续。

18.1.2　通过小规模运营实现大规模成果的策略

大多数人都能理解，关注成果比单纯的忙碌更为重要。忙碌并不等同于创造价值。在涉及冲刺和其他正在进行的工作时，我们需要以一种确保可以在冲刺期间完成的工作量来设定这些冲刺和时间限制。我们的目标是交付有用的、可测试的、有价值的东西（当然，有时创造真正的价值可能需要多个冲刺）。正是通过交付这些小的工作单元，我们才能实现大的变革和产生深远的影响。以下是一些关键点：

- 使用故事点（Story Point）、T 恤尺码法或类似的估算方法来预估开发特定功能或流程所需的时间和努力，或所需的开发能力。用户故事的合理估算是创建更有效的冲刺、发布计划和时间表的关键。
- 利用用户故事映射（User Story Mapping）整合交付用户故事所需的各个步骤，从确定目标和用户旅程到制定解决方案，将工作安排进时间限制或冲刺中，并制订发布计划。
- 首先，集中精力理解和交付关键的依赖项和基础架构。当然，我们需要阐明交付这些项目的价值，但这种解释应该基于一个事实：未来的成效依赖于我们最初的工作成果。

- 其次，专注于在恰当的时机交付恰当的功能（而不是交付一系列可能短期内并不实用的功能）。
- 同时，运用第 17 课提到的概念验证和最小可行产品等技术，快速交付并获得必要的反馈，确保我们能朝着正确的方向有效交付。
- 组织剩余的工作，以适应其他工作的依赖性，尤其是那些我们重点关注的工作之外的任务。
- 当我们需要将大型工作分解到多个冲刺中（因为一个独立的组件可能需要建立在另一个组件之上）时，要并行地开展工作，以确定每个组件的逻辑，并突出展示这些独立组件的价值。
- 反之，如果某项工作能够在同一冲刺中完成，并且我们已经整合了必要的资源（包括资源的可用性），则可以并行地组织工作。

通过这些方法，我们应该能够在每个冲刺和每个发布中尽早展现价值，并且持续地证明我们的价值。

18.1.3 智能知识产权重用

我们的世界中存在各种形式和规模的加速工具，它们可以帮助我们更快地启动或以更高的速度前进。尽管在技术领域使用频繁，但"知识产权"（Intellectual Property，IP）这一术语涵盖了大量的加速工具。在这里，IP 指的是他人在我们之前完成的工作，可以被重用（或经过调整后重用），以帮助我们在今天更有效地取得进展。考虑图 18.2 所示的列表和图示。

- 文档成果。我们如何将功能和解决方案设计文档、技术蓝图等作为模板，以便更快地创建我们自己的文档？
- 规划成果。我们如何调整之前使用的发布和冲刺规划文档、地平线计划、路线图和项目计划，以实现我们的利益？
- 核对清单。我们如何利用现有的核对清单，以确保在设计、开发、部署和运营我们的解决方案时不会遗漏任何重要事项？
- 测试计划。我们如何调整精心设计的测试计划，以加快对测试的理解和准备？
- 预配置模板。我们的某些工作可能已经反映在他人先前的工作中，我们如何将它们作为文字或形象模板加以利用和重复使用，以加快我们自己的工作？
- 设计思维模板。与我们采用以解决方案为导向的知识产权的方式相同，我们可以如何借用设计思维练习中使用的模板、工作范例、工具和其他工件来加快我们准备和开展这些练习的速度？

这个理念相当简洁明了。避免重新创造那些本没必要创造的东西，将我们的时间和努力节省下来，专注于思考和创造前所未有的事物。尽可能调整并重用现有的成果，以帮助我们以比以往更快的速度取得进展。

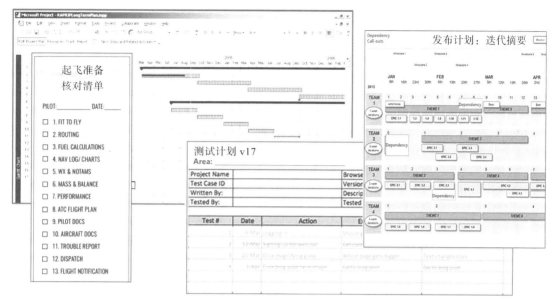

图 18.2　可重用的工件与知识产权是提升速度的有力工具

⊙ 注释

标准化模板

　　知识产权的另一种常见形式是标准化模板，这是一种尚未填充具体内容的文档，它以一种符合用户需求和结构化的方式，预先定义了文档的框架和组织结构。通过理解模板的结构，我们能够把握文档的"实质内容"。标准化模板旨在用于重复性的工作；使用它们可以一致而迅速地构建工件，并确保在构建过程中不会遗漏任何内容中的细节。

18.2　提高团队速度的考虑因素

　　当我们的团队投身于学习、移情、解决问题等活动时，自然会面临一些挑战，这些挑战往往会阻碍我们的进展速度。然而，我们可以借助三种设计思维技术来克服这些障碍，或者加快我们的进度：智能多任务处理、游戏化，以及寻找捷径或虫洞。这些技术将在后续内容中详细介绍。尝试将这三种技术结合起来，形成一套提升速度的策略。

18.2.1 智能多任务处理

多任务处理（即同时执行两个或更多任务）并不是什么新理念。这个理念在 20 世纪 60 年代由 IBM 的计算机工程师推广普及，但随后我们大多数人逐渐认识到，多任务处理在提高效率或节省时间方面，并不如我们最初想象的那么有效。实际上，真正的多任务处理更像是一个难题；它往往不会让我们的工作量翻倍，反而会让我们完成的任务量少于预期的一半。这是为什么呢？因为我们在不同任务之间切换时，大脑所进行的任务转换带来了过重的负担。重新进入新任务的情境需要耗费太多时间，这导致我们在重复旧工作时浪费了大量时间。

当然，我们每个人的现实情况是：我们不得不在一定程度上进行多任务处理，因为我们根本没有选择。我们每天有大量的任务需要完成，而时间却有限。因此，我们必须找到一种方法来高效地完成任务，并克服那些使我们在任务间隙陷入停滞的惰性。我们需要避免超负荷工作，并找到一个可持续的工作平衡点。那么，我们该怎么做呢？考虑以下问题：

- 我们如何减少当前的任务量？例如，我们如何通过拒绝或将任务委派给他人，将 100 项任务减少到 80 项？
- 我们如何利用强制机制、时间限制等技术来帮助我们集中注意力，并优先处理多任务？
- 我们如何通过自动化一些任务，将我们的工作重心从执行转移到监控和验证任务完成情况？
- 我们如何减少或消除周围破坏了我们在思考任务时所建立的脆弱的专注状态的干扰？
- 我们如何更好地全神贯注于当前任务，以提高我们的工作效率，更快地完成任务？

提升多任务处理效率的两大策略包括：

- 优先处理当前能为我们带来最大动力的任务；追随我们的热忱。
- 确保为最重要的关键任务留出时间；如果一开始没有优先考虑那些重大且重要的任务，之后往往很难再将它们纳入计划。

这些技术虽然简单，但效力强大。首先完成当前最能激发我们动力的任务，然后继续进行下一项同样能为我们带来动力的工作，并且在关键任务上取得进展，防止我们最终因缺乏空间、时间或精力而无法完成它们。在必要时，利用时间限制和强制机制等技术，帮助我们完成那些不能带来能量的必做工作。为了实现持久的改变，可以考虑使用个人生产力应用程序和辅导服务，比如 BillionMinds 提供的可以帮助我们发现并内化最适合自己的思维模式和工作方法（相关详情可见 https://billionminds.com）。

当我们专注于那些能激发我们最大动力的任务时：

- 我们能迅速完成任务。
- 我们自然而然地为其他任务创造了更多的处理空间。
- 我们在清单上划掉一项任务时会感受到内啡肽带来的快感，这反过来又为我们提供了继续下一项任务的动力。

- 我们的大脑准备好了以相对轻松的方式处理类似任务，从而为这类任务提供了更多的处理能力。

当我们追随自己的能量和激情时，我们能完成更多工作。当我们有意识地将强制机制等设计思维技术应用到不那么令人兴奋的任务中时，我们也许就能完成剩余的工作。至于那些最为棘手的任务，我们甚至可以考虑采用游戏化策略，这将在后续内容中介绍。

18.2.2　游戏化

我们可能尝试采用智能多任务处理或时间限制来完成工作，甚至可能利用强制机制来帮助我们在必要时刻推动任务进展。但如果我们仍然难以激发自制力去完成一系列任务，我们还能尝试哪些方法呢？

思考如何利用游戏化来促进任务的完成和进度的更新。游戏化这个概念由计算机程序员兼发明家尼克·佩林（Nick Pelling）在 2002 年提出，它通过提升我们的参与度和动力来帮助我们（Wood & Reiners，2015）。为了激励我们投身于即将到来的工作，并完成那些必要但可能令人厌烦的任务，考虑将这些任务游戏化，为它们建立一个奖励机制。

电子游戏制造商一直使用绶带、徽章等荣誉象征来激励玩家投入时间玩游戏。汽车制造商也采用了类似的策略，例如，通过经济驾驶时的绿色节能图标来奖励驾驶者（同时也提升了我们对车辆燃油效率的认知）。培训提供商和新语言学习应用也运用游戏化手段，通过为完成学习模块或在课程中取得进步的学生提供新功能、奖励、证书和等级等，来提高学习动力。

同样，对于我们不那么热衷、能量不足的任务，也可以尝试采用游戏化策略。与仅仅获得电子游戏中的徽章、积分或新等级不同，我们可以为自己和团队设置一些虽小但意义非凡的奖励，如礼品卡、咖啡休息时光、周五半天休假、免费午餐等，作为对那些取得显著成就者的大奖。

18.2.3　寻找捷径或虫洞

有时，两点之间的最短路径并非直线。这种技术也称为寻找捷径或虫洞，旨在寻找从当前位置到目标位置之间不那么显而易见的快速通道。关键在于：在不让自己陷入绕路和小径的情况下，穿越我们与目的地之间的一切。毕竟，显而易见的路径未必适合我们的具体情况。

若要找到捷径，我们需要对描述我们当前位置和目标位置的地图有所了解。我们应首先规划一条传统路线，仅帮助我们更深入地理解该路线（类似于我们在第 3 课中简要介绍，第 8 课中更详细讨论的旅程映射）。

让我们考虑一个学生可能遵循的完成传统四年制大学学位的路径（见图 18.3）。如果我们没有边学习边支付学费的资金，或者我们不想承担大学贷款，是否有更短的路径？可能有！将路径制成地图使其可见，更短路径的可能性可能开始变得明显。

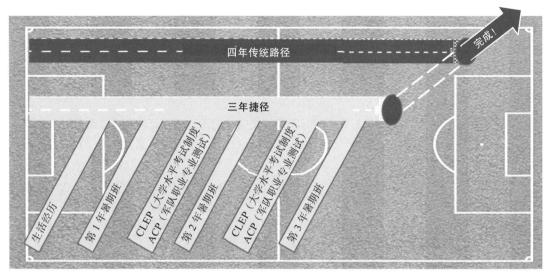

图 18.3　只要我们让比赛场地可见，捷径和虫洞比比皆是；或者，我们也可以真正改变比赛场地本身，以更快地完成比赛

- 避免夏季和学期之间的长时间休息。这条路线应该直观地向我们展示这些休息时间。相反，全年上学，这条捷径将允许我们在三年或更短的时间内完成四年制学位。
- 避免完成通常需要 120 ～ 132 个学分（或 40 ～ 44 门课程）的传统四年制学位课程。相反，寻找一个要求 110 个学分或更少的学位课程，这将有助于我们略微减少四年的学习时间。
- 大多数大学至少会为生活经历或我们已完成的证书（例如军事训练、技术认证计划等）授予一些大学学分。与其假设我们必须完成每一门课程，不如与辅导员合作，减少所需课程的数量，这也会帮助我们进一步减少四年的学习时间。
- 最后，大多数大学还为在 AP（Advanced Placement，大学预修课程）考试和 CLEP（College Level Examination Program，大学水平考试制度）测试中获得最低分数的学生提供大学学分。通过学习并参加这些考试和测试，我们可以避免选择那些无法激发我们能量或热情的课程，从而为我们常规的四年学习旅程节省更多时间。

同样，关键可能在于改变比赛场地，从而改变路线。因此，重要的是要真正了解竞争环境，或这片比赛场地的地形或布局，以及我们可以如何改变它。有很多方法可以在三年内完成四年制学位。了解我们的目标，并知道为了实现这一目标，我们愿意牺牲什么。说实话，如果我们更注重旅行的速度而不是体验，那么从 A 点到 B 点通常有很多方法。因此，我们要考虑取舍，规划新的路线。捷径和虫洞就等着我们去发现。

18.3　提高速度的变更控制注意事项

尽管有人可能对此持有异议，但追求快速执行并不意味着我们可以忽视变更控制。对计划、范围、资源等方面的变更进行妥善管理，是提前规划以保持快速进展（或者，换个角度说，为了其他合理的理由，比如更高的质量或满足法规和审计要求而做出权衡）的重要组成部分。

⊙ **注释**

变更控制而非变更管理

什么是变更控制？变更控制是指我们在技术领域遵循的正式流程，确保对我们的解决方案、商业案例、技术基础，以及与之相关的资源和时间表所做的经过周全考虑的变更。这种变更通常根据其对最终解决方案的影响来衡量，包括价值是如何以及何时实现的。变更控制流程帮助我们以一种可控和协调的方式思考、记录和实施变更。

变更控制需要我们具备远见和耐心。但这一流程有助于我们与解决方案的交付和部署目标保持强大且有弹性的联系。深思熟虑的变更控制迫使我们思考创造新价值和提高速度的新机遇。

可能以积极影响速度的方式触发变更控制流程的事件包括：

- 新技术或新服务在我们考虑其对现有设计或解决方案的影响时，可能会减慢我们的速度，但从长远来看，它们提供了交付业务成果或提高速度的新方法。
- 现有的技术更新通常会拖慢我们的速度，但可以提供新的功能、能力和其他机会，从而在长期内提高速度。
- 不断变化的市场条件可能会拖慢我们的速度，但能帮助我们在这些变化中完善价值。
- 增加资源可能会让我们提高解决方案的质量、缩短上市时间或尽早提供价值。

当变更出现，需要我们做出响应时，我们应该思考如何将这些变更转化为提高速度的关键因素或加速器。

18.4　应避免的陷阱：缩短冲刺时间以加速

在软件开发和平台配置的过程中，我们经常花费大量时间讨论理想的冲刺周期应该是多长。

无论是两周、三周还是四周的冲刺，都相当普遍。

当遇到不可避免的挑战，导致我们将未完成的工作不断推迟到后续冲刺时，我们可能会考虑通过调整冲刺的节奏来应对。一位金融服务公司的产品经理就亲身经历了这种诱惑。他以为将团队的冲刺周期从三周缩短到两周，可以让团队变得更敏捷，从而有时间迎头赶上。但他实际上并没有解决真正的问题。真正的问题在于冲刺前的准备不足，用户故事提交得太晚，以及在没有经过适当规划和梳理的情况下，不断向冲刺中添加新的和不明确的用户故事。简单地缩短冲刺周期，实际上只是减少了团队可用于开发的时间。

怎么会这样？缩短冲刺周期使团队完成工作和测试工作的时间减少，因为他们花费了更多的时间来执行所有典型的冲刺仪式。无论冲刺周期如何，梳理、展示和讲述演示、回顾等都继续消耗相同的时间。因此，只有当顾问将团队转移到为期两周的冲刺时，工作与仪式开销的比例才会受到影响。

有时候，做太多的好事是坏事。正如我们的顾问在这里发现的那样，在两周的时间里塞满了太多的演示和回顾，导致了相当多的开销。幸运的是，他能够恢复到原来的周期时间，更重要的是，他能够与团队合作，调查需要关注的真正问题。

18.5　总结

在第 18 课中，我们首先探讨了三种提高价值交付速度的策略，包括发布和冲刺计划、通过小规模运营实现大规模成果的策略，以及智能知识产权重用。接着，我们讨论了另外三种提高团队速度的方法，从智能多任务处理到游戏化，再到寻找捷径或虫洞。在讨论了变更控制的考量之后，本课以一个"应避免的陷阱"作为结尾，这个陷阱是错误地认为缩短冲刺时长能够提高敏捷性和速度。

18.6　工作坊

18.6.1　案例分析

请参考下面的案例分析和相关问题。你可以在附录 A "案例分析测验答案"中找到与此案例相关的问题的答案。

情境

Satish 需要你的协助，以便在 OneBank 的众多计划中加快进展。他注意到，由于不同的计划架构师和顾问们不断重复相同的工作，导致时间被大量浪费。此外，Satish 也发现，不同团队在工作中往往缺乏组织，自行其是。他相信你一定有一些方法，能够在不牺牲质量的前提下提高团队的专注力和效率，并已邀请你与几位计划负责人讨论如何更高效地提供价值。

18.6.2　测验

1）发布到冲刺的层次是什么？它们之间如何相互映射？

2）哪种技术考虑了项目领导者如何调整现有模板和工件以提高速度？

3）在哪些情况下，多任务处理是合理的，而且确实有用？

4）可以使用什么技术来使用绶带、徽章和其他奖励来鼓励测试人员完成测试用例？

5）哪种技术可以为重塑赛场创造条件，在两点之间找到更快或更有效的路线？

第五篇
迭代推动进展

第 19 课

验证测试

你将学到：

- 测试思维
- 传统的测试类型
- 用于学习和验证的测试方法
- 用于反馈的测试工具
- 应避免的陷阱：全面自动化
- 总结与案例分析

第 19 课是第五篇"迭代推动进展"中的第一课，我们将重点讨论面向技术工程师的设计思维模型的第四阶段，包括测试和各阶段之间的反馈循环（见图 19.1）。在第 19 课中，我们将介绍测试思维，以传统类型的测试为基础，然后详细介绍用于了解和验证用户需求的五种设计思维测试技术。最后，我们将介绍两种反馈测试工具，以及"应避免的陷阱"，重点关注自动化回归测试带来的负投资回报。

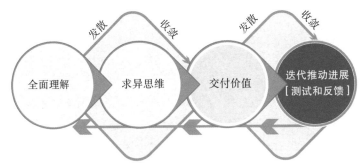

图 19.1　面向技术工程师的设计思维模型的第四阶段

19.1　测试思维

人们常说，测试是思考的另一面。我们通过测试来证实我们的理论及创意。这种测试思维对于解决问题至关重要，它帮助我们确认已知，发现未知，以及在测试过程中不断学习。在原型设计和构建解决方案的过程中，测试同样扮演着核心角色。我们通过原型设计来检验我们的理论，并在此过程中获得知识，通过执行概念验证来检验我们自己的思路。我们还通过最小可行产品和试点项目来与用户共同验证所提出的解决方案是否正确（我们在第17课中已经讨论过这一点）。

测试也是一种早期实践的形式，它让我们有机会迅速学习，从而避免因设计不当、开发错误或建造失误而浪费时间。如果测试进行得足够早，它还可以帮助我们避免闭塞的想法和理论。最终，测试为我们提供了迫切需要的来自他人的早期反馈，以及通过观察和学习获得的洞见。

正是这些反馈帮助我们改进我们运用移情、思考、原型设计、重新测试和构建解决方案的方式。测试思维为我们提供了新的洞见，使我们能够将这些洞见融入解决问题和情境的过程中，以实现真正的价值。因此，虽然我们可能边构建边思考，但我们进行测试是为了学习、实践和解决问题。

19.2　传统的测试类型

如图 19.2 所示，存在多种测试方式，它们的主要目的是确保我们所设计、制作或构建的产品能够达到预期的功能。尽管这些测试方式超出了本书的讨论范围，但它们覆盖了从原型设计到解决方案实施的整个生命周期。有些测试我们会尽早进行，而有些则会在后续阶段与部分用户一起进行。以下是一些传统的测试方法：

- 单元测试。我们需要验证特定的概念、单个用户交互或我们编写的定制代码片段是否能够按照预期执行其功能。
- 流程测试。在单元测试的基础上，我们需要进一步验证一系列已开发的代码或一系列先前测试过的用户交互是否能够作为一个整体流程（通常与业务流程相对应）协同工作。

图 19.2　传统测试涵盖单元测试、流程测试、端到端测试、系统集成测试以及用户验收测试

- 端到端测试。在流程测试的基础上，我们需要确保一系列相关的流程能够协同作用，以实现一项完整的业务功能或特性，例如，从下单到收款或从采购到支付的整个流程。
- 系统集成测试。我们需要检验我们的系统作为一个整体，其所有的功能和特性能否完全集成并协同工作。特别要注意的是，要确保系统中的一个流程不会干扰另一个流程，并且所有流程都能够按照预期接收输入、执行任务并提供输出。
- 用户验收测试（User Acceptance Testing，UAT）。最后，在将解决方案推广到生产环境并供所有人使用之前，我们需要让我们的一小部分用户有机会试用和测试我们的解决方案。正确执行的用户验收测试不仅确认系统在正常使用下能够正常工作，而且还能够检验系统在用户以非标准或意外方式使用时的反应是否符合预期。

但用户验收测试并非传统测试的终点。在准备将解决方案部署到生产环境时，我们还需要评估系统在多种使用场景下的表现，比如众多用户同时访问系统、生成报告、执行后台的长期批处理任务等。系统在这些情况下的表现如何？系统的潜在弱点在何处？用户对性能和可用性的期望是什么？这些期望又应如何根据业务高峰或系统的实际能力进行调整？我们应如何测试和确认系统在不同负载条件下的性能和可扩展性？

面对这些挑战，我们还需要考虑以下三种与性能紧密相关的测试类型及其相关问题：

- 性能测试。在无其他负载干扰的情况下，单个用户事务或单个流程的性能表现如何？随着系统负载的增加，该用户事务的性能会如何降低？
- 可扩展性测试。可扩展性测试也称为规模可用性测试。系统在预期范围内被整个用户群体使用时的性能表现如何？
- 负载及压力测试。系统在高负载或极端压力下的性能表现如何？用户在高峰时段可能会遇到多大程度的性能下降？我们应如何根据不同的负载情况或时间点，合理设定并传达用户对性能的期望？

请注意，性能测试、可扩展性测试和负载及压力测试应尽早准备，并在解决方案稳定且准备好进行特定类型的测试时执行。这些最终与性能相关的测试方法（连同其他与特定性能特征、安全测试、用户测试等相关的测试）共同构成了我们所称的传统测试框架，如图 19.3 所示。它并非源自设计思维。它是在将产品和解决方案部署于生产之前，进行负责任的产品和解决方案测试的一套良好用户中心实践。

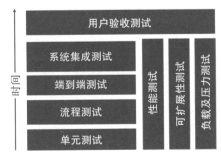

图 19.3　传统测试框架包括八种传统测试类型

最终，为了验证和量化系统的性能，我们需要对系统进行性能和可用性监控的设置（虽然这超出了本书的讨论范围，但在测试的背景下值得一提）。作为服务可靠性工程的一部分，我们应该建立哪些性能监控和阈值标准，以帮助我们理解并在负载下日常管理我们的解决方案？我们需要仔细观察哪些方面，以及哪些方面可以实现自动化，以便在解决方案出现重大性能问题之前发出警报？

⊙ 注释

什么是 SRE？

SRE，即 Service Reliability Engineering（服务可靠性工程），其涵盖了管理和解决系统可靠性、运营及基础设施问题所需的工程、技术和变更控制方法和流程（通常采用自动化或自修复的方式）。

有了传统测试框架和服务可靠性工程的概念，我们可以转向设计思维的技术和工具，这些技术和工具在这些长期测试和监控的基础上提供额外的价值。

19.3　用于学习和验证的测试方法

除了之前介绍的多种传统测试方法之外，我们还可以借助一些受设计思维启发的测试方法。当然，原型设计是我们最早的测试手段之一。毕竟，我们设计原型是为了检验我们的想法和部分解决方案。除了原型设计，我们还通过概念验证、最小可行产品和试点项目来测试和验证我们的想法和解决方案，这些内容在第 17 课中有所涉及。

但是，我们如何更有效地吸引用户深入参与原型设计和测试呢？我们能采取哪些不同的措施，以确保我们的解决方案更好地满足用户的明确需求，甚至是潜在需求？在我们把解决方案发展成最小可行产品或试点项目之前，我们如何提前洞察到这些潜在需求呢？

这些问题的答案就在接下来要介绍的几种方法中。这些设计思维方法大多与我们在原型设计过程中进行的迭代测试有关，但实际上，每种方法在整个解决方案的制定过程中，甚至在产品投入生产后的迭代改进中都非常有用。

19.3.1　A/B 测试

A/B 测试是一种既简单又极具价值的测试方法。当我们需要验证用户对两个功能、两个界面元素或两种解决问题的方法的偏好时，A/B 测试就派上用场了。正如其名，A/B 测试的核心是将一个选项与另一个选项进行对比，如图 19.4 所示。用户通常更倾向于通过对比两个不同的功能来表达自己的偏好，而不是直接说明他们不喜欢某个特定功能的原因。

图 19.4　思考如何将 A/B 测试与传统测试方法相结合，以确定用户群体对于不同选项的偏好

由于 A/B 测试结构简单、执行迅速，因此它非常适合进行定量评估。在原型设计初期就可以使用这项技术，并在产品或解决方案投入生产后继续使用，贯穿整个测试过程。A/B 测试非常适合评估对我们的生产解决方案的微小更改，例如，持续功能测试和改进。

19.3.2　体验测试

当需要从最重要的人群——潜在用户那里获取宝贵的原型设计洞见时，我们可以采用体验测试。这种测试经常与传统的结构化可用性测试（将在后文讨论）相辅相成，并且可以作为端到端测试和系统集成测试的一部分，用以评估用户对我们的原型或提出的产品和解决方案的体验。线框图、初步原型，甚至是简单的线条草图，都可以用来进行体验测试。

关键目标是尽早从那些将来可能会使用我们的产品或解决方案的用户那里获得反馈。鼓励这些用户提供他们对产品或解决方案的喜好和不满之处，以及他们认为可以改进的地方。通常，好的产品和解决方案被认为易于使用。我们需要验证这种直观性是否名副其实，并找出设计或设计实施过程中可能遗漏的问题。

尽早开始体验测试。产品或解决方案的直观性往往在设计和开发的早期阶段就可以评估。随着产品或解决方案的逐步成熟，我们还可以使用其他方式和方法来收集用户的反馈，包括传统的迭代后或发布后的用户验收测试，以及本课稍后将要介绍的其他设计思维技术和第 20 课中提到的无声设计方法。

19.3.3　结构化可用性测试

为了在我们的用户群体中尽早测试和验证我们的原型，可以采用结构化可用性测试。这种测试的核心目标是确保产品或解决方案运作有效，并且确实能够使用。与常规的用户验收测试相比，结构化可用性测试通常更早进行，在我们还有时间对产品和解决方案进行根本性的修改时。

结构化可用性测试的要点在于创建一个标准化且可复制的测试环境。通过制订一个计划，明确告知每位用户测试的目的和目标，并设计一系列有序的测试场景。我们的产品或解决方案的首批用户体验者可以帮助我们实现多个目标：

- 从未来可能使用我们的产品或解决方案的用户那里获取初步反馈，包括他们与我们早期原型的互动情况。某些用户群体是否比其他用户群体更容易理解我们的原型？
- 验证我们对产品或解决方案的初步设想和方向。我们是否朝着正确的方向前进？
- 确认产品或解决方案所需的输入、处理和输出的有效性。我们是否有所遗漏？
- 根据用户提出的问题或他们在使用产品或解决方案时所花费的时间，评估我们的界面或设计的直观性。用户在使用我们的原型时是否提出了许多问题？
- 考虑产品或解决方案的性能，包括个别用户的想法和期望。系统响应是否迅速，或者存在延迟？体验的某些方面是否比其他方面更快或更慢？
- 例如，使用 1 ～ 10 分的评分标准来评估每位用户的总体体验：1 分代表非常直观且用户满意，10 分则代表用户感到困惑且不满意。额外的背景信息、用户准备或培训是否能够提升体验感？

通过这些方法，我们可以根据接近现实使用情况的体验和反馈，快速调整设计、界面、底层技术，甚至是产品或解决方案的核心特性。及时进行这些调整可以节省成本和时间，并在项目初期就提供清晰的方向。测试负责人或测试协调员也应该考虑将这些结构化可用性测试过程进行录像或以其他方式记录下来，以便团队成员都能从中学习。这些学习成果也是我们用户参与度指标的一部分。

⊙ 注释

什么是用户参与度指标？

在我们对产品和解决方案进行测试（最终部署和运营它们）的过程中，我们需要追踪用户对我们的参与程度的反馈。用户参与度指标可提供直接的反馈和了解，帮助我们明白为了使测试更加以用户为中心和有效，我们可能需要采取哪些不同的措施。

19.3.4　解决方案访谈

在完成常规的用户验收测试之后，这通常是我们在将产品或解决方案推广到生产状态前所进行的最后一轮测试。我们需要通过另一种关键方式来确认我们的产品或解决方案真正得到了用户的"认可"。我们可以通过实施解决方案访谈来达到这一最终目标。

解决方案访谈不仅基于用户验收测试中的通过 / 未通过的静态结果。用户针对他们日常工作中将要执行的交易和业务流程所进行的通过 / 未通过验证，确实是重要的反馈。但这种反馈较为有限。与之相对，解决方案访谈能够为我们提供更为丰富的反馈，使我们即便在产品或解决方案被认可之后，也能对其进行明智的改进。

务必要广泛地访谈各类用户，并针对用户群体中的特定子集或角色进行分组，或采用亲和力分组进行分类。我们的目标是直接并口头地了解用户对哪些方面感到满意、对哪些方面感到不满意，以及他们希望做出哪些改变等。围绕产品特性、解决方案功能等创建一系列组织好的问题。

最重要的是，我们要确保倾听的时间远远超过说话的时间。利用我们在第 6 课中学到的积极倾听技术，包括有意识的沉默、超级反派的独白和探究以更好地理解。在理想情况下，我们应该能够基于这些反馈，形成新的想法和功能列表。团队可以根据这些想法和功能列表进行思考、原型设计和迭代。

最后一点：解决方案访谈非常适合确认即将投入生产使用的系统，但在部署最小可行产品和试点项目之前，我们也应该进行这种确认。利用解决方案访谈来加深我们对用户反馈的理解，这些反馈不仅包括生产前的用户验收测试，还包括我们在发布最小可行产品和试点项目之前进行的早期测试。通过这些方法，我们可以更早地学习并进行迭代。

19.3.5 自动化加速回归测试

自动化的目的是提高效率，特别是对于那些复杂且重复性强、容易出错的业务流程，我们应该尽可能地实现自动化。许多博客和书籍都已经强调了自动化 80% ～ 90% 的回归测试的重要性。当在一个版本中冲刺 10 次并需要快速测试更改并验证错误修复没有破坏我们系统的另一部分时，我们对工具和脚本的前期投资会带来回报。

> ⊙ **注释**
>
> #### 什么是回归测试？
>
> 无论我们对原型设计、最小可行产品、试点项目还是生产系统进行了何种重大更改（或者有人认为是任何更改），我们都应该执行一系列功能和非功能性测试，以确保我们的新更改没有破坏现有系统或任何现有功能。这些测试被统称为回归测试，其目的是确认系统在更改后仍然能够按照预期运行，没有出现退步。如果更改导致现有功能失效，则出现了"回归"。需要注意的是，问题可能源于我们的更改，也可能是现有功能或代码存在缺陷。无论是哪种情况，都需要进行修复。

虽然完全自动化回归测试听起来很有吸引力，但我们在自动化每一个回归测试案例时都需要谨慎。当自动化测试的比例超过 80% ～ 90% 时，我们很快就会遇到效益递减的问题。在这个比例之上，每个新的迭代都需要维护脚本，而且每次错误修复都可能破坏现有脚本（有时是错误地破坏，如果修复措施没有真正解决它本应解决的问题）。我们最终可能会花费更多的时间在手动维护脚本上，而不是在回归测试本身。我们应该优先自动化那些简单的测试案例，以及那些特别容易因人为操作而出错的测试案例，并尽可能地自动化那些复杂的测试案例。

19.4　用于反馈的测试工具

虽然我们将在下堂设计思维课详细介绍反馈，但这里有两个用户反馈捕捉工具值得探讨。这些设计思维工具在测试中使用。它们在传统测试和设计思维启发的测试中也很有用。

- 测试反馈表。顾名思义，这是一种单页模板，用于系统地收集对原型设计、最小可行产品或产品和解决方案进行迭代所需的反馈。我们关注的是用户在与我们开发中的产品互动时获得的洞见和理解。此工具可以与本课介绍的任何传统或设计思维方法结合使用。图 19.5 提供了一个测试反馈表的示例。
- 反馈捕捉矩阵。这个简单的 2 × 2 矩阵工具为用户提供了一个结构，以便快速测试和记录发现、观察结果和其他学习成果。由于反馈捕捉矩阵具备通用性，参与者也可在会议、研讨会、设计思维练习等活动结束后记录他们的反馈。图 19.6 提供了一个反馈捕捉矩阵的示例。

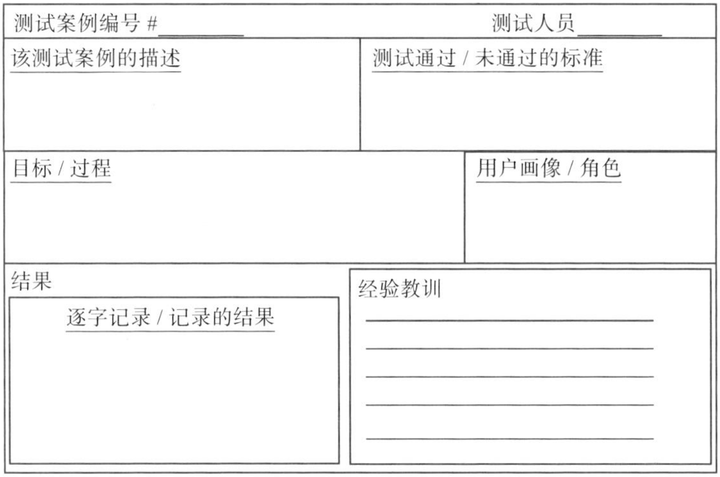

测试案例编号 #＿＿＿＿	测试人员＿＿＿＿
该测试案例的描述	测试通过 / 未通过的标准
目标 / 过程	用户画像 / 角色
结果 　　逐字记录 / 记录的结果	经验教训

图 19.5　参考此模板创建并定制适用于我们的原型设计、最小可行产品、试点项目或其他产品和解决方案的测试反馈表

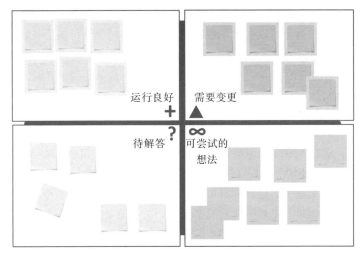

运行良好 　　需要变更
+ 　　　▲

? ∞
待解答 可尝试的
　　　　想法

图 19.6　使用简单的 2×2 反馈捕捉矩阵快速记录测试反馈，按"运行良好""需要变更""待解答"和"可尝试的想法"进行分类

记得尽可能准确地记录客户的原话和用户反馈。如果需要在用户的反馈旁边添加我们自己的细节和评论，那么请清楚标明具体是谁提供了哪项反馈。

19.5　应避免的陷阱：全面自动化

随着时间的推移，尤其是在目睹了执行不当的手动测试所带来的后果之后，我们可能会倾向于将回归测试全面自动化。以一家著名的石油化工公司为例，由于其复杂的企业资源规划系统和网络环境在回归测试中多次出现漏测，该公司在自动化回归测试上进行了大量投资。其目的是在定期更新推出之前，通过自动化测试提前发现问题并确认现有功能的正常运作，以避免用户在生产环境中遇到问题。

然而，自动化测试的度需要谨慎把握，过多或过少都不合适。这家石油化工公司就从残酷的教训中了解到，试图自动化所有测试并不总是可行或经济的。

首先，该公司使用的自动化测试工具无法支持主用户界面的所有操作，在移动界面上的支持更是不能尽如人意。因此，尽管投入了大量时间来自动化大约 10% 的回归测试用例，但这些努力最终白费。其次，随着用户界面技术每年多次更新，自动化脚本经常出现故障。每次技术更新都需要额外的时间来排查问题并修复那些未能适应更新的脚本。再次，测试工具提供商的年度更新也经常导致一部分脚本失效。虽然这些问题修复起来相对简单，但需要全面检查回归测试套件并进行新一轮的脚本更新。最后，正如所预期的，每四周一次的常规功能更新和错误修复也要求团队进行大量的脚本维护工作。在这种情况下，虽然预期的时间和成本并不令人意外，但结合上述问题，实现自动化回归测试的预期投资回报变得不可能实现。

19.6　总结

在第 19 课中，我们探讨了测试思维、八种传统测试类型以及服务可靠性工程。在这些基础知识的基础上，我们进一步研究了五种设计思维测试技术，以更深入地了解和验证用户需求。这些技术包括结构化可用性测试、A/B 测试、体验测试、解决方案访谈和自动化加速回归测试。接下来，我们介绍了测试反馈表和反馈捕捉矩阵这两种工具，它们有助于在测试过程中收集更丰富的反馈。最后，我们以"应避免的陷阱"作为结尾，指出了全面自动化测试的误区，即认为自动化所有测试是可行的或在财务方面明智的做法。

19.7　工作坊

19.7.1　案例分析

请参考下面的案例分析和相关问题。你可以在附录 A "案例分析测验答案"中找到与此案例相关的问题的答案。

情境

由于 OneBank 的各个项目都邀请用户参与测试，Satish 发现在反馈的提供和记录方面缺乏统一的标准。更糟糕的是，测试的执行方式也显得杂乱无章，因此他请你对此进行调查。Satish 认为，通过更有效地整合业务和技术团队的资源，我们可以用更明智的方法进行测试。作为初学者，你已经召集了大多数项目的测试负责人，其目的是统一标准并分享新的测试方法。

19.7.2　测验

1）每个项目的测试负责人应该组织哪五种传统的测试类型和哪三种与性能相关的测试类型？

2）你如何理解测试思维？

3）在本课中，我们介绍了哪五种设计思维测试技术？

4）结构化可用性测试与传统测试方法有哪些相似之处和不同之处？

5）我们可以使用哪两种设计思维工具来收集用户反馈？

6）在回归测试用例的总体百分比方面，测试负责人应该为自动化回归测试设定怎样的目标？

第 20 课

持续改进的反馈

你将学到：
- 简单的反馈技术
- 策略性反馈和反思技术
- 应避免的陷阱：等待延迟反馈
- 总结与案例分析

在本课中，我们将重点介绍三种简单的技术和两种策略性的技术，这些技术有助于我们收集和理解必要的反馈，以便对产品和解决方案进行持续的改进。从回顾与测试反馈，到收集无声设计反馈，再到构建和映射上下文以及为我们的产品和服务构建持续反馈机制，我们在设计思维的循环过程中有许多机会去学习与迭代。本课以一个"应避免的陷阱"作为结尾，强调了延迟反馈可能带来的影响。

20.1 简单的反馈技术

在生活和工作中，无论反馈来自何处，也不管其出现的频繁程度如何，它都能促进我们的成长。反馈不仅帮助我们提升自我，还能优化团队合作方式、工作成果，以及提升成果的质量。从宏观层面的总体反馈到我们在面向技术工程师的设计思维模型中精心设置的反馈机制，反馈始终引导我们进行深入的反思、持续的自我提升，并尽量减少意外发生。

⊙ 注释

无意外原则

思考如何让用户和利益相关者感到满意。在设计、用户界面、产品工件、标准文档、状态报告、反馈机制等成果方面，我们的目标是让用户在使用、阅读或理解它们时不会感到困惑。设计应当激发灵感、带来愉悦、直观易用，并追求清晰明了，避免让用户惊讶。

20.1.1　回顾

就像驾驶时需要偶尔查看后视镜来了解后方的情况一样，我们也需要定期回顾过去的工作，尽管我们不能总是沉浸在过去而忽略了前进的道路。

收集反馈的最普遍和宏观的方法是简单地审视近期发生的事情。我们哪些做得好？哪些应该停止？我们还能在哪些方面做得更好？这些问题构成了"回顾"的核心，它涵盖了许多其他的技术和练习。在"回顾"的范畴内，常用的技术包括：

1）回顾会议。在一个冲刺或版本发布结束后，与团队一起运用"好、坏、丑"的方法召开经典的回顾会议，讨论团队已完成的工作以及仍需要完成的任务。

①思考项目进展缓慢的原因，或是在某些情况下为什么我们已经达到了合理的进度。是什么关键因素导致了这些差异？我们如何能够延续成功的做法，改进不足之处，并彻底避免糟糕的结果？

②通过回顾板（一个分为四个象限的 2×2 矩阵）来进行经典回顾的变体，用于讨论和反思。这四个象限包括：

- 我们将继续执行的事项。
- 我们下次会采取不同做法的事项。
- 我们计划尝试的新事项。
- 已经不再适用的事项。

2）经验教训。组织一次围绕项目、计划或重要时间段（如六个月的原型设计、测试和迭代）的成功、改进、失败和失误的经验教训会议。为了使这些经验教训能够为他人所用，请确保它们被定期记录在经验教训登记册或知识库中，而不仅仅是在项目或计划结束时记录。

3）事后分析。对于项目或计划生命周期中的任何阶段出现的失误或彻底失败，进行更深入的事后分析。通过成长型思维的视角来审视这些情况，并思考如果有机会重来，我们会如何做得不同。请记住，事后分析不仅限于失败的案例，我们也应该对取得巨大成功和成就的案例进行分析，识别并庆祝我们做对的事情，这些事情是我们未来必须继续坚持的。

思考这些反馈机制如何自然地分布在项目或计划生命周期的不同阶段（见图 20.1）。

为了确保真正进行回顾工作，我们可以使用强制机制（如第 16 课所述），并在日历上安排回顾会议、经验教训和事后分析。每月在日历上预留 30 分钟。邀请那些能帮助我们看清进展顺利和不顺利的地方的人参与。记录这些发现和洞见。回顾我们沿途学到的教训对于理解问题并避免重复错误至关重要。通过回顾来学习、反思和深思。

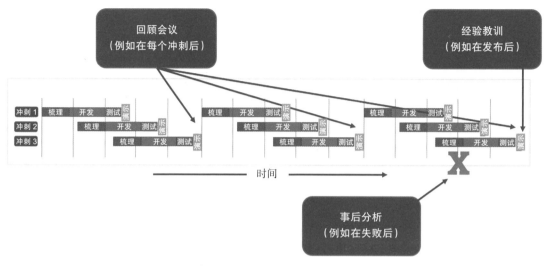

图 20.1　回顾通常在项目或计划生命周期的不同阶段自然发生

20.1.2　测试反馈

正如我们在第 19 课中详细讨论的，测试的目的是收集反馈。无论是传统的测试方法，还是受到设计思维启发的测试方法，它们都能为我们提供宝贵的反馈。首先，让我们来看看通过五种传统测试方法所能获得的反馈：

- 单元测试可以帮助我们了解代码的质量，以及我们对用户需求、使用场景的理解程度。
- 流程测试能够反映开发人员和测试人员是否遵循了既定的标准，以及他们之间的沟通是否顺畅。
- 端到端测试让我们了解我们对关键功能区域和整个流程的理解是否到位。
- 系统集成测试则检验我们是否充分考虑了与外部系统的接口、整合以及其他系统的集成测试。
- 用户验收测试让我们能够从用户那里获得关于产品是否满足使用需求、当前进展的方向以及是否可以接受的直接反馈。

此外，传统的三种性能测试方法也能提供以下方面的反馈：

- 性能测试能够提供关于事务或流程性能和用户体验的重要数据。
- 可扩展性测试为技术和架构团队提供了宝贵的反馈。
- 负载及压力测试则能够告诉我们系统在高负载下可能出现故障的位置，以及哪些组件最有可能首先出现故障。

设计思维启发的五种测试方法填补了传统测试中可能遗漏的反馈：

- A/B 测试可以提供用户对两种不同方案的反馈。
- 体验测试能够提供关于用户体验的反馈。
- 结构化可用性测试能够提供用户对多个功能区域的反馈。
- 解决方案访谈能够在产品投入生产或解决方案实施前，为我们提供宝贵的用户反馈。
- 自动化加速回归测试为功能团队、开发人员和测试人员提供了与他们的工作相关的见解，特别是关于所提出的问题修复的质量和理解。

上述的反馈机制在产品或解决方案投入生产前都非常有用。但是，一旦我们的产品或解决方案已经投入使用，我们如何继续从用户那里获得反馈呢？让我们来探讨另一种收集反馈的技术——无声设计。

20.1.3 收集无声设计反馈

无声设计（Silent Design）是我们从已投入生产（因此已被使用）的产品和服务的用户那里获得一个重要的反馈。根据彼得·高博（Peter Gorb）和安吉拉·杜马斯（Angela Dumas）在 20 世纪 80 年代的研究，"无声设计"反映了最终用户在我们将产品和服务投入生产后对其所做的改变（见图 20.2）。这些用户增强是宝贵的反馈来源。

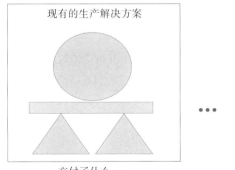
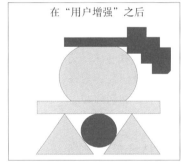

图 20.2　考虑用户对我们的生产系统所做的更改，这是另一个收集和利用他们的反馈以持续改进和维护我们的产品和解决方案的机会

从无声设计中学习可以使我们已经部署的产品和解决方案更加可用。因此，我们需要像对待用户反馈一样对待用户对我们的产品和解决方案做出的改变，因为这些改变确实是反馈。此外，

我们还需要定期、反复地寻求这类见解。毕竟，最容易实现的工作就是将用户社区提出的修改建议纳入我们的待办事项，因为用户社区正在使用我们的产品并找到了改进我们的产品和服务的方法。

20.2 策略性反馈和反思技术

虽然前面提到的技术简单，但它们非常有效。如果我们有更多的时间和预算，或者只是想以不同于往常、更深入的方式来处理反馈和反思，那么可以考虑上下文映射和持续反馈机制。这些技术将在下文中介绍。

20.2.1 构建和映射上下文

收集反馈的一种创新方法是改变我们通常的做法。与其向用户询问他们如何工作，不如亲自前往他们工作的地方，无论是实地考察还是通过虚拟方式。然后，静静地观察他们如何使用现有的产品或服务，或者他们如何使用我们的原型或最小可行产品，这些可能是我们计划推出的替代现有解决方案的产品。在观察的过程中，注意他们工作的环境和情境，并逐步构建和映射出这些上下文信息。

将这些上下文组织成各种亲和性集群或组。有些人喜欢使用"未来之轮"和"可能的未来思维"所使用的 STEEP 缩写，或者"AEIOU 提问和分类法"。还有一些人可能更喜欢创建一个自定义的情境分类法，该分类法由设计思维阶段或一系列维度组成，如环境、挑战、经济、政治和制度、不确定性、需求等。考虑将它们分别组织成一个有五个或八个部分或花瓣的圆圈或雏菊（类似于第 12 课中探讨的黄金比例分析）。

这种设计思维反馈技术结合了旅程映射、"一天的生活"分析和移情沉浸的元素。构建和映射上下文的过程涉及研究、观察、理解和移情。在这个过程中，我们通过静静地观察他人而不是亲身参与来获得洞察和同理心。尽管如此，这仍然是一个强有力的工具，可以帮助我们回顾性地学习和真正理解人们为何会有他们所表达的需求。

20.2.2 构建持续反馈机制

借鉴工程领域的经验，通过创建闭环或反馈控制系统，我们可以为产品和服务配备持续反馈的机制。其核心理念很简单：在技术和 / 或系统功能中嵌入反馈机制，让我们和我们的系统能够随着时间的推移学习并做出更明智的决策，这些决策基于提升用户体验或满意度。

- 技术检测反馈循环。这是两种选项中较简单的一种，其思想是通过系统管理工具和自动化云开发 / 运维平台，在技术栈中设置智能监控点。例如，当技术栈面临高需求时，系统可以自动分配额外的计算资源、内存或存储空间，以保持用户体验的流畅性，不受需求波动的影响。

- 功能检测反馈循环。这是两种选项中较复杂的一种，其思想是在产品功能中内置人工智能（Artificial Intelligence，AI）或机器学习（Machine Learning，ML）。这样，如果我们发现某类用户或用户画像倾向于遵循特定的使用路径，我们就可以更早地引导具有相似特征的用户走上这条路径，以期提高用户或客户的满意度。

结合技术和功能检测的反馈循环可以帮助自动化用户的重复性任务，使用户能够从更高的流程效率中受益，或更快地在我们的系统中找到正确的操作路径。例如，我们可以自动优化用户发送给客户服务功能的电子邮件的路由，以实现最佳的功能性或对特定用户群体的最大响应性。

我们还可以使用其他自动化形式来推动用户在我们的系统中进行微型调查，从而更多地了解用户做出特定选择的原因。我们也可以将 A/B 测试（我们在第 19 课中讨论过）整合到我们的工作流程中，以在产品投入生产时进行抽样调查。同样，我们可以在用户的客户旅程中注入与用户体验相关的 AI，自动化系统内的一部分结构化可用性测试或配置调查机制，自动对每 100 个尝试新功能的用户进行调查。

因此，从技术和功能两个维度为我们的平台和解决方案检测，可以为我们提供持续的反馈流，以帮助我们做出后续决策并获取其他洞察（见图 20.3）。

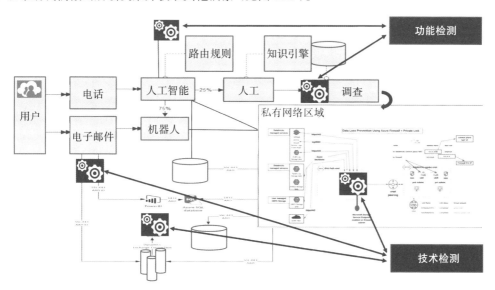

图 20.3　注意我们如何从技术和功能的角度为解决方案检测，以提供持续的反馈流和其他洞察

我们越深入理解用户及其需求，就越能提供更优质、更快速的服务，旨在提升用户体验和最终满意度。进而，更高的满意度有助于组织实现改善的收入、盈利能力和其他与组织的 OKR 相关的财务和价值成果，这在第 17 课中有所阐述。

20.3 应避免的陷阱：等待延迟反馈

虽然在任何时候获得的任何形式的反馈都很有价值，但在准备推出原型或更新 MVP 之前长时间等待反馈并不是明智之举。有一家金融服务公司就犯了这样的错误。在收集和分析一轮结构化可用性测试的反馈的同时，该公司延迟了对其基础 MVP 的更新。然后，该公司等待承诺完成新功能的冲刺……等待产品负责人和咨询经理的冲刺反馈……再等一段时间，等待承诺完成更多功能的另一个冲刺。

在这期间，该公司的基础 MVP 一直处于静止状态，仅服务于少数用户，而未能吸引更多潜在用户参与和反馈。

通过让更广泛的用户群体等待，该公司错失了提前三个月发现原型缺少一些重要功能的机会，而这些功能的完善还需要额外的几个月的时间。该公司也错失了向新用户介绍其开发中的产品的机会，这对其 MVP 的最终采纳造成了影响。

这里的教训是显而易见的。我们应该在反馈周期与其他并行工作同步进行时等待反馈。但一旦我们准备好部署原型、MVP 或对 MVP 进行更新，就应该立即行动。更多的反馈机会很快就会到来。我们不应该让对完美的追求阻碍了学习和进步，也不应该因为害怕需要返工而止步不前。返工本质上是迭代过程的一部分，它是我们在设计、开发和部署工作中应用设计思维及其技术和练习的关键。

如果我们想保持某种速度或坚持某个计划，我们就需要留下延迟反馈，用于下一轮功能更新。把延迟反馈当作给产品或解决方案积压工作的意外礼物，然后继续前进！

20.4 总结

在本课中，我们集中讨论了三种收集反馈的简单技术，包括一个综合性的方法——回顾、多种测试反馈的形式，以及为了实现持续改进而收集无声设计反馈。随后，我们探讨了两种策略性的定期反馈和反思技术——构建和映射上下文，以及为产品和服务设置持续反馈机制。本课以一个"应避免的陷阱"作为结尾，强调了延迟反馈可能带来的影响。

20.5　工作坊

20.5.1　案例分析

请参考下面的案例分析和相关问题。你可以在附录 A "案例分析测验答案"中找到与此案例相关的问题的答案。

情境

BigBank 的首席数字官 Satish 一直是反馈的坚定支持者。他在加入 BigBank 之前，就已经在有意义的反馈基础上建立了自己的职业生涯，并成功部署了多个变革性的商业项目和大型系统。

因此，当 Satish 请求你协助改善银行获取和利用反馈的方式，以支持众多 OneBank 倡议及其进展速度时，你意识到这肯定是一个重大的挑战。显然，Satish 需要在他的工具箱中添加一些新的反馈技术，并且他也有一些问题，期待听到你的独到见解。

20.5.2　测验

1）我们在这堂设计思维课中讨论的哪种技术可以揭示用户在产品或解决方案发布后所做的更改以及他们提供的反馈？

2）哪种综合性的技术能够涵盖从传统到最新的设计思维测试方法中获得的所有反馈和学习成果？

3）"回顾"这一技术框架下，包含哪三种具体的反馈技术或方法？

4）我们应该定期与设计和开发团队或其他冲刺团队进行哪种技术所推荐的持续审查？

5）关于何时获取反馈，包括如何处理延迟收到的反馈，我们应该如何向 Satish 提供建议？

第 21 课

为取得进展进行部署

你将学到：

- 避免完美主义陷阱
- 取得进展的新技术
- 部署和实现价值的前沿案例技术
- 应避免的陷阱：过早部署
- 总结与案例分析

在之前的课程中，我们对产品或解决方案进行了测试、改进，并持续迭代，通常是为了一个小规模受众群体的学习并进行精细化调整。在本课中，我们不仅讨论了部署的基础，还探讨了当我们遇到困境时，部署产品和解决方案的意义。在简要讨论了完美主义陷阱之后，我们介绍了三种创新的方法来在部署停滞后恢复速度。接着，我们讨论了两种前沿案例技术，它们在产品或解决方案的复杂性影响部署速度时特别有用。本课以一个"应避免的陷阱"的案例分析作为结尾，聚焦于过早部署带来的实际教训。

21.1 避免完美主义陷阱

我们之前已经了解到，不能无休止地迭代，直到找到一个完美的解决方案。完美并不存在；总有更多任务待完成、更多功能待开发和实现，同时还需要在解决方案中识别和体现新的需求。

- 设计永远不可能彻底完成。我们需要设定一个明确的界限，并声称从发布的角度来看设计已经完成。任何后续的设计变更请求应该放入下一个发布周期的待办列表中。
- 因此，开发也永远不会完全结束。但我们仍然需要有一条底线，即至少从发布的角度看，目前的功能开发已经完成。新申请的功能需要推送到下一个版本。

- 以各种必要的形式对发布的产品进行测试，这也很有诱惑力，可以让我们无休止地继续下去。但是，我们最终需要声称测试已经足够好了。
- 最终用户培训以及与解决方案就绪和采用相关的其他职责，同样会受到以下因素的影响：我们希望做到百分之百就绪，但同时又需要及时培训、就绪和获得帮助，从而使就绪程度低于百分之百。

避免完美主义陷阱的关键在于设定和管理期望。在正确的时间与正确的人进行正确的对话，可以为我们的成功奠定基础。几乎在所有情况下，人们更希望我们取得进展，并且当我们进行了合适的讨论并讨论了权衡之后，他们通常会接受这种观点。虽然完美是进步的敌人，但"够用"是它的盟友。

21.2　取得进展的新技术

在第 17 课中，我们探讨了进展心态和一系列取得进展的技术，这些技术集中在从小事做起、快速交付小的价值，并围绕一系列目标和可衡量的关键成果来组织价值观念。

但如果我们面临根本性的交付挑战怎么办？如果我们需要退后一步，尝试一些不同的事情，才能成为我们希望成为的创造者呢？在这些情况下，我们可能首先需要尝试一套预备技术，这些技术将在下文中探讨。将这三个技术结合起来，就可以形成一个在其他方法似乎无效或已被证明无效时取得进展的方案。

21.2.1　修复破窗

在取得进展之前，我们可能需要先放慢速度，解决围绕我们的团队和用户的那些看似小的问题。根据犯罪学和社会理论中的"破窗理论"，显而易见的未解决的忽视或不良行为的迹象会助长更多的忽视和更糟的行为。反之，正如犯罪学家詹姆斯·Q. 威尔逊（James Q. Wilson）和乔治·L. 凯林（George L. Kelling）在 1982 年的 *The Atlantic Monthly* 中所说的那样，如果我们能够及时解决这些小问题和被忽视的迹象，那么更严重的问题和忽视出现的可能性就会大大降低。不良行为会引发更糟的行为，而良好行为则会促进更好的行为。

因此，当我们的技术团队谈论取得进展时，第一步可能就像将项目或计划搁置一旁一样简单，首先清理和组织工作场所……或修复网站的断网问题……或恢复在新冠疫情期间自然消失的为所有人提供免费咖啡的福利。对于我们的用户社区，那些进入并实际修复破损的工作环境并清理共享空间的团队，在搬入之前有更好的机会建立积极的情绪和支持。当我们在早期就投资成为解决方案的一部分时——当我们采用"修复破窗"技术时——其他人会记住并回应这一点。

21.2.2 避免阿比林悖论

1974 年，杰瑞·B. 哈维（Jerry B. Harvey）在" The Abilene Paradox: The Management of Agreement"中讲述了一个故事：一个四口之家在炎热的德克萨斯州的家中舒适地玩着多米诺骨牌。其中一位家庭成员担心其他人对游戏感到无聊，提议全家开车一小时去最近的阿比林市吃饭。其他家庭成员一个接一个地表示同意，他们错误地认为其他人可能也想要在炎热的天气中开车一个多小时去吃饭。

结果，没有人真的想去阿比林市。这个家庭白白浪费了几小时开车去那里，然后又开车回来，而且晚餐也令人失望，没有人感到满意。4 小时后，他们回到了起点，没有取得任何进展，如图 21.1 所示。

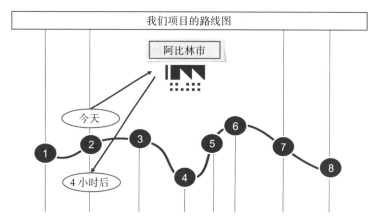

图 21.1　如果我们不询问他人并表达自己真正的愿望和需求，我们就可能像阿比林悖论一样，浪费宝贵的时间和精力却一事无成

教训很简单：在做出可能耗费团队时间和进展的决策之前，我们需要了解人们真正的愿望和需求。面对可能不必要的旅程时，考虑如何以一种谨慎或匿名的方式调查团队，以确认他们真正的愿望和需求。我们也需要勇于表达自己真正的愿望和需求！我们可能会对发现的结果感到惊讶。更重要的是，我们可以避免那些不必要的绕道和阻碍进步的反捷径。

21.2.3 降低认知负荷

有时我们难以取得进展，仅仅是因为我们被过多的信息和思考任务压垮。认知负荷过重可能会阻碍或减缓那些本应知道下一步行动的人和团队。过度的认知负荷可能会剥夺我们采取当前理解的最佳行动的能力，反而让我们陷入无尽的思考循环。

降低认知负荷的技术关键在于识别并减少我们给自己和他人带来的不必要的负担。完成思考和创意构思后，我们如何从思考转向行动？我们如何重新集中注意力并开始执行任务？我们可能需要以不同的方式思考或行动来启动执行过程？

例如，我们可能会发现为认知活动设定时间限制很有用，可以创建一个明确的停止点或推动我们向前的机制，以便继续前进并完成任务。当我们发现自己停滞不前时，这些是重要的考虑因素和问题。记住行动的力量，并采取必要的步骤来实现转变！

21.3 部署和实现价值的前沿案例技术

正如前文所述，我们拥有可以帮助维持或恢复进展速度的技术。当复杂产品的部署或解决方案的实施变得过于困难时，以下两种前沿案例技术可能会有所帮助。

21.3.1 逆向发明

有时，复杂性的压力会阻碍我们部署和实现价值。正如书中众多例子和案例研究所展示的，当我们希望为用户提供拥有最大价值的愿望时可能会让我们陷入僵局。我们可能会等待更多的冲刺阶段完成，或等待用户界面的完善，或等待数据加载无误，或等待我们的最小可行产品添加最后一刻的功能。在某些情况下，这种等待是必要的。

然而，在许多情况下，正是这种等待阻碍了我们部署和实现价值。在这些情况下，可能是时候采用逆向发明的方法来重新取得进展了。逆向发明要求我们去除功能和复杂性，以简化设计、原型或最小可行产品，如图 21.2 所示。这样的练习针对的是我们仍在努力解决的功能或特性，是

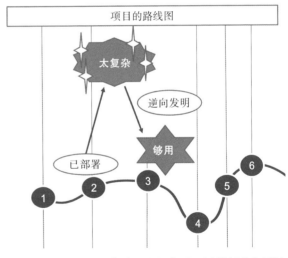

图 21.2 当部署停滞时，逆向发明可以带领我们到达一个地方，在那里我们至少可以取得一些进展，同时解决阻碍的复杂性和其他细节问题

我们的 A/B 测试、结构化可用性测试和其他早期测试显示我们尚未掌握的正确的功能和特性。当用户在解决方案访谈中告诉我们某项功能令人恼火，应该删除时，那就删除吧。听从他们的建议，哪怕只是短期的。并继续与小型社区一起完善和迭代那些令人恼火和有问题的项目，以便有一天我们能再次在我们的精简设计、原型或最小可行产品的基础上进行构建。

21.3.2　平衡必要与偶然

在我们为取得进展进行价值部署的过程中，有时会发现复杂性阻碍了价值的实现。实际上，我们本应通过原型设计、测试、最小可行产品和试点项目的反馈更早地发现这种情况。当这种情况发生时，重要的是能够退后一步并思考：

- 复杂性源自何处？
- 这种复杂性是否绝对必要？
- 复杂性是不是偶然产生的，是否是其他决策或疏忽的结果？
- 在我们妥善解决这个复杂性问题的同时，是否有一个更简洁的设计、界面或可交付成果可以迅速实现？

平衡必要与偶然技术的价值在于帮助我们从眼前的复杂性中思考出什么才是真正需要的。当我们考虑一个复杂的想法、设计、界面、交付成果、部署流程、入职方法等时，重要的是要了解可以去除的复杂性与必须去除的复杂性。例如，在一个想法、设计或界面中发现的价值与失去这种价值之间，往往有一条模糊的界限。如图 21.3 所示，这条线将必要与偶然、必需与非必需或可选区分开来。

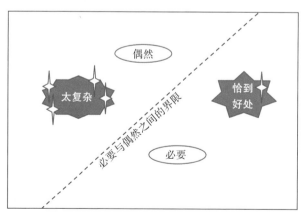

图 21.3　找出必要与偶然之间的细微差别，可以帮助我们发现不必要的复杂性，并将其剥离出来，重新取得进展

我们如何将平衡必要与偶然的技术应用到我们的产品中？我们如何学会识别这条将必要与偶然分开的界限？

- 某些特性比其他特性更为必要。我们是否可以追溯到用户社区早期认为必要的特性的记录？
- 强制排名可以帮助我们找到必要与偶然之间的界限。我们能否使用第13课中提到的"购买特性"技术，迫使用户明确表示他们真正需要什么，从而区分出"资金"支持的必要特性和非必要特性？
- 评估和讨论也可以揭示必须拥有的和有则更好的之间的界限。我们能否通过匿名调查找到那条界限？

要明确的是，我们经常发现偶然的功能实际上非常有用。我们甚至可能依赖这些偶然产生的功能。考虑一下，在某个冲刺阶段，可能会偶然引入在某些报告中显示数据的方式。用户可能发现这种偶然的方式很有用并加以利用。几周或几个月后，在后续的冲刺阶段中移除这种偶然的方式后，我们可能会遭到那些已经依赖该方式的人的反对。无论如何，正如我们通过用户的反馈更好地了解用户一样，我们可能会将这些新发现或新理解的需求纳入我们的冲刺和发布计划中。

21.4 应避免的陷阱：过早部署

虽然我们一直强调追求完美主义的危害，但实际上，团队往往更愿意提供某些成果，而不是空手而归。毕竟，团队需要展现自己的价值，商业领袖和资助者自然也会推动价值的实现。在涉及原型、最小可行产品和试点项目时，尽早并频繁地部署是正确的思维方式。

但是，当我们向更广泛的用户群体部署产品或解决方案时，过早部署会带来问题：用户的看法和接受度。如果产品或解决方案没有经过充分的测试和完善，并且我们没有适当地管理用户对我们不完善技术的期望，那么用户在第一天就会对我们的工作产生负面看法和情绪。如果几天内没有任何改进，我们甚至可能面临失去用户的风险，因为用户可能会反对接受我们的产品或解决方案。

这样的例子比比皆是，通常反映了传统的瀑布流开发和部署方式。以一家大型制药公司为例，该公司在企业资源计划解决方案上投入了超过三年的时间。在花费了6000万美元的咨询和许可费用之后，该公司向一小群高级且可能有影响力的用户展示了解决方案，并最终将其部署到了更广泛的用户群体中。结果在第一天就发现，这项巨额投资在外观、功能和性能方面没有达到许多用户的期望。为什么会这样？因为企业资源计划项目和业务团队没有进行受设计思维启发的活动，这些活动本可以帮助他们避免这样的结果。

例如，几乎没有原型设计，除了一小部分亲朋好友外，没有任何演示。该公司拒绝运行最小可行产品，因为担心会暴露一个功能完备的系统，而且该公司错误地认为自己的"现身说法"演示几乎同样有效，成本也低得多，所以决定不进行试点项目。最终，这家制药公司的花费远远超出了预算，仅仅是为了弥补已构建系统与最终用户期望之间的差距。

21.5 总结

在第 21 课中，我们假设我们最终可以开始更广泛地部署我们的产品或解决方案。在简要讨论了完美主义陷阱之后，我们介绍了三种新颖的技术，以解决进展停滞或陷入困境时的问题：修复破窗、避免阿比林悖论和降低认知负荷。每种技术都解决了与部署进展相关的一个独特挑战。然后，我们概述了两种前沿案例技术，这两种技术在部署复杂产品或解决方案过于困难时非常有用，包括逆向发明和平衡必要与偶然。我们以一个"应避免的陷阱"案例研究结束了第 21 课，重点关注过早将产品和解决方案部署到生产环境的教训。

21.6 工作坊

21.6.1 案例分析

请参考下面的案例分析和相关问题。你可以在附录 A "案例分析测验答案"中找到与此案例相关的问题的答案。

情境

银行的首席数字官 Satish 以及你的赞助商对项目部署的延误和出现的意外问题感到忧虑。其中一些借口让他担心，两个项目负责人可能过度设计了他们的解决方案。在其他情况下，Satish 担心的是追求完美的测试和培训。你提醒他，有很多技术和练习可以用来思考部署问题并恢复进展。

作为回应，Satish 召集了一个研讨会，邀请了所有参与银行 OneBank 项目计划的部署专家。他希望你介绍一些超越传统部署方法的新技术或方法，特别是那些专注于恢复停滞不前的部署项目并重新获得失去的动力的创新技术。

21.6.2 测验

1）许多组织在避免完美主义陷阱方面难以应对的四个例子是什么？

2）哪种技术反映了不良行为导致更糟行为的前提？

3）阿比林悖论故事的寓意是什么？

4）哪种设计思维技术假设简化产品、解决方案或服务可以有助于其被采纳？

5）在哲学或设计思维中，致力于平衡必要与偶然意味着什么？

规模化运营

你将学到：

- 有效扩展的技术和练习
- 运营的弹性技术
- 维持系统和价值的技术
- 应避免的陷阱：规模与功能要求
- 总结与案例分析

在本课中，我们将超越简单部署解决方案的意义，转而关注扩展解决方案及其背后团队的意义。我们将探讨随着用户群的增长，在幕后提高运行弹性所需的操作和维护变化。最后，我们还将探讨另外三种技术，用于维持新扩展的系统。在本课的最后，我们还将讨论和解决与"我们应该通过扩展来满足更多用户的需求，还是应该构建更多功能来满足现有用户的需求？"这一问题相关的"应避免的陷阱"。

22.1　有效扩展的技术和练习

在商业和公民赋能解决方案的领域，最终目标是让更多人使用并从这些解决方案中获益，这超越了仅为最小可行产品或试点项目开发新功能的需求。扩展我们的解决方案意味着扩大我们的技能范围和团队规模，以及增强支持团队的能力。然而，如果我们的人员扩展策略不够周全，我们可能无法将我们精心打造的解决方案有效地推广到更广泛的目标群体中。

幸运的是，有几种受设计思维启发的策略可以帮助我们有效地扩展团队。在接下来的内容中，我们将探讨如何通过"五人团队扩展"（Scaling by Fives）来扩大团队规模。我们还将探索如何通过"减法游戏"（Subtraction Game）来提升团队的效率和速度。此外，我们将讨论如何利用"反脆弱性验证"（AntiFragile Validation）来确认个人的强项或韧性，同时为团队的长期发展做好准备。将这些技术和方法结合起来，可以形成一套强有力的扩展策略。

22.1.1　五人团队扩展

在工作场所，我们可以看到不同规模的团队和工作组。一些团队规模庞大，领导者与员工的比例可能在 1：20 到 1：50 之间。在其他情况下，小团队通常由既负责管理又参与日常工作的个人领导，这些领导者与员工的比例通常在 1：5 到 1：10 之间。项目经理可能管理着由 5 ～ 50人组成的虚拟团队，这些团队成员仍然有各自的直接上级。还有一些组织采用自管理团队模式，团队中的管理和领导角色是由团队成员共同决定并分散在较小的 3 ～ 10 人的特定团队或其他自管理、半自治的团队中。

如果我们关注团队的增长和可扩展性，最佳的方法是什么？专家、经验和研究一致认为，理想的团队规模为 4 ～ 6 人，这促成了"五人团队扩展"技术的发展。

"五人团队扩展"的核心不在于控制范围或管理结构的类型，而在于最有效率的团队规模。研究显示，最佳的团队规模是 5 人，当团队规模达到两位数时，团队的功能障碍和其他性能问题会急剧增加。美国海军海豹突击队和海军陆战队的作战小组通常由 4 人组成。同样，麦肯锡的团队也是按这种方式组织的。典型的外科手术团队由 6 人组成，而研究也表明，创新团队的最佳规模为 4 ～ 6 人。

正如我们在图 22.1 中所看到的，随着团队规模的扩大，需要更多的点对点沟通和协作，而这增加了额外的沟通成本。这些沟通的复杂性最终会消耗团队宝贵的协作带宽，影响团队的效率和决策速度。

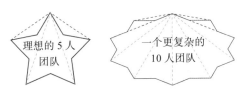

图 22.1　通过增加由 4~6 名成员组成的团队来扩展组织；团队成员数量的增加会带来点对点沟通的复杂性，增加工作负担，影响团队的协作效率

⊙ 注释

两个比萨规则！

亚马逊的杰夫·贝索斯（Jeff Bezos）曾提出"两个比萨规则"。他认为理想的团队规模是不超过两个比萨能喂饱的人数，大约为 4 ～ 6 人。

22.1.2　减法游戏

随着团队规模的增长，可能会超过 5 或 6 个人，这时我们需要思考哪些因素可能成为团队的负担；在团队成长的过程中，哪些因素不再有效，需要去除。思考这些问题的一种方法是进行减法游戏。

时间和人员：进行减法游戏练习需要一个完整的团队（大约 4 ～ 10 人），总耗时 20 分钟。

减法游戏是一种集中且有时间限制的活动，它结合了发散性思维和头脑风暴的元素。整个过程分为三个阶段，总共只需要 10 分钟，之后用 10 分钟来分享和讨论哪些内容应该被剔除，以及如何实施：

1）在最初的 3 分钟内，每位团队成员独立思考团队或工作组的当前运作方式。团队中哪些方面或外部因素构成了制约？哪些因素曾经有用，但如今却阻碍了进展或速度？是什么增加了不必要的摩擦，或使我们的团队和个人注意力变得分散？发散性思维的目标是数量，想法和减法目标的清单越长越好。

2）接下来的 4 分钟里，团队成员两两配对或 3 人一组，相互分享各自的思考结果，并在小组列表中添加新的可能需要剔除的目标。

3）再接下来的 3 分钟内，这些小组讨论并集中意见，确定一个共同的减法目标。小组设想如何将某一项从所有合并的清单中剔除？考虑到 2 ～ 3 人小组的人数较少，3 分钟足够了。注意不要对这项减法练习想得太多。一个人数如此少的小组，与挑战如此接近，应该很快就能确定要剔除什么以及如何剔除。

时间结束后，团队成员轮流向其他小组展示和讨论各自的减法目标。必要时，向其他团队成员展示，以便进一步讨论、确定优先级，并实施这些改变，以维持团队的效率和进展速度。

22.1.3　反脆弱性验证

根植于心理学和医学，并由纳西姆·塔勒布（Nassim Taleb）于 2012 年推广的反脆弱性概念，鼓励我们从力量的角度来看待个人的压力和挑战。我们是如何通过挑战和逆境而变得更强大的？不只是生存或应对，而是变得更强大，这是脆弱的反面。就像骨折后的骨骼在受到外部压力后愈合得更快并且更强壮一样。具有反脆弱性的人不只是从逆境中恢复过来，而且他们变得更强大。反脆弱性不仅仅是弹性的体现；它意味着从困难中走出来时变得更好、更强。

反脆弱性验证旨在确认我们如何将生活的压力转化为新的力量和适应性的工具和经验。我们如何验证反脆弱性？

- 寻找一种坚持不懈的态度，这种态度表明我们将战胜困难。这种态度体现了反脆弱性。我们都经历过艰难的工作情况和难处理的人际关系。如果我们告诉自己我们将在这些情况和人际关系中生存下来，并且我们确实做到了，我们就是在展示我们的反脆弱能力。

- 注意压力的外在迹象及其内在表现。我们是否正在经历并释放这些压力？如果我们允许自己将压力和挑战视为只需要我们暂时关注的事情，那么我们就体现了一种反脆弱的视角。反脆弱的人接受困难终将结束的事实。

- 理解我们的同事和团队在反脆弱性认识上的定位。他们如何应对？他们如何成长和适应？考虑团队文化或工作场所氛围如何体现反脆弱性态度。团队是否以健康的方式运作并响应围绕团队合作、项目和时间表的不可避免的压力？

反脆弱性验证涉及与我们的团队和我们自己保持联系，探索我们和我们的团队如何应对困难和创伤。自我治疗不是反脆弱的做法，忽视压力也不是。具有反脆弱性的人会认识、面对并采取措施来管理压力。帮助可以在与他人建立联系时找到，就像网状网络、塑造共同的身份感、积极倾听等。反脆弱性的最明显迹象在于个人和团队在有效应对、成长和进步方面的记录。

"风熄灭了蜡烛，却助长了火。"——纳西姆·塔勒布（Nassim Taleb）

22.2　运营的弹性技术

借鉴第 19 课中提到的服务可靠性工程的概念，我们不仅需要加强和自动化我们的解决方案，还需要加强和自动化我们的团队。反脆弱性验证帮助我们超越了单纯的弹性，此外还有一些实用的技术可以增强团队的弹性。设计思维为我们提供了一套有趣的技术工具箱，其中包括两种直接从灾难恢复和风险管理领域借鉴的技术。在接下来的部分，我们将探讨伙伴系统配对（Buddy System Pairing）和"杀死英雄"（Slaying the Hero）。这两种技术共同构成了一个经过实践检验的组合，是提升团队弹性的有效策略。

22.2.1　伙伴系统配对用于风险管理

团队成员之间的配对合作是一种常规做法，包括将新成员与资深成员配对。新成员能够从资深成员那里获得智慧和经验，而资深成员也能学习新的思考和工作方法。这种配对方式称为伙伴系统配对，它是最有效且历史悠久的技术之一，用于确保冗余，并尽可能快速地进行知识传递，同时保障和维护运营。通过这种有意识的冗余，伙伴系统配对不仅提供了运营的弹性，也是风险管理和灾难恢复的重要实践。

伙伴系统配对还有更多的好处。我们可以向我们联系的那些有良好意图和积极态度的人学习，并付诸实践。第一步很简单，就是出现并建立联系。

第二步，我们与谁建立联系，这同样重要。例如，如果我们或我们的领导真的对更智能的成长和执行感兴趣，我们需要有意识地建立多样化的伙伴关系。考虑以下几点建议：

- 我们应该与那些看起来或听起来与我们自己或团队成员不同的人建立联系。
- 我们应该考虑如何与伙伴合作；观察、学习和思考另一个人的日常生活，这在确定伙伴关系之前是一个理想的步骤。
- 我们还应该考虑与不同的人建立短期联系，以接触到更多思考和执行的方式。

在建立伙伴关系时，我们需要考虑伙伴过去的成功和学习或失败的记录，这有助于我们吸取教训和学习。例如：

- 与有完成困难项目和计划的经历的伙伴建立联系。
- 与那些可能担任高级职位的人建立联系，从而从更广泛的经历中学习。
- 联系一位在克服模糊性和不确定性方面享有盛誉的伙伴。这样的伙伴可以帮助我们了解角色的"内容"以及驾驭复杂性的"方法"。

请再次牢记，与他人结成伙伴关系不仅能帮助我们的新成员或初级成员，也能帮助伙伴关系中的另一半。结成伙伴关系自然也会帮助其他同事和整个团队。有意识地配对并相互依靠，会以一种有趣的方式让每个人变得更加强大。这是我们结成伙伴关系的根本原因。

22.2.2 "杀死英雄"以增强系统弹性

我们的下一个技术是"杀死英雄"，这是灾难恢复计划和演习中长期采用的一种方法。这个概念既简洁又明智，对我们而言，它类似于进行"人类原型设计和测试"。我们利用这种技术来检验我们的系统和流程在人力资源方面的弹性。

在工作环境中，我们可能视 Faizel 为我们的明星级生产支持专家，也是我们解决方案的全面主题专家。我们日常依赖 Faizel，尤其在系统进行月度更新和年度灾难恢复演习时更是如此。没有 Faizel 我们简直不知所措。这正是为什么我们需要偶尔象征性地"杀死"Faizel：观察团队如何在他缺席时"挺身而出"，接管他的职责。

为什么"杀死英雄"如此重要？人们常说每个人都可以被替代，但对于 Faizel 的技能、冷静的性格和解决任何问题的能力，我们并不那么确定。然而，就像一个好的系统一样，我们不能让一个人成为单点故障（Single Point Of Failure，SPOF）。Faizel 确实是一个 SPOF；例如，他是团队中唯一的网络中心技术专家。我们需要"人员冗余"，正如我们在云基础设施和新一代云应用程序中内置了技术和设施的冗余那样。

当 Faizel 突然休假时会发生什么？如果他需要留在家中照顾生病的亲人怎么办？如果他有一天突然消失怎么办？我们的应对策略是什么？更具体地说，"谁"可以应对这些问题？在这些情况真正发生之前，我们需要在心理上（通常也需要通过实际的演练）预演这些情景。通过设想我们的关键人物、团队或流程——以 Faizel 为例，我们的英雄——暂时从场景中被移除，将会发生什么。如果在图 22.2 中，我们唯一的网络中心技术专家 Faizel 消失了会怎样？我们有备份计划吗？

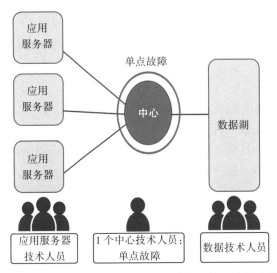

图 22.2　运用"杀死英雄"技术来模拟和测试我们的人类单点故障（SPOF）

利用"杀死英雄"来模拟和测试我们团队的弹性，以及我们个人从轻微的系统故障到重大灾难中恢复的能力。我们是否过度依赖某个特定的人、系统或流程？我们是否拥有足够分散的正确技能？在紧急情况下，我们是否有可以依靠的备选人员和合作伙伴？提前了解这些选择——并通过思考和测试在没有我们的英雄的情况下我们将如何运作——将帮助我们在现实世界中不可避免地遇到这些情况时能够生存下来。

22.3　维持系统和价值的技术

一旦解决方案开始产生预期效益和其他成果，我们就更需要关注其可持续性。价值和其他效益只能通过一种规范性的策略来持续，这种策略涉及运营、监控、升级、发展和扩展我们的解决方案，并与我们的人员和团队保持一致。

22.3.1　规模化运营结构

随着我们完成部署并开始大规模运营，我们需要规划，并随着时间的推移优化我们的大规模运营结构。我们需要像对待我们的产品、服务和解决方案一样，对我们的支持组织进行原型设计、测试和加固，以便它们可以帮助我们维护一个可用的、可扩展的和有弹性的解决方案。有许多需要考虑的因素，但其中一些最容易被忽视的包括：

- 时间。一旦我们部署了最小可行产品，或试点项目，或其他类似生产解决方案，支持一群最终用户，就应立即建立初步的支持组织。
- 发展。请记住，我们的支持组织需要随着解决方案的开发和部署而成长；将此需求视为迭代的另一个要求，以便我们微调支持结构及其与用户社区的联系。
- 入职。尽可能早地让关键支持人员参与到解决方案的生命周期中，以积累机构知识和经验。

我们还要考虑所需的支持范围。准备大规模运营结构意味着要将人员置于我们可能遇到的特定问题和情况的核心位置。对于大规模运行的系统：

- 我们的解决方案团队将需要来自内部或签约的开发和测试团队的帮助，这些团队负责维护和更新。
- 我们的全球用户社区需要一个以某种形式全天 24 小时提供服务的一级（L1）帮助台。
- 我们的一级帮助台将需要知识管理能力，以及用于处理升级事宜的二级支持（有时称为L2 或二级支持组织）。
- 我们的二级支持组织将需要与硬件和基础设施提供商、云服务提供商、应用和软件提供商、安全和第三方应用供应商等进行联络（通常是 L3 或三级应用支持团队的职责）。

我们还需要雇用更多的团队和人员来提供支持。实践我们的设计思维流程，以了解与我们的产品和解决方案相关的无数人员和团队，并与之共事。通过有意识地建立合作伙伴关系并尽早建立支持组织，我们可以有意识地保持解决方案的实用性及其对最终用户和利益相关者的价值和其他益处。

22.3.2 验证 OKR 和价值

一旦解决方案部署到生产环境——无论是作为最小可行产品、试点项目，还是作为完整的生产系统——我们就需要持续地维持其带来的效益。为此，通常会建立一个有意识且持续的价值或效益工作流。需要明确的是，在构思、解决问题、原型设计和测试的过程中，我们应当不断验证并思考价值的衡量标准。但是，一旦用户和客户开始从设计思维过程中获得价值，我们就应该积极并定期确认：

- 我们是否实现了解决方案目标中确定的价值。
- 我们是否能够以一系列客观特定的关键成果来衡量这一价值。
- 我们是否使我们的人员和团队与价值创造和维持过程保持一致。
- 我们是否采取了必要的措施来维持并增长这一价值。

组织的可持续发展计划必须体现出实现和衡量价值的必要性。一个好的可持续发展计划应与组织的愿景、使命、不断发展的战略、用于实现价值的产品和解决方案，以及为实现和衡量组织战略、产品和解决方案的有效性而制定的各种目标和关键成果相匹配，所有这些都是促进组织进一步发展和转型的绝佳反馈回路。

22.3.3　利用无声设计促进可持续发展

正如之前在第 20 课中所概述的，我们绝不能忘记从用户在生产过程中对我们的产品和服务所做的"无声设计"选择中吸取经验教训。请记住，用户社区对我们的生产系统所做的修改和增添，是收集和利用他们的反馈意见来不断改进和维持我们的产品和解决方案的又一次机会。

作为设计领导者和思考者，我们需要向那些在使用我们产品时遇到已知和未知问题的用户学习。我们需要在学习过程中保持主动，将这些经验教训融入我们的产品和解决方案的待办事项中。我们越早采取行动使我们的产品和解决方案更加有用，就越能为每个目前采纳和适应它们的用户节省时间。

22.4　应避免的陷阱：规模与功能要求

当我们到达必须提供可衡量价值的时间点时，我们需要最终决定何时应该优先考虑扩展规模而非新增功能；也就是说，当一个社区的众多需求超过少数超级用户的一厢情愿的需求时。对于一家有百年历史的保险公司，其 CRM 项目的业务联络人最终不得不独自做出这个决定。她的技术领导搭档似乎乐于继续改进一个成功的最小可行产品的功能。该最小可行产品最初拥有 40 位非常满意的用户，六个月后，尽管该最小可行产品在功能上有了显著提升，却只服务了 50 位满意的用户。

与此同时，该公司的业务部门迫切需要长期承诺的解决方案。该公司已经厌倦了夜间界面更新和在不同系统和屏幕间手动切换的临时解决方案。它同样厌倦了在过去九个月里由技术领导者不断推迟的"下一季度"部署承诺。

该公司的业务联络人最终不得不介入，要求将当前解决方案原封不动地提供给该公司的其他部门。她正确地指出解决方案已经"够用"。是时候让用户对规模扩展的渴望大于对新增功能的渴望了。在接下来的三个月里，每 2～3 周，就有 500～1000 名不同部门的用户加入。与团队预期的一样，这些新用户对他们的新解决方案非常满意。解决方案的业务联络人帮助整个组织在部署和实现价值的过程中避免了一个重大障碍。

22.5　总结

在第 22 课中，我们探讨了如何通过五人团队扩展、减法游戏和反脆弱性验证来扩展和完善我们的解决方案背后的团队。接着，我们介绍了两种有助于提高运营弹性的运营和维护技术，这些技术对我们不断增长的用户群来说至关重要，包括伙伴系统配对和"杀死英雄"。之后，我们探讨了三种额外的技术，用于维持我们新扩展的系统，包括规模化运营结构、验证 OKR 和价值，以及利用无声设计促进可持续发展。第 22 课以一个关于避免"规模与功能要求"决策的"应避免的陷阱"作为结尾。

22.6　工作坊

22.6.1　案例分析

请参考下面的案例分析和相关问题。你可以在附录 A "案例分析测验答案"中找到与此案例相关的问题的答案。

情境

Satish 和 BigBank 执行委员会对你在协助他们的计划领导者、行政人员及其他利益相关者方面所提供的支持表示满意。目前，他们希望借助你的帮助来扩展 BigBank 的几项 OneBank 计划，这是他们重塑银行的未来和创新银行提供新的业务能力和成果的方式的一部分。Satish 已邀请你主持一个问答会议，以解答执行委员会关于扩展方法、解决方案的可扩展性策略、运营上的各种考量等方面的问题。

22.6.2　测验

1）尽管存在多种方法，我们探讨了哪两种方法，可以为像 BigBank 这样的组织提供一种思考和扩展支撑银行各种项目和计划的团队的方式，尤其是在它们变得高效并迅速发展时？

2）哪种技术迫使我们考虑价值衡量标准，以及价值观念可能如何在项目生命周期中发生变化？

3）哪两种技术可以增强运营弹性？

4）在追求解决方案和系统可持续性的总体目标中，无声设计扮演着什么角色？

5）哪种技术可能帮助 BigBank 考虑其团队及人员的脆弱性？

第 23 课

巩固变革

你将学到：

- 变革管理与采纳
- 四阶段变革过程
- 创建意识的方法
- 提供目的的技术
- 通过设计思维激发准备
- 采纳变革的四种技术
- 把握变革时机的技术
- 应避免的陷阱：延迟变革管理
- 总结与案例分析

在第 23 课中，我们将探讨一系列简单易行的变革管理与解决方案采纳技术与练习，目的是使我们的新解决方案在用户群体中"黏性"十足，持久有效。我们将这些设计思维技术和练习与一个简洁的四阶段变革管理与采纳模型相结合。在介绍创建意识、提供目的、激发准备以及采纳变革所需的工作的过程中，每个阶段都引入了一些流行的设计思维方法。本课以一个重要的"应避免的陷阱"结束：在解决方案的设计、开发和部署周期中，不要错误地认为变革管理可以延迟处理。

23.1　变革管理与采纳

从广义上讲，变革管理与采纳涉及实现和接受变化所需的流程和技术。这些方面虽然至关重要，但常被忽视；因为管理变革既耗时又辛苦。因此，我们希望接下来分享的技术和练习，对经验丰富的变革管理专家同样有所帮助。

⊙ 注释

变革管理与变革控制

在我们讨论的背景下，变革管理和变革控制服务于两个完全不同的目标。变革管理专注于帮助个人应对变革带来的挑战，特别是当用户社区需要采用新产品或业务解决方案时，或者是当技术团队需要在设计、开发和部署新的业务解决方案过程中学习并采纳新技术时。而变革控制则专注于追踪和记录一个计划或项目的变更，而不是关注那些执行或受益于该计划或项目的人。

什么是变革管理？我们可以把它看作用户社区及其支持技术团队为了解、理解、准备和接受运营方式变革而必须采取的步骤。如图 23.1 所示，这一变革过程看似简单。

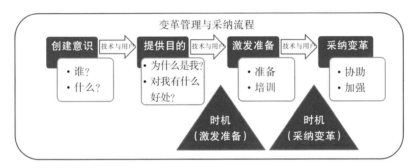

图 23.1　变革管理与采纳流程体现了用户社区和与之合作的技术团队在变革过程中必须经历的步骤

采纳尤其涉及图 23.1 所示的变革管理与采纳流程的最后阶段或步骤，即用户社区实际使用或采纳某项变革，或技术团队实际与支持用户群的技术进行互动并部署该技术。这些变革可能包括新的运行方式，以及支持这些新运行方式的新技术或更新技术和解决方案。

正如我们从经验中了解到的，采纳可能是人们最难迈出的一步。我们倾向于坚持旧有的运作方式。在一个复杂且不断变化的世界中，我们经常珍惜那些暂时保持不变的事物——它们给我们带来安慰，并在我们周围的一切都在变化时成为我们的依靠。

⊙ 注释

人与变革

变革需要时间，因为它是逐渐被个人接受的。请记住，是个人在采纳变革，而不是团队或组织。

然而，一切最终都会变化。当那些给我们带来安慰的事物最终也发生变化时，理解和采纳新事物的过程对于成功变化至关重要。

23.2　四阶段变革过程

许多模型和方法可以帮助人们和组织引导和思考变革。伯克·利特文（Burke Litwin）详尽的十要素变革模型和科特（Kotter）众所周知的八步变革模型是变革领域长期以来的两个重量级模型。PROSCI 的变革模型是一个更简单、更高效的三阶段变革过程，以及针对个人变革的五步方法。

如图 23.1 所示，我们将变革过程划分为四个阶段，这些阶段普遍与大多数流行的变革管理模型相吻合。这些阶段包括创建意识、提供目的、激发准备和采纳变革。接下来将详细讨论这四个阶段。

23.3　创建意识的方法

几乎所有的变革管理专家都一致认为，创建意识是促成变革的关键且初期的行动。对我们而言，创建意识意味着了解谁将使用新产品或解决方案或受到即将发生的变革的影响，以及这一变革具体包含哪些内容。图 23.2 展示了一些有助于创建意识的技术和练习，包括：

- 全局理解能够帮助我们把握将使用我们的新产品或解决方案，或以其他方式受到变革影响的更广泛的社区。通过这种方式，我们可以设计更有针对性的意识创建活动和宣传资料。
- 分形思维可以让我们了解组织、公司、行业或更广泛的生态系统中的高层对我们的影响。有了这种认识，我们就能创建能在组织不同层面产生共鸣的宣传活动和倡议。
- 利益相关者增强映射有助于识别用户社区中的关键领导人物、支持者、指导者、教练等促进者。考虑这些人的言论和我们所认为的他们所思考的内容，可以为我们提供更深层次的洞察。
- 通过用户画像分析和分组，我们可以更精准地识别出需要针对哪些群体进行特定变革。这包括受影响的用户社区以及支持产品或解决方案的不同技术团队角色和人物。
- 利用封面故事模拟激发兴趣，将用户社区或技术团队与新的技术驱动商业愿景紧密联系起来。
- 考虑采用思维疏通和放弃旧观念的技术来创建意识，克服过去的错误，并改善抵触情绪。
- 最后，使我们的"想法"和宣传资料可见和可视化，以促进更快的共识形成，并与参与变革的社区和技术团队在多个层面上建立联系。

对于一些受众，我们甚至可能深入挖掘潜在的问题或情况，以建立联系并获得更深层次的认可。在第 9 课中，我们使用的技术可能有助于创建此类意识，包括问题树分析、问题构建和问题陈述。

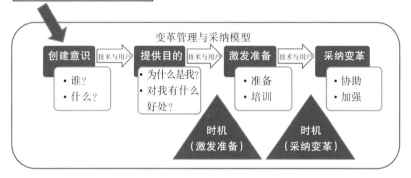

- 全局理解
- 分形思维
- 利益相关者增强映射
- 角色分析
- 封面故事模拟
- 思维疏通
- 放弃旧观念
- 使想法可见和可视化
- 问题树分析
- 问题构建
- 问题陈述

变革管理与采纳模型

创建意识 →（技术与用户）→ 提供目的 →（技术与用户）→ 激发准备 →（技术与用户）→ 采纳变革

创建意识
- 谁?
- 什么?

提供目的
- 为什么是我?
- 对我有什么好处?

激发准备
- 准备
- 培训

采纳变革
- 协助
- 加强

时机（激发准备）

时机（采纳变革）

图 23.2　有多种设计思维方法可供我们使用，帮助我们创建意识

通常，当我们完成创建意识的工作后，我们可能会进入变革管理的下一个阶段，此时我们的任务是提供目的，并回答不言而喻的问题——"对我有什么好处?"。

23.4　提供目的的技术

当我们从个人层面审视变革管理时，最终会触及目的和"对我有什么好处?"（WIIFM）的核心问题。WIIFM 可能是整个变革管理过程中最关键的部分，因为它直接反映了变革是如何逐步发生的。如果一个人对目的或个人利益缺乏清晰的认识，那么他们很少会支持即将到来的变革。更糟糕的是，这些人可能会选择被动地回避变革，或者甚至积极地反对变革，从而在过程中破坏有效的变革管理实践。

设计思维技术在提供目的方面提供了帮助，也帮助我们回答了另一个问题——"为什么是我?"。如图 23.3 所示，考虑以下方法：

- 将变革与用户的"一天的生活"分析或旅程相映射，以此通过解决问题、改善用户体验、简化关键日常任务等来激发兴趣。
- 利用逐字记录来展示已经收集到的问题、挑战或机遇，这些可以突出需要变革的根本问题。
- 公开来自早期原型和测试的"回顾"反馈和其他学习成果，这些可以证明即将到来的变革的相关性和益处。
- 与将要受到即将到来的变革倡议影响的社区或技术团队一起进行视觉力场分析，以"支持和反对提出的变革"为主题。然后，使用支持变革的分析结果，客观地推广和支持变革对个人的益处。
- 将力场分析练习中"反对变革"的分析结果作为反馈，以影响商业案例、目标和关键成果、设计、原型设计、测试等环节。
- 结合使用"修复破窗"技术和其他变革管理技术，主动解决当前的问题区域，这将有助于我们在未来取得更大的成功。

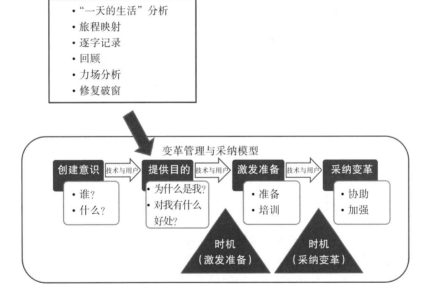

图23.3　请注意，设计思维技术在提供目的和回答"对我有什么好处？"这一问题时的多样性

随着对"为什么是我？"和"对我有什么好处？"的更深入的理解，用户社区及其支持的技术团队需要开始考虑在变革真正实施或被采纳之前，需要解决的与准备就绪相关的各种事项和技术。我们称这一阶段为"激发准备"，它将是接下来讨论的主题。

23.5 通过设计思维激发准备

除了创建意识和提供目的之外，变革管理还体现了组织对变革的准备程度和实施变革的能力。我们需要了解用户社区对变革的准备情况，以便我们可以开展一系列活动来增强这种准备状态。这包括了解变革的规模或重要性，以及了解业务组织针对变革的准备水平。

从另一个角度来看，变革管理也涉及技术团队在技术和流程层面支持变革的能力。新的解决方案几乎总是意味着新的技术解决方案和基础设施、数据技术、应用和集成平台、用户体验技术等。

我们可以使用以下设计思维技术和练习来激发准备，如图23.4所示，包括以下内容：

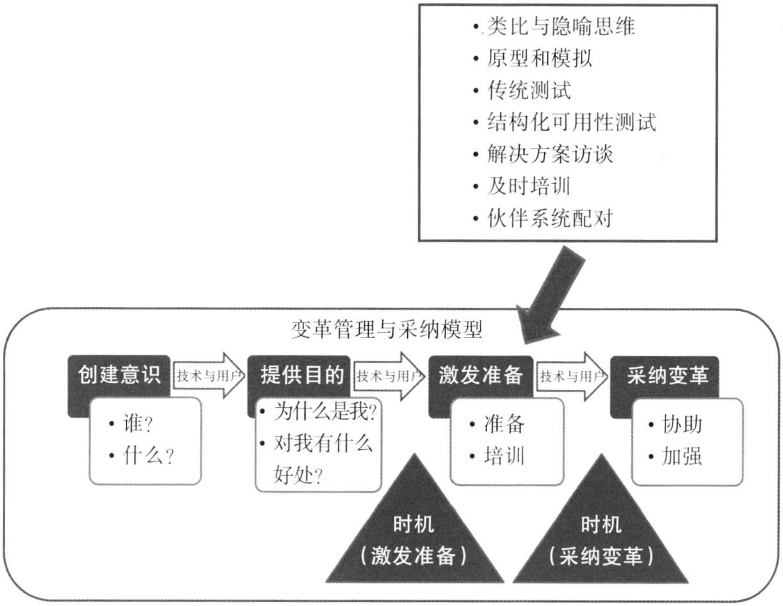

图 23.4 注意变革管理技术在激发准备方面的多样性

- 类比与隐喻思维可以帮助我们围绕变革、变革过程以及组织和团队将要面临的挑战达成共识。
- 原型和模拟可以帮助我们以一种早期和安全的方式看到即将发生的变革并与之互动。在这种方式下，我们不仅知道会发生什么变革，而且还有机会影响变革的设计和实施。
- 所有形式的测试，尤其是系统测试（SIT）、用户验收测试（UAT）以及设计思维启发的结构化可用性测试和解决方案访谈（见第19课），有助于揭示组织和团队在准备上的不足。
- 以适时的方式提供的培训同样至关重要。培训应该对整个社区开放，易于整个社区消化；

根据需要以不同的视频和书面形式提供，可以离线用于后续参考（也适用于未来的社区用户和技术团队成员），并且培训的时间既不能太早，也不能太晚。

- 工具和其他类似的促进因素在激发准备方面也扮演着重要角色。想想维基、常见问题解答（FAQ）、支持组织、伙伴系统配对（见第 22 课）、社区领导和导师、超级用户和用户组等是如何帮助整个社区解决问题、处理疑问，以及协助未来的用户和技术团队成员顺利加入的。

变革的实施需要精心规划，以确保其在用户和技术社区中得到良好的认可。正如我们所提到的，变革本身必须是各个相关社区能够理解和采纳的。一般性的激发准备问题包括：

- 社区是否真的理解新产品或解决方案如何与组织或团队的整体愿景保持一致？
- 我们是否在采纳计划中的变革之前征询了社区对于准备情况的看法，以及需要解决的缺口？
- 我们是否评估了对现有业务流程或技术相关流程进行变革的准备情况？
- 现有组织结构、角色和特定团队将如何受到影响？从战术准备的角度来看，需要采取哪些措施？
- 我们是否考虑了其他系统和技术可能如何受到我们变革倡议的影响，因此从更广泛的准备角度来看，需要做出哪些调整？
- 我们是否有一套明确且可衡量的目标和关键成果（见第 17 课）可以作为我们准备情况的具体依据？

请记住，激发准备是采纳变革之前的最后一步。为促进采纳（包括激励新的行为）而需要进行的任何必要的变革，最好在这个阶段进行。我们越早开始考虑即将到来的变革，当最终需要采纳变革的那一天到来时，我们就会做得越好，这将在接下来的讨论中进一步展开。

23.6 采纳变革的四种技术

当最终需要协助我们的用户社区或技术团队采纳变革时，我们会采用以下技术，其中前三项技术之前已有介绍，它们共同构成了一套推动采纳变革的可行方案：

- 促进采纳的强制机制。
- 促进采纳的游戏化策略。
- 构建和映射上下文。
- 使变革易于接受。

接下来，我们将简要探讨这些与采纳相关的技术，如图 23.5 所示。

通过这些设计思维技术，我们可以更有效地帮助用户社区和技术团队理解和采纳新的变革，以确保变革管理过程的成功。

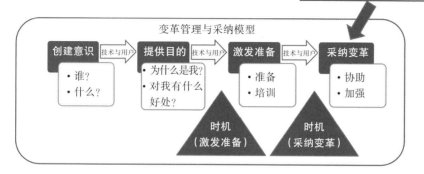

图 23.5　思考这些设计思维技术如何在推动用户社区或技术团队采纳变革时发挥重要作用

23.6.1　促进采纳的强制机制

强制机制是帮助我们取得进展和完成艰巨任务的有用工具。在采纳新系统时，我们需要考虑我们可用的强制机制：

- 我们当前的系统是否因为维护成本过高而需要被淘汰？
- 我们现有的系统是否面临新的许可要求，导致成本变得过高？
- 我们现有的系统是否不再符合法规或合规性要求？
- 我们现有的系统是否在支持方面已经到了生命周期的尽头？

当然，其中一些"强制功能"比其他功能更容易接受。这些都反映了人们也想逃离当前的状态，而不是追求更好的产品或解决方案。

23.6.2　促进采纳的游戏化策略

游戏化技术可以帮助我们提高参与度、增强激励和增加反馈，并激励新的行为：

- 我们应该在最早的测试工作流程中使用游戏化。早期反馈有助于形成健康的解决方案并获得用户社区的支持。
- 在培训工作流程中采用游戏化，通过授予徽章、积分或实物奖励来激励完成所需培训的个人（尤其是那些提前或按时完成培训的人）。

- 通过游戏化激发团队之间的健康竞争，以加速整体培训成果的提升。
- 当我们临近上线时，通过提供有意义的奖品、礼品卡或举办抽奖活动来使其他活动游戏化；奖品可以是价值较高的商品，如 500 美元的礼品卡、苹果手表或微软 Surface Go（在变革采纳的最后冲刺阶段，我们需要吸引所有人的注意力）。

利用游戏化有助于我们在经历整个变革管理和采纳过程时，创造更多的活力和兴奋。

23.6.3 构建和映射上下文

正如第 20 课所述，亲自或虚拟地访问最终用户和技术人员的工作场所，可以以多种方式为我们提供帮助。在现场开展培训会议，不仅要提供帮助，还要收集新的想法，以用于即将到来的产品上线或处理积压需求。观察最终用户和技术人员如何使用培训系统，关注那些引起困惑的地方，以及他们对缺点或认为必要的替代方案的讨论。这些见解都可以作为我们组织和使用的上下文，以帮助我们在今天以及未来改进产品或解决方案。

23.6.4 使变革易于接受

在本课中，我们介绍了"使变革易于接受"这一常用技术和方法的集合，以帮助我们实现变革，激发动力，创建更有效的培训：
- 提供关于即将到来的变革的早期沟通。
- 利用图像和图表使变革更加直观和易于理解。
- 通过封面故事模拟等技术，提前分享关于变革的愿景，为人们描绘未来的画面。
- 分享那些能够显著影响变革的"关键因素"和 WIIFM 的数据点，激发人们对未来的期待。
- 发布 3 ~ 5 分钟的短视频，以进一步激发人们对未来变革的兴趣。
- 在原型设计和测试阶段，邀请关键用户和有影响力的人参与，并确保他们的意见被听取并在组织中得到传播。
- 确保组织的高层领导与其他领导者谈论即将到来的变革，并让他们对变革的可能性感到兴奋。
- 同时确保培训视频和其他资料易于获取和使用，内容足够详尽以满足需求，并且足够简洁以吸引和保持人们的注意力。

我们越考虑如何使变革更易于接受、易于获取和消化，我们的变革就越容易被采纳。

23.7 把握变革时机的技术

在之前的课程中，我们介绍了包括时间配速和逆幂定律在内的把握变革时机的技术。这些以及其他技术可以帮助我们确定用户社区或技术团队何时准备好接受变革，这取决于它们的准备情况、采纳准备情况，以及最重要的是它们接受或采纳变革的能力。毕竟，一个准备好的商业社区，可能在商业周期的特定时期内没有时间来适应变革。

历史背景也很重要。我们需要考虑组织或团队在管理、处理和采纳变革方面的历史记录。关键问题包括：

- 是否大多数项目或计划都被分配给了专门的变革管理团队？
- 组织或团队是否遵循结构化的变革管理和采纳方法？
- 在近期，变革被视为消极还是积极的体验？
- 当前的变革计划是否反映了组织或团队的共同愿景和理解？
- 从战术上来看，当前的变革计划是否体现了强烈的变革动力或其他变革的理由？
- 为了实现期望的结果，员工行为或运营流程需要在多大程度上改变？
- 组织或团队是否有能力在必要时改变其行为？
- 鉴于其他正在进行的变革，组织或团队是否有带宽和能力适应这一变革？
- 是否有竞争性优先事项可能干扰这一特定的变革计划？
- 这一变革计划是否改变了组织或团队的结构或所需角色？

鉴于上述问题，我们接下来介绍几种在前面课程中提到的设计思维技术，这些技术影响变革的时机，如图 23.6 所示：

- 文化蜗牛对变革速度的反映如何揭示过去组织或团队逐渐变革时遇到的困难或不顺畅的地方？
- 偏见识别与验证如何帮助组织或团队在变革过程中更加周到或谨慎？
- 社区目前如何处理压力或近期的组织或团队创伤？团队在多大程度上展现了反脆弱性行为？
- 作为一个组织或团队，我们是否需要解决"破窗"问题，向我们的社区展示我们理解他们的需求，或者以某种方式展示我们是团结一致的？
- 是否有必要对任何剩余的关键项目设定时间限制，以确保它们得到规划并完成？
- 如果我们从逆幂定律的视角来审视组织或团队，是否有必须适应的巨大变革或力量？
- 最后，关于时间配速，是否有频率或持续时间的问题需要我们更好地理解，然后才能确定这一最新变革计划的时机？

当然，也可能有其他时间因素在起作用。考虑一下各社区最近所经历的事情。回顾当今的优先事项和正在发生的变革。最后，展望未来。在这些范围内，利用前面的技术，确定成功整合当前变革计划所需的时间。

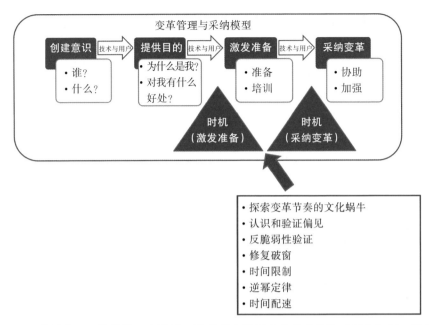

图 23.6　以前曾在不同的背景下介绍过，请考虑当涉及变革的落地和"时机"时，这些经过
　　　　验证的设计思维技术如何能够帮助我们，或能够被用户社区或技术团队吸收

23.8　应避免的陷阱：延迟变革管理

我们不能将变革管理工作推迟到新产品或解决方案即将向用户推出之前的几天。然而，一个大型政府机构却犯了这样的错误。在一次早期的意识创建活动表明用户社区对此并不感兴趣之后，该机构单独设计了一个新的员工赋能门户。它独立完成了原型设计，并评估了两家不同供应商提供的门户选项。选定门户平台后，该机构独立开发并测试了解决方案，由项目团队成员负责开发和执行测试案例。

该机构还把变革管理工作推迟到了项目计划的后期。确实，从那以后，该机构的员工几乎没有再重视创建意识。在第一轮意识反馈表明该机构中的任何一个部门没有人愿意变革之后，该项目实际上成了一个高度机密的任务。该机构从未正式告知其他部门该项目的存在。没有明确展示愿景，也没有制定和分享过变革带来的个人利益（WIIFM）。该机构忽视了创建意识工作，也没有传达给新员工门户的意义。

到了项目后期，该机构才开始做一些促进准备的工作。项目团队被指派制作一系列视频和培训资料，以帮助潜在用户熟悉门户的界面。项目团队成员制作了视频，展示了一些他们难以理解的用例。看到这些视频后，用户社区的员工嘲笑项目团队对门户真正的意义理解得很浅薄。

用户社区的一个子集被邀请参与用户验收测试，使用的是由那些实际上不会使用门户的团队构建的测试案例。少数参与的人在执行高级用户验收测试案例时也在嘲笑。在门户替换一系列旧网站和在线清单的几周前，为门户预期的广泛用户安排了培训。

门户项目团队对预期的用户社区使用了两种最传统的强制手段。首先，该团队宣布如果用户不参加培训，将通知他们的经理。其次，他们提供了为期一周的半天培训；如果用户错过了，将没有其他机会再参加。

门户培训团队在培训期间强调，新门户发布后，旧的网站和在线资源将被废弃。没有并行测试，也没有关于淘汰旧系统和资源的其他沟通。大量忽略培训要求，或碰巧生病，或休假的员工从未得到官方通知来告知他们喜爱的工具将被迫淘汰。

一些经理召开会议，以确保他们的团队知道门户即将到来，旧工具将被淘汰。其他经理在门户发布前的一个周末发送了电子邮件。当门户发布的日子终于到来时，新用户对它的反应从不满到漠不关心，从无奈到蔑视。该机构错失了激发兴奋、提供价值、将其员工手中的东西真正为该机构所服务的公民提供帮助的机会。相反，门户成为拙劣变革管理，以及错失推动采纳和实现价值的机会的又一个例子。

23.9　总结

在第 23 课，我们回顾了一个以创建意识、提供目的、激发准备和采纳变革为重点的简单四阶段变革管理与采纳模型。对于每个阶段，我们接着描述了一些设计思维技术和练习，这些技术和练习被证明有助于使我们的新解决方案更具持久性和吸引力。第 23 课以一个重要的"应避免的陷阱"结束，警示我们不要将变革管理延迟到将来的某个时候，从而错失了在解决方案设计、开发或部署初期就实现社会化和实施变革的机会。

23.10　工作坊

23.10.1　案例分析

请参考下面的案例分析和相关问题。你可以在附录 A "案例分析测验答案"中找到与此案例相关的问题的答案。

情境

Satish 最近一直在探讨变革过程，并将反脆弱团队、数字韧性与在最艰难和不确定时期茁壮成长的能力联系起来。然而，他对于如果银行的 OneBank 计划领导者不能有效实施变革，银行将如何繁荣发展感到担忧。这些实施挑战因银行多样化的用户群体、地理位置和远程办公的影响、缺乏一致的变革管理和采纳方法，以及一些规划不周的变革意识创建活动而变得更加复杂。Satish 意识到他需要帮助，并且认为他的计划领导者可能需要用新的方式来思考变革管理。

考虑到这些挑战和需求，Satish 已请求你与五位计划领导者及其各自的商业和技术团队成员一起举办研讨会。他强调了帮助银行重新构想其未来并团结员工和团队围绕一系列新的商业能力和价值驱动因素的持续主题进行讨论。你得出结论，有必要进行一次关于思考和管理变革的演练，并围绕变革管理和采纳的技术进行讨论。

23.10.2 测验

1）变革过程包含哪四个阶段？

2）哪些设计思维技术有助于提升对变革的认识？

3）在激发即将到来的变革准备时，可以采用哪些设计思维技术？

4）哪四种技术可以帮助组织和团队采纳变革？

5）哪些设计思维技术可以帮助组织和团队考虑变革的时机？

设计思维加速项目进程

你将学到：

- 项目管理效率
- 领导力和治理
- 利益相关者及其期望
- 开发方法
- 风险管理
- 进度管理
- 范围管理
- 交付与质量
- 沟通和协作
- 应避免的陷阱：缺乏勇气，就没有未来
- 总结与案例分析

　　在与大家共度的最后的时光里，我们不再引入新的设计思维练习或技术，而是通过项目管理效率的视角重新审视我们之前讨论过的内容。本课的目的有两个：一是提供一个方法论的集中来源；二是根据项目管理协会对选定的知识领域、绩效领域和指导原则的理解，对这些方法进行大致的分类。虽然项目管理协会的每个知识领域、绩效领域和指导原则都很重要，但从速度的角度来看，有些知识领域、绩效领域和指导原则比其他知识领域、绩效领域和指导原则更有影响力或更关键。最后，我们以一个熟悉的"应避免的陷阱"结束本课的讨论，它反映了在面对未知时需要有勇气来推动价值的实现。

24.1 项目管理效率

虽然并非总是如此，但技术项目和计划往往由项目经理、产品经理、计划负责人、工作流负责人或功能团队负责人以专业的方式管理或以其他方式领导。即使是自我管理的团队成员也需要组织他们的工作，并以一种能够带来成果的方式执行。当然，每个人都需要思考如何更快地实现预期成果。

当我们通过效率的视角来审视项目管理协会的知识领域、绩效领域和指导原则时，重要的是回顾我们在第 1 课中涵盖的设计思维循环（见图 24.1）。考虑这个循环如何从理解情况开始，然后诊断问题、选择并执行技术和练习、选择并执行后续技术和练习、解决部分或全部问题、根据需要循环学习并重做、实现价值并再次迭代。整个过程可以应用于每个项目管理协会的项目管理知识领域、绩效领域和指导原则。

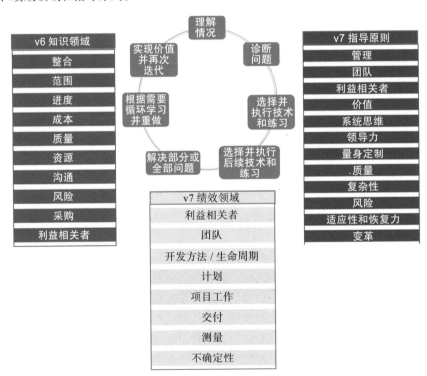

图 24.1 应用设计思维循环来考虑和选择对每个项目管理协会的知识领域、绩效领域或指导原则有用的练习和技术

使用设计思维循环，项目和计划负责人可以考虑如何使用特定的技术和练习来增强他们当前在管理风险、沟通、利益相关者等方面操作的方式。图 24.2 帮助我们在这种情况下可视化项目管理协会的知识领域。

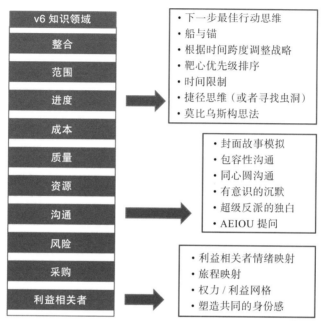

v6 知识领域		• 下一步最佳行动思维 • 船与锚 • 根据时间跨度调整战略 • 靶心优先级排序 • 时间限制 • 捷径思维（或者寻找虫洞） • 莫比乌斯构思法
整合		
范围		
进度		
成本		• 封面故事模拟 • 包容性沟通 • 同心圆沟通 • 有意识的沉默 • 超级反派的独白 • AEIOU 提问
质量		
资源		
沟通		
风险		• 利益相关者情绪映射 • 旅程映射 • 权力 / 利益网格 • 塑造共同的身份感
采购		
利益相关者		

图 24.2　注意设计思维循环如何帮助我们将项目管理协会的 10 个项目管理传统知识领域映射到一组特定领域的设计思维技术和练习中

转向一组受设计思维启发的练习和技术可以帮助我们以更快的速度前进——或者当传统方法让我们失望时再次取得进展。通过这种方式，价值可能以更大的速度交付。

同样，我们可以将设计思维循环应用于项目管理协会的更近期的指导中分享的绩效领域和原则。注意图 24.2 中反映的项目管理协会的传统指导与图 24.3 中项目管理协会的较新指导之间的相似性。

在本课的剩余时间里，我们围绕项目管理协会在过去十年的指导中对项目管理协会的指导原则、绩效领域和知识领域的整合组织了一组设计思维技术：

- 领导力和治理。
- 利益相关者及其期望。

- 开发方法。
- 风险管理。
- 进度管理。
- 范围管理。
- 交付和质量。
- 沟通和协作。

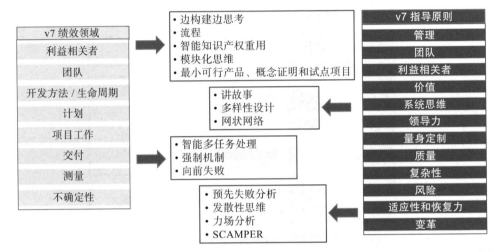

图 24.3　设计思维循环也可以帮助我们将项目管理协会的 8 个绩效领域和 12 个指导原则映射到一组特定领域的设计思维技术和练习中

　　每个领域接下来将通过追求、维持或提升效率的视角进行介绍。请记住，除了这 8 个综合领域之外，在之前的课程中还详细介绍了许多其他的指导原则、绩效领域和知识领域！

24.2　领导力和治理

　　为了发挥效果，领导力必须显而易见且形象化。领导者必须亲自出面，站在前线领导——要能被看到和被听到——展现出变革和进步所需的富有同理心的领导力（Tyler，2019）。多年来，项目管理协会分享了指导和一套传统技术，用于领导和管理资源。最近，项目管理协会分享了其对领导风格和行为的看法，包括如何针对特定情况定制这些风格和行为。以下基础技术的一个子集可以帮助我们加快速度：

- 根据情境、选择和行动来指导和运用特定的领导风格以推动成果。
- 通过能力和承诺发展领导力。
- 使用视频会议代替面对面会议。
- 发展跨越远程和地理边界的虚拟团队。
- 通过头脑风暴和其他基础创意技术解决问题。

如果我们希望更有效、更快速地领导和管理我们的项目和计划，我们也可以采用设计思维方法，包括：

- 简单规则和指导原则（Simple Rules and Guiding Principles），以明确团队在做什么、何时做、如何执行（见第 4 课）。
- 利益相关者增强和利益相关者情绪映射（Stakeholder+ and Stakeholder Sentiment Mapping），用于理解和跟踪关键关系（见第 7 课）。
- 权力 / 利益网格（Power/Interest Grid），用于优先考虑关键关系（见第 7 课）。
- 构建治理框架（Framing Governance），以协作和推动与关键利益相关者的联系，具有清晰度和规律性（见第 15 课）。

从团队领导的角度来看，使用以下技术和练习来更快地建立关系和共享理解，这些都将长期带来更高的速度：

- 多样性设计（Diversity by Design），建立能够更有创造性地产生创意的高性能连接团队（见第 4 课）。
- 网状网络（Mesh Networking），连接和维护远程工作者的健康，并避免群岛效应（Archipelago Effect）（见第 4 课）。
- 反脆弱性验证（AntiFragile Validation），验证我们的个人和团队即使在遇到困难之后也能变得更强大（见第 22 课）。
- 成长心态（Growth Mindset），通过创造学习一切的工作氛围和在面对不可避免的失败时相互宽容，以进行学习和团队合作（见第 4 课）。
- 视觉思维（Visual Thinking），更快地创造共享理解（见第 5 课）。
- 类比与隐喻思维（Analogy and Metaphor Thinking），用于团队对齐和简化复杂性（见第 11 课）。
- 塑造共同的身份感（Creating or Increasing a Shared Identity），将我们的人员联系起来，与其他团队联系，并与我们的用户社区联系（见第 15 课）。
- 讲故事（Storytelling），分享和加强组织的愿景（见第 15 课）。

当然，还有更多的技术和练习可以帮助我们更有效地领导，但前面所述内容可作为实现和维持速度的坚实的设计思维启发基础。现在让我们将注意力转向融入利益相关者的技术和练习，并管理他们的期望。

24.3　利益相关者及其期望

正如第 7 课所述，在发布第 6 版 PMBOK（2017 年出版）后的某个时刻，项目管理协会改变了其对利益相关者的态度，从管理他们转变为融入他们和管理他们的期望。"管理利益相关者"或他们期望的传统技术包括利益相关者分析、利益相关者映射、优先排序和排名技术、参与评估矩阵、冲突管理技能以及提高政治和文化意识的团队技能。

当传统方法不完整或不足以应对时，可以采用以下设计思维技术和练习，以创造更好的理解，与利益相关者建立联系，更好地融入他们，并管理他们的期望：

- 全局理解（Big Picture Understanding），以洞察组织更广泛的行业和生态系统（见第 6 课）。
- 文化蜗牛（Culture Snail）和文化立方体（Culture Cube），用于探索组织的近期旅程和当前状态（见第 6 课）。
- 认识和验证偏见（Recognizing and Validating Bias）（见第 6 课）。
- 利益相关者增强映射（Stakeholder+ Mapping），用于理解层级和监控关键关系（见第 7 课）。
- 利益相关者情绪映射（Stakeholder Sentiment Mapping），用于跟踪利益相关者的满意度随时间的变化（见第 7 课）。
- 权力 / 利益网格（Power/Interest Grid），用于理解优先级关系（见第 7 课）。
- 移情映射（Empathy Mapping），以不同类型的移情的视角，最有效地对他人移情和与他人建立联系（见第 8 课）。
- 包容性和同心圆沟通（Inclusive and Concentric Communications）、讲故事（Storytelling）、结构化文本（Structured Text）和其他沟通技术（见第 15 课）。
- 塑造共同的身份感（Creating a Shared Identity），无论涉及多少实体团队，创建一个单一的虚拟团队（见第 15 课）。
- 各种可视化技术，用于更深入地建立联系，并更快地达成共识（见第 5 课和第 12 课）。
- 瀑布类比（The Waterfall Analogy）和类比与隐喻思维（Metaphor and Analogy Thinking），用于简化复杂性（见第 11 课）。

考虑了领导力、治理和利益相关者，让我们看看所选择的开发方法如何通过一组设计思维技术和练习进一步产生影响。

24.4　开发方法

在技术部署和软件开发项目的领域中，开发方法通常可以归结为两种截然不同的方法：一种是适应性或敏捷方法，另一种是更为顺序化的瀑布方法。实际上，几乎所有组织都在两者之间进行操作，根据需要从两端选取合适的方法，以尽可能快速且负责任地行动。

所选择的开发策略也会根据项目或计划的不同阶段或需求而变化。适应性策略在迭代或增量开发方面可能会有所不同。外部现实（包括进行监管审计或治理门槛的需求）也可能对策略产生影响。

然而，无论采取何种具体的开发策略，一系列受设计思维启发的练习和技术通常能够帮助组织更快地思考、测试和行动：

- 边构建边思考（Building to Think），以快速启动和加速学习（见第 16 课）。
- 快速粗略的原型设计（Rough and Ready Prototyping），以获取早期反馈（包括模拟图、线框图等，见第 16 课）。
- 流程图（Process Flow），以提高清晰度（见第 16 课）。
- 根据时间跨度调整战略（Aligning Strategy to Time Horizons），以智能规划发布和冲刺（见第 13 课）。
- 时间限制（Time Boxing）、时间配速（Pacing）和逆幂定律（the Inverse Power Law），以规划、组织和执行工作（见第 16 课）。
- 捷径思维（Shortcut Thinking）和寻找虫洞（Finding the Wormhole），以改变局面、提高速度（见第 18 课）。
- 智能知识产权重用（Smart IP Reuse），以更快启动（见第 18 课）。
- 模块化思维（Modular Thinking），以更智能、更快速地构建（见第 3 课和第 11 课）。
- 最小可行产品（MVP）、概念验证（POC）和试点项目（Pilot），以收集用户社区有价值的反馈（见第 17 课）。
- 自动化加速回归测试以提高变更管理的速度（见第 19 课）。

接下来，让我们将注意力转向许多人认为的项目管理中最为重要的知识领域或绩效领域：风险管理。

24.5　风险管理

风险管理在项目和计划领导者的工作中的重要性可能仅次于沟通。作为一个成熟的学科，风险管理也能从一系列设计思维练习和技术中获得明显的好处。这些练习和技术从根本上改善了我们识别潜在风险、将它们纳入我们的风险登记册，以及在项目或计划的生命周期中管理和减轻风险的方式。

管理项目风险的传统技术包括但不限于：

- 执行企业级风险管理规划。
- 进行风险细分练习。
- 进行风险识别的头脑风暴。
- 执行应急储备分析及相关技术。
- 运行事后分析练习，用于威胁规划、风险识别和更聪明的风险补救。
- 在面对问题时，执行根本原因分析（RCA）和类似的数据分析技术。
- 执行风险审查和其他审计及风险规划练习，以不断完善项目的风险概况，并减轻新识别的风险。

除了这些传统的风险管理方法外，我们还可以利用众多设计思维练习和技术来规划、识别、分析、减轻、响应和监控项目风险。这些受设计思维启发的方法包括：

- 趋势分析（Trend Analysis），用于预测风险（见第 6 课）。
- 发散性思维（Divergent Thinking），用于识别以前未发现的风险（见第 10 课）。
- 思维边界（Guardrails for Thinking Differently），用于更有效的创意（见第 11 课）。
- 模式匹配（Pattern Matching）和分形思维（Fractal Thinking），用于考虑和预测潜在风险（见第 12 课）。
- SCAMPER、逆向头脑风暴（Reverse Brainstorming）和最糟糕和最好的构思（Worst and Best Ideation），用于创新地扭曲头脑风暴，更深入地识别和减轻风险（见第 14 课）。
- 预先失败分析（Premortem），用于提前思考以减轻和计划潜在的风险（见第 11 课）。
- 船与锚（Boats and Anchors），用于识别时间表风险（见第 11 课）。
- 逆幂定律（Inverse Power Law），以避免在特定社区或团队最糟糕的时间进行时间表变更（见第 16 课）。
- 时间配速（Time Pacing），以任务频率和持续时间为基础考虑时间表变化（见第 16 课）。
- 力场分析（Force Field Analysis），以快速考虑对提议变更的支持和反对风险（见第 14 课和第 23 课）。
- 玫瑰、荆棘、芽（RTB）练习，用于组织风险（见第 13 课）。
- 亲和力分组（Affinity Clustering），以识别风险主题（见第 13 课）。
- 结构化可用性测试（Structured Usability Testing），以减少解决方案的遗漏（见第 19 课）。

- 无声设计（Silent Design），以揭示与错过的期望相关的用户社区风险（见第20课和第22课）。

我们还应该考虑基于团队的设计思维技术，以最小化风险，从而保持速度：

- 多样性设计（Diversity by Design），减少同质思维的风险（见第4课）。
- 简单规则和指导原则（Simple Rules and Guiding Principles），以避免团队不一致（见第4课）。
- 网状网络（Mesh Networking），以避免群岛效应（Archipelago Effect）（见第4课）。
- 回顾（Looking Back），包括回顾（Retrospective）会议、经验教训（Lessons Learned）和事后分析（Postmortem），以学习和避免重复同样的错误（见第20课）。

在所有项目管理知识领域或原则中，风险管理最可能从广泛的设计思维技术和练习中获益。

24.6　进度管理

与风险管理相似，遵循计划和时间表管理是项目管理中的核心组成部分。项目管理协会提供了大量关于时间表管理的指导。传统技术包括但不限于：

- 根据任务依赖性绘制优先顺序图或进行排序。
- 运用关键路径方法（Critical Path Method，CPM）确定项目最短持续时间。
- 资源优化实践，平衡资源可用性与时间。
- 在时间表中设置前导和滞后，以控制或管理时间。
- 执行敏捷发布计划，将大型工作分解为小型单元，如用户故事和功能，并在时间线上组织。
- 实施各种时间表压缩技术，包括快速追踪和时间表冲突。

除传统方法外，我们还可能采用设计思维技术和练习，以规划、定义、排序、估计、开发和控制项目时间表：

- 船与锚（Boats and Anchors），一个非常有用的练习，用于考虑和减轻对我们时间表的潜在影响（见第11课）。
- 下一步最佳行动思维（Next-Step Thinking），设计一个有效的近期时间表（见第13课）。
- 根据时间跨度调整战略（Aligning Strategy to Time Horizons），创建长期路线图（见第13课）。
- 时间限制（Time Boxing），创建可预测的时间表（见第16课）。
- 逆幂定律（Inverse Power Law）和时间配速（Time Pacing），在我们正式确定时间表后保持不变（见第16课）。
- "是什么，那又如何，现在怎么办？"（What, So What, Now What?），在问题或情况发生后调整时间表（见第13课）。

- 旅程映射（Journey Mapping），考虑潜在的路径或时间表（见第 8 课）。
- 靶心优先级排序（Bullseye Prioritization），优先排序并做出更明智的逐步选择（见第 13 课）。
- 捷径思维（Shortcuts Thinking）和虫洞思维（Wormhole Thinking），为了速度重塑或重铸格局（见第 18 课）。
- 智能多任务处理（Smart Multitasking），避免不必要的上下文切换（见第 18 课）。
- 强制机制（Forcing Functions），推动向前进展（见第 16 课）。
- 分形思维（Fractal Thinking）和模式匹配（Pattern Matching），提前考虑潜在的时间表的影响（见第 12 课）。
- 包容性和可访问性思维（Inclusive and Accessible Thinking），尽量减少未来的返工（见第 11 课）。
- 够用思维（Good Enough Thinking），向前移动（见第 11 课）。
- 不可能任务思维（Mission Impossible Ideation），压缩时间表（见第 11 课）。
- 莫比乌斯构思法（Möbius Ideation），尽量减少或避免等待额外资源（见第 11 课）。

随着我们的时间表得到保护、优化和潜在的加速，我们接下来转向管理这个时间表的工作范围。

24.7 范围管理

项目管理协会长期以来为我们提供了管理工作范围的指导。我们经常使用的管理项目范围的传统技术包括：

- 专家判断。
- 检查。
- 亲和力及其他基于关系网络的图表。
- 引导技术。
- 头脑风暴。
- 投票。

除了项目管理协会的传统方法，我们还可以采用设计思维技术来规划、收集、定义、创建、验证和控制项目范围。记得将 OKR 与我们的范围相联系，以确保我们交付的战术特性和商业价值与组织的战略愿景直接相连。这些技术包括：

- 时间限制（Time Boxing）和时间配速（Time Pacing），组织和分配项目范围（见第 16 课）。
- 旅程映射（Journey Mapping），逐步采用以用户为中心的方式考虑项目范围（见第 8 课）。
- 平衡必要与偶然（Balancing the Essential and the Accidental），识别比其他部分更为关键

的项目范围（见第 21 课）。

- 购买特性（Buy a Feature），减少范围不确定性并在冲刺和发布计划中达成共识（见第 13 课）。
- 靶心优先级排序（Bullseye Prioritization），做出经过优先级排序的项目范围选择（见第 13 课）。
- 亲和力分组（Affinity Clustering），将项目范围组织成主题、故事、特性等（见第 13 课）。
- 逐字记录（Verbatim Mapping），定向确认项目范围或用户需求和优先级（见第 9 课）。
- 五个为什么（Five Whys），验证项目范围的时间安排或优先级（见第 9 课）。
- 黄金比例分析（Golden Ratio Analysis），评估项目范围的 "适合度"（见第 12 课）。
- "是什么，那又如何，现在怎么办？"（What, So What, Now What?），在遇到问题或情况时重新评估项目范围（见第 13 课）。
- 快速粗略的原型设计（Rough and Ready Prototyping）以及边构建边思考（Building to Think）的各种形式，作为定向验证项目范围的方法（见第 16 课和第 17 课）。

正如项目管理协会所分享的，管理工作范围与交付和质量密切相关，这是接下来要讨论的主题。

24.8 交付和质量

交付是执行的同义词。项目管理协会告诉我们，交付意味着按照预期的质量标准完成特定的工作范围。因此，我们在考虑如何以高质量交付我们的工作范围时，将交付和质量结合起来。项目管理协会最新提供的指导和技术包括：

- 执行以实现合同规定的成果。
- 如期实现项目价值及其他益处。
- 在交付和质量出现问题时管理利益相关者的期望。
- 按照预期质量交付工作范围来满足需求，以实现既定成果。
- 运用需求管理系统来确保成果与为实现这些成果所必须交付的需求之间的可追溯性。
- 通过验证和控制相关的政策、程序及其他指导来规范交付过程。
- 适应行业特定的质量标准或指标。
- 识别并稳定易变或 "变动" 的需求的方法。
- 将可持续性和公司或行业的其他标准纳入负责任的交付中。

应用设计思维来提高交付速度包括以下练习和技术，其中许多与安排时间表或时间线、组织工作范围和确定工作优先级相关，以实现价值和其他预期成果：

- 靶心优先级排序（Bullseye Prioritization），优先对交付选择排序或解决僵局（见第 13 课）。

- 邻近空间技术（Adjacent Spaces Technique），考虑低影响的交付途径（见第 13 课）。
- 玫瑰、荆棘、芽（RTB）练习，组织交付和质量事项（见第 13 课）。
- 亲和力分组（Affinity Clustering），识别交付的主题（见第 13 课）。
- 智能多任务处理（Smart Multitasking），以更快交付（见第 18 课）。
- 下一步最佳行动思维（Next-Step Thinking），选择最佳的下一步行动（见第 13 课）。
- 够用思维（Good Enough Thinking），交付所需而非所期望的内容（见第 11 课）。
- 捷径思维（Shortcut Thinking）或虫洞思维（Wormhole Thinking），为提高交付速度而重新塑造局面（见第 18 课）。
- 不可能任务思维（Mission Impossible Thinking），发现或针对极端的交付解决方案（见第 11 课）。
- 强制机制（Forcing Functions），推动交付（见第 16 课和第 23 课）。
- 向前失败（Failing Forward），保持未来导向并取得交付进展（见第 17 课）。
- 修复破窗（Fixing Broken Windows），使交付回到正轨（见第 21 课）。
- 避免阿比林悖论（Avoiding the Abilene Paradox），尽量减少不必要的交付弯道（见第 21 课）。

项目管理协会不仅重视交付，而且在质量管理方面有着深厚的积累，即知道如何实现高质量交付。管理质量的传统技术包括：

- 用于视觉化规划的流程图和模型。
- 各种类型的测试（用于验证功能和评估适配性，见第 19 课）。
- 测试和检查规划。
- 符合标准验证的检查方法。
- 通过数据和图表进行的问题解决因果分析。
- 用于问题解决的根本原因分析。

除了项目管理协会的传统质量方法，我们还可以采用多种设计思维技术，这些技术有助于规划、管理和控制质量，并能保持甚至提升速度。这些增强质量的技术包括：

- 思维疏通（Snaking the Drain），以全新的视角思考问题（见第 10 课）。
- 预先失败分析（Premortem Exercise），提前规划（见第 11 课）。
- 最糟糕和最好的构思（Worst and Best Ideation），用于规划（见第 14 课）。
- 三原则（Rule of Threes），用于管理期望（见第 4 课）。
- "我们该怎么做？"（How Might We?）提问法，以包容和积极的方式探索下一步会发生什么（见第 4 课）。
- "杀死英雄"（Slay the Hero），提高运营质量（见第 22 课）。

- 无声设计（Silent Design），将可能的质量遗漏问题纳入我们的待办事项列表（见第 22 课）。
- 穿越沼泽（Running the Swamp），用于极端的质量思考（见第 12 课）。
- 黄金比例分析（Golden Ratio Analysis），评估质量的适宜性（见第 12 课）。

注意，许多与理解和解决问题相关的技术和练习在质量管理方面非常有用。请参阅第 9 课和第 14 课，思考如何运用更多的交付和质量技术。

24.9 沟通和协作

沟通始终是项目管理中的首要任务，但执行起来并不总是尽如人意的，因此需要特别被关注以确保有效执行。项目管理协会指出，沟通是规划、收集、存储和更新项目信息的过程……通过开发工件和实施旨在实现有效信息交换的活动，以确保满足项目及其利益相关者的信息需求。管理项目沟通的传统技术包括：

- 关注跨文化沟通的实际情况。
- 分析沟通需求，确定沟通的类型和渠道。
- 考虑不同需求或情况下沟通渠道的有效性。
- 应用编码—传输—解码沟通模型。
- 按需采用推送和拉动沟通方法。
- 学习非语言沟通的作用以及运用非语言沟通所需的技能。
- 提升个人的观察和交流技巧，包括团队倾听和沟通技巧，以成为更有效的沟通者。

除了传统的沟通管理方法，我们还可以采用设计思维技术来更有效、更包容和更清晰地沟通。这些技术包括：

- 简单规则和指导原则（Simple Rules and Guiding Principles），用于内部沟通团队的执行内容、时间和方式（见第 4 课）。
- 封面故事模拟（Cover Story Mockup），用于传达愿景并激发参与感和兴奋感（见第 3 课和第 16 课）。
- 积极倾听（Active Listening），以学习和以有意义的方式更快地沟通（见第 6 课）。
- 探究以更好地理解（Probing for Understanding），以学习和更快、更清晰地沟通（见第 6 课）。
- 有意识的沉默（Silence by Design），以学习和以有意义的方式更快地沟通（见第 6 课）。
- 超级反派的独白（Supervillain Monologuing），快速收集在正式讨论中可能不会提供的信息（见第 6 课）。
- 同心圆沟通（Concentric Communications），在正确的时间与正确的人沟通（见第 15 课）。

- 包容性沟通（Inclusive Communications），确保每个人都有发言权，并使他们被吸引到团队沟通中（见第 15 课）。
- 讲故事（Storytelling），以更深入地理解并分享愿景和目的（见第 15 课）。
- AEIOU 提问，用于快速口头评估情况并采取更明智的下一步行动（见第 9 课）。
- 结构化文本（Structured Text），使接收者能更快理解复杂的书面沟通（见第 15 课）。
- 网状网络（Mesh Networking），创建一个更有效的沟通网络，将我们的团队相互联系并联系到其他资源（见第 4 课）。

有关额外的沟通技巧和技术，请参考第 4 课和第 15 课中的材料和技术，以领导健康的团队并有效地沟通和跨边界协作。

除了这里涵盖的八个领域（包括领导力和治理、利益相关者及其期望、开发方法、风险管理、进度管理、范围管理、交付和质量，以及沟通和协作），项目管理协会最近还概述了设计思维技术可能发挥作用的其他领域。例如，以下领域也在前 23 堂设计思维课中被涵盖：
- 价值（见第 1、2、4、6、17、18、21、22 课等）。
- 复杂性（见第 1、9、21 课等）。
- 不确定性（见第 1、3、13 课等）。
- 适应性和弹性（见第 4、13、16、22 课等）。
- 变更（见第 3、6、11、12、13、16、18、19、23 课等）。

在我们努力理解人员和情况以解决复杂问题的过程中，让我们寻找那些可以通过设计思维提高清晰度和速度的机会。正如我们在本书的每个案例研究和"应避免的陷阱"中所看到的，机会就在我们身边！

24.10 应避免的陷阱：没有勇气，就没有未来

正如我们在之前几个"应避免的陷阱"中所看到的，面对未知风险时的犹豫不决只会阻碍我们的团队和解决方案实现其应有的价值。这需要勇气，但我们必须最终停止迭代和完善我们的工作——真正地发布一些有价值的东西。毕竟，我们的价值取决于交付价值，正如速度取决于提供价值一样。

对于一家全球财富管理公司而言，一位犹豫不决的产品负责人最终未达到预期和失业。该负责人错过了早期获取用户社区反馈的机会。演示被取消的次数比实际举行的次数还要多，最小可行产品的概念也从未实现，尽管公司对其他类似的最小可行产品有建设性的经验。

相反，该公司的产品负责人继续让她的团队致力于完善几个非常重要的功能集，以达到完

美。产品负责人与她的产品经理和一位感到沮丧的咨询合作伙伴一起，创建了一个精美但未完成的案例管理系统。然而，这个系统就像一颗珍珠陷在泥里，永远不足以打动她的用户；用户甚至没有机会以一种有意义的方式提供反馈。最终，新的产品负责人和技术领导者有机会与团队一起制订一个更具用户包容性的发布和冲刺计划，以完成前任产品负责人的工作。

24.11　总结

在第 24 课中，我们回顾了大量通过项目管理速度视角呈现的设计思维练习和技术。我们围绕项目管理协会的知识领域、绩效领域和指导原则组织了这些方法。尽管每个项目管理协会的知识领域、绩效领域和指导原则都很重要，但通过速度的视角，我们确定了八个特别受益于新设计思维启发的思考和执行方式的重点领域。这八个重点领域包括领导力和治理、利益相关者及其期望、开发方法、风险管理、进度管理、范围管理、交付和质量，以及沟通和协作。我们以一个"应避免的陷阱"的案例结束了本课，强调了尽管一直存在不确定性和其他未知因素可能会促使我们无休止地迭代，但我们仍需要交付价值。

24.12　工作坊

24.12.1　案例分析

请参考下面的案例分析和相关问题。你可以在附录 A "案例分析测验答案"中找到与此案例相关的问题的答案。

情境

随着你与 Satish 的合作接近尾声，他再次联系你，这次他是出于对项目进展速度的担忧。OneBank 的许多计划的进展速度慢于预期。虽然这些计划的负责人普遍采用了良好的项目管理技术，但当他们的计划停滞或似乎陷入僵局时，一些负责人却不知道下一步该怎么做。你被要求分享一些设计思维技术，以帮助他们重新启动和加速银行的计划。

为了协助这些计划负责人，你安排了一个在线研讨会，会上你可以演示这些技术和练习，并解答他们的问题。你对每个计划的初步审查突出了在治理、进度管理、交付和质量、沟通和协作等方面存在的差距。

24.12.2　测验

1）计划负责人如何通过设计思维改进他们各自计划的治理结构？

2）当传统的方法无法有效管理计划范围时，哪些与范围相关的设计思维技术可能有用？

3）计划负责人正在寻找新的方法来更深入、更直观地考虑潜在的时间表影响。在这方面，哪种设计思维练习可能是最有用的起点？

4）除标准方法外，哪些与质量相关的设计思维技术可能会引起计划负责人的兴趣，并帮助他们思考和管理质量？

5）对于希望寻找新的沟通方式与各自的利益相关者或团队建立联系的计划负责人来说，哪些设计思维技术或练习特别有用？

附　　录

附录 A

案例分析测验答案

第 1 课

1）设计思维要求我们放慢速度，深入地理解、思考并不断完善解决棘手问题的方案，以此作为提供价值的手段。我们减缓思考和解决问题的步伐，以便在解决方案的制定和迭代中能够更加迅速和敏捷。

2）技术是一些基本的准则或原则，通常是显而易见的，只需要遵循即可。而练习则是一系列按顺序执行的活动，旨在达到某种理解或成果。

3）在解决最困难、最模糊、最复杂的问题时，我们面临的主要障碍是时间。

4）设计思维实践为我们提供了解决问题和创造价值的基础。它包括一系列即时的最佳实践方法，并逐渐形成了一套日常适用的常规实践，直到需要重新应用设计思维来审视问题。

第 2 课

1）除了传统组织项目或计划的方式，我们还应该考虑它们在设计思维流程及其四个阶段中的位置。

2）在学习或移情的背景下，"全面理解"指的是理解整个生态系统和情境，涉及其中的人们，以及与情境和人们相关的问题。

3）传统思维往往更专注于解决方案而非问题本身。与此相反，设计思维提供了一系列技术和练习，以帮助我们以不同的方式思考和创造，为 OneBank 的计划开辟新的途径。

4）第三阶段"交付价值"是设计思维流程及其技术和练习最初提供主要价值的地方。然而，更重要的是，价值也在整个过程中逐步实现，特别是当我们不断学习、迭代和改进我们的解决方案时。

5）虽然设计思维流程遵循分步的阶段性方法，但其真正的价值在于其能够反复回顾的能力，以更深入地理解问题、更深入地或以不同的方式思考，以及不断提供新的价值形式。

第 3 课

1）对于个人和小团队而言，组织设计思维技术和练习的简单方法是通过快速学习、深入创新思考、有效应对不确定性、在模糊性中确定优先次序，以及提升执行效率。

2）模糊性指的是情境和问题中的未知因素，而不确定性则与处于情境中的人们所面临的选择或优先级有关。

3）应对模糊性的有用设计思维技术和练习包括模块化思维、边构建边思考、最小可行产品思维、封面故事模拟和预先失败分析。

4）有助于个人或小团队以新颖的方式思考的设计思维技术和练习包括视觉思维、模式匹配、分形思维、发散性思维和逆向思维或逆向头脑风暴。

5）在面对不确定性时，有助于确定"下一步最佳行动"的设计思维技术和练习包括靶心优先级排序，邻近空间探索，玫瑰、荆棘、芽练习和亲和力分组。

第 4 课

1）为了更快速地做出决策并在战略和运营层面保持一致性，团队应考虑建立 6 ～ 10 条简单规则，并为这些规则或类似的重点领域制定一套指导原则。

2）"我们该怎么做？"的提问方式让团队能够乐观地共同面对情境，考虑那些可能未被分享的想法。

3）多样性设计帮助单一化团队改善他们的创意构思和问题解决能力。团队在经验、思维方式、背景、文化、任职时间、职位、信仰、肤色、性别、生活方式等方面越具有多样性，其创意构思和问题解决的能力也就越强。

4）那些在讨论、会议和工作坊中排斥他人参与的团队，将从团队共同制定的包容性沟通指导原则，以及采纳包容性和有效会议技术中获益。

5）群岛效应指的是在个人和团队长时间孤立无援、与他人脱节时所发生的现象。一旦人们变成了孤岛或孤岛的集合体，没有了联系和关系，他们的工作效率就会降低，失去兴趣，并且往往会离开，而离开的原因无非是去追求不同的东西，希望能填补他们生活中关系和联系的空白。

第 5 课

1）视觉思维实际上就是指将文字信息转化为图表和图像，以帮助大家达成共同的理解。

2）视觉协作练习的例子众多，包括利益相关者映射、权力 / 利益网格、旅程映射、问题树分析、船与锚、类比与隐喻思维、不可能任务思维、莫比乌斯构想法、模式匹配与分形思维、亲和力分组、穿越沼泽、封面故事模拟、文化立方体、黄金比例分析、靶心优先级排序、力场分析、思维导图、2×2 矩阵思维、邻近空间探索、RTB、模拟、逆幂定律、同心圆沟通、结构化文本、流程图等。

3）如果团队无法亲自会面来进行设计思维练习或会议，可以考虑利用 Klaxoon 或 Microsoft Whiteboard 等在线工具。

4）进行设计思维练习的过程通常包括三个阶段：准备练习、开展练习和结束练习。

第 6 课

1）除了良好的积极倾听技术，包括有意识的沉默、超级反派的独白和探究以更好地理解在内的三种"倾听与理解"技术也可以帮助 Satish 激励组织中的业务利益相关者更自由、更公开地交流。

2）"探索变革节奏的文化蜗牛"通过记录关键事件、转折点、决策、成功与失败等，帮助我们理解企业的不同部分如何发展到当前状态，以此来描述组织的文化历程及其适应特定变革节奏的能力。

3）利用文化立方体，可以从三个维度和八个视角来审视团队的文化。

4）在研究和深入理解一个公司或组织时，可以考虑从宏观环境维度着手，包括宏观经济环境与行业状况、公司或组织在其所在行业和环境中的位置，以及公司或组织内的具体单位或部门。

第 7 课

1）每位倡议领导者都应执行利益相关者映射练习，以识别并将其各自的利益相关者与他们的计划相对应。

2）反映利益相关者情绪的一个简便方法是对现有的利益相关者映射进行颜色编码（例如使用红色、黄色或琥珀色和绿色表示不同的情绪状态）。应每月复查一次这种颜色编码，并采用不基于颜色的标记来满足包容性设计和无障碍需求。

3）权力 / 利益网格的纵轴表示权力，横轴表示利益。Satish 应该特别关注那些权力最高的象限，因为这些象限中的利益相关者对于推动或阻碍 OneBank 的转型及其计划具有最大的影响力。

4）Satish 可以采用多种技术和练习来更深入地与最重要的或最有影响力的利益相关者进行互动，包括移情映射、类比与隐喻思维、多种头脑风暴和可视化技术、塑造共同的身份感的方法、多种沟通技术，如包容性沟通和同心圆沟通、讲故事、结构化文本等，以及推广团队已经成功实施的积极变化，以此作为通过实现的变化来促使利益相关者产生同理心的手段。

第 8 课

1）用户画像是指具有共同需求并可能以相似的方式使用解决方案或成果物的特定功能或特性的社区的虚构成员的集合（例如，"财务用户""销售用户""高管"等）。

2）角色分析设计思维练习在组织和帮助设计思维团队与不同人物角色建立联系方面尤为有用。

3）这里讨论的三种移情包括认知移情、情感移情和同情移情。虽然这三种移情都有助于理解消费者为何选择其他银行，但 Moonshot 团队应该考虑"与非 BigBank 用户共同体验困境"，真正理解他们的处境、他们为何陷入或选择留在这种困境中，以及 BigBank 因此可以采取哪些不同的做法来吸引用户走出困境。

4）移情映射是在我们安全的办公环境中进行的工作，我们识别并记录用户或个人的想法和感受、所见所闻、言行举止、最大的痛点以及最重要的目标、收益或目标。而移情沉浸则要求我们穿上另一个人的衣服和安全装备，并且真正地"穿着他们的鞋子走一英里"。

5）"一天的生活"（DILO）分析在三个重要方面扩展了旅程映射：首先，它将"旅程"扩展到考虑全天而不仅仅是一天中的一部分；其次，它增加了用户在日常旅程中导航时的情感体验；最后，在 DILO 中，不仅包括用户的想法，还包括我们自己的想法，以评估用户如何有效或高效地利用时间和完成任务。

第 9 课

1）尽管我们讨论了三种设计思维练习来识别问题，但问题构建练习和问题陈述练习尤其以形成良好的问题陈述而著称。

2）问题树分析通过树隐喻，将问题的根源与其影响或结果区分开，以视觉化的方式清晰展示问题的不同层面。

3）在验证特定问题时，有四种设计思维技术或练习非常有用，包括逐字记录、AEIOU 提问、五个为什么分析法和模式匹配。

4）执行委员会似乎误解了设计思维在创意构思、思考、原型设计和解决方案开发中快速开始、失败和学习的能力。执行委员会试图将这一原则错误地应用于问题识别和验证。

第 10 课

1）如果不了解全部情况，团队的执行模式可能确实存在根本性问题。团队成员目前都在忙于"执行"，他们可能需要暂时放慢脚步，花更多时间进行"思考"。他们不能用与之前未能恢复速度相同的思维方式来解决持续遇到的挑战。他们需要帮助，以不同的方式进行深入思考。

2）在短期内，计划的领导团队可能需要重新管理思考和执行的时间分配。他们特别需要练习发散性思维，然后在众多想法中集中讨论，以取得进展并恢复团队及其工作的信心。

3）在短期内改变团队的思考和执行方式可能会导致速度下降。团队成员需要先减速，然后才能加速，就像"龟兔赛跑"的故事一样。因此，我们需要高管的支持，先放慢步伐，深入思考需要做出哪些改变，然后才能加快速度，并根据更新的计划更可预测地执行。

4）有许多方法可以帮助个人和团队为不同的思考方式"热身"，例如散步或运动、做梦、绘画、创造事物、听音乐和冥想。甚至洗个热水澡也已被证明有助于打开思路，激发创意和不同寻常的思考。我们还可以使用流行的分类法帮助团队更广泛地思考问题，包括 STEEP 分析、AEIOU

提问、标准风险登记册，甚至是敏捷宣言的 4 个价值观和 12 个原则。

5）帮助那些固守旧思维方式的人打破思维定势的两种简单方法是思维疏通和放弃旧观念。

第 11 课

1）在确定第二轮升级计划后，除了进行事后分析，团队还应进行预先失败分析。结合预先失败分析和传统事后分析，团队能更好地识别各种可能性，并在风险登记册中加入新的风险集，以便思考和减轻新的风险。

2）应进行一项"不可能任务思维"练习，以激励团队思考如何实现零停机时间。

3）团队应从"够用思维"的角度审视计划，自问"足够好"的标准是什么，以便知道何时应该停止计划中"足够"方面的工作，转而关注那些真正需要花费更多时间的方面。

4）运用"船与锚"练习深入思考时间表风险，制订下一轮多周升级计划。考虑计划的每个阶段，识别可能拖慢进度的障碍、需要识别和减轻或消除的风险、可能导致计划受阻的障碍，以及地平线上可能出现的主要问题等。

5）莫比乌斯构思法要求我们通过效率视角来审视问题或情境。

第 12 课

1）视觉思维技术主要是指将想法从头脑中提取出来，记录在纸上或白板上，以此增进团队成员之间的共识。

2）发散性思维包含许多不同的提示和技术，以帮助我们进行深入和创新的思考。

3）"穿越沼泽"不仅是一种激发新想法的好方法，它还有助于团队对那些努力穿越沼泽的人们移情，而不仅仅是面对一个无名产品或项目。

4）利用分形思维帮助我们发现并识别在不同层面、周围和更广阔范围内不可见的自相似模式。

5）斐波那契数列是黄金比例的基础，为我们提供了一种分析特定解决方案（或问题、团队、流程等）的自然适应性或尺寸的工具。

6）研讨会的参与者应将这些创造性思维技术和练习视为其他方法的"补充"。例如，传统的头脑风暴在没有随后的逆向头脑风暴练习的情况下是不完整的。

第 13 课

1）不确定性和模糊性的区别可以简单概括为：人们面对的是不确定性，而情境展现的是模糊性。

2）利用可能的未来思维和一个由社会、技术、经济、环境、政治（及潜在的其他）领域组成的 6 ～ 8 个部分的轮盘，来远眺未来并广泛评估未来。

3）如果一个组织想要利用其现有的知识和行动，同时仍逐步转型，那么它可能会采用邻近空间探索，以利用那些风险最小的领域。

4）靶心优先级排序有两个明确的目的。首先，它帮助团队在少数几个领域（象限）中组织广泛的选项。其次，它允许这些选项相互之间进行优先级排序，因为每个象限中只有一个选项可以处于中心位置。

5）人们常说，中期愿景是最难以想象或实现的，因为它处于我们已知的／我们是谁与我们希望知道的或成为谁之间的空间。

6）运行一个购买特性的练习，以在一个意见不断变化的团队中建立共识。让练习中使用的虚拟货币促使每个团队成员将他们的钱花在真正重要的地方。

第 14 课

1）为了选择和准备执行委员会的头脑风暴参与者，建议采用多样性设计，以确保参与者在思想、经验、背景、教育、文化等方面的多样性。执行委员会应提前通知参与者，并与他们分享问题陈述以及最近的任何发现或研究。

2）每次头脑风暴会议都应以主持人明确告知团队以好奇心为目标作为开始，并且任何想法都不会因太过离奇而不值得被考虑。在开始实际的头脑风暴练习之前，主持人还应考虑进行一个创造性的热身，激发团队的思考；例如，分享一个与问题领域相关的分类法或练习一些发散性思维技术。最后，为了启动实际的头脑风暴练习，主持人应使用"我们该怎么做？"的提问技巧，为乐观和包容性的思考设定基调。

3）当头脑风暴会议似乎陷入僵局或偏离轨道时，执行委员会可以通过思维疏通或放弃旧观念来清除或疏通思维障碍，结合个人和团队级别的头脑风暴，提醒执行委员会在整个会议期间，任何想法都值得被考虑，确保所有想法都被倾听和重视，并使用关键词和边界来引导不同的思考。

4）SCAMPER 是一种逐步的方法和英文首字母缩写词，用于提升团队的头脑风暴能力，使用以下关键词在一个"我们该怎么做？"的结构中考虑问题或情况：（S）我们如何……替代？；（C）我们如何……组合？；（A）我们如何……调整？；（M）我们如何……修改或放大？；（P）我们如何……重新设定目的？；（E）我们如何……消除或最小化？；（R）我们如何……反转或重新排列？。每个关键词都是开启不同的深入思考的一扇门。

5）为了确保练习的广度和深度，执行委员会和 BigBank 的每位头脑风暴主持人都应在其头脑风暴会议结束时采用逆向思维练习，如 SCAMPER（其中的 R 包括逆向思维）、最糟糕和最好的构思，或逆向头脑风暴。

第 15 课

1）OneBank 计划的领导者可以采取多种措施来塑造共同的身份感，这些措施都旨在通过寻找共同点、建立跨团队关系以及在不同人员和团队之间创造共同的线索或主题来加速关系建设。其步骤和方法包括一些破冰和建立关系的活动，如评分游戏、趣味事实和这就是我。

2）利用协作导向的治理框架，有助于在 OneBank 计划的集合中创建一个治理覆盖层或矩阵。

3）同心圆沟通是一种设计思维技术，它通过辐射的圆圈来可视化沟通，这些圆圈明确指出了不同人群和团队的具体节奏和渠道。

4）黑箱照明是一种很好的技术，用于将内容繁多的文字沟通视觉化，简化其复杂性。

5）当不适宜使用视觉或图像时，可以运用结构化文本快速理解技术来创建简洁且易于理解的书面沟通。

第 16 课

1）有四种技术可以帮助团队通过"边做边学"从用户反馈和其他学习中获益，包括封面故事模拟可创建共享的愿景、流程图可提高清晰度、边构建边思考可在路径不明确时取得进展，以及快速粗略的原型设计可实现用手思考。

2）封面故事模拟技术帮助我们绘制未来工作的成功愿景，使我们能够想象这项工作将如何影响用户群体。

3）利用流程图来创建结构，理解和记录数据如何在不同地点之间传递、它的方向如何，以及在哪些条件下进行。

4）有四种技术可以帮助我们取得有计划和可预测的进展，包括强制机制、时间限制、逆幂定律和时间配速。

5）帕金森定律在时间限制中得到体现，这是基于西里尔·帕金森对工作自然膨胀问题的解答，即工作会"自然扩展，以填满其完成所需的时间"。

第 17 课

1）本课介绍的三种技术帮助团队通过"边构建边思考"来交付小但有价值的成果，包括概念验证、最小可行产品和试点项目。

2）团队可能会使用目标和关键成果来定义和细化价值的概念。

3）在选择"向前失败"时，我们使用了一种强制机制，它意味着没有回头路可走。这种专注和现实的态度有助于团队面向未来，而不是浪费时间试图回到一个不再适用的旧状态。

4）与概念验证或最小可行产品相比，试点项目在功能上是完整的，而概念验证可能只涉及策略性或部分功能，最小可行产品则仅为一部分用户提供最基本的功能。

5）"进展心态"关注的是快速交付价值的小胜利。当路径不确定或社区需求不明确时，这种方法可以帮助我们取得进展。

第 18 课

1）发布的层级高于冲刺；许多冲刺会被分配到一个单一的发布周期。

2）计划领导者应考虑使用智能知识产权重用技术，这包括使用和调整现有的模板、文档、检查表、计划和其他工件以提升速度。

3）虽然多任务处理是生活的一部分，但如果我们追随自己的热情或能量，我们可以更快地完成更多工作。对于剩余的任务，可以利用强制机制和游戏化来驱动其进展。

4）游戏化技术通过使用绶带、徽章和其他奖励（包括实物奖励）来激励人们更快地完成工作。

5）捷径思维，或者说寻找虫洞，为我们提供了重塑赛场的机会，而不是被动接受现状，从而找到两点之间的更快或更有效的路线。

第 19 课

1）传统测试的五种类型包括单元测试、流程测试、端到端测试、系统集成测试和用户验收测试。此外，还有三种与性能相关的测试类型，分别是性能测试、可扩展性测试以及负载及压力测试。

2）测试思维是解决问题的核心部分，它帮助我们确认已知信息、发现知识间的空白，并在测试过程中不断学习。

3）本课介绍的五种设计思维测试技术包括结构化可用性测试、A/B 测试、体验测试、解决方案访谈和自动化加速回归测试。

4）结构化可用性测试与传统的用户验收测试相似，都是让用户验证产品或解决方案的有效性，但结构化可用性测试进行得更早，为我们提供了更多时间来调整产品或解决方案的开发方向。

5）我们可以使用测试反馈表和反馈捕捉矩阵这两种设计思维测试工具来收集用户反馈。

6）测试负责人应力争实现 80% ～ 90% 的测试用例自动化，以便于回归测试。

第 20 课

1）一种名为"无声设计"的特殊技术，反映了用户在使用产品和解决方案后如何提供反馈以及进行相应的产品更改。

2）测试反馈技术是一种综合性技术，它涵盖了传统的和新兴的设计思维测试技术的广泛反馈和其他学习成果。

3）"回顾"技术下的三种具体的反馈技术包括进行回顾会议、经验教训和事后分析。

4）回顾会议是我们应与设计和开发团队或其他冲刺团队定期进行的持续性审查，通常与冲刺或发布的结束时间相一致。

5）为了避免长时间地等待反馈，我们可以与 Satish 分享我们即将完成的工作。设计思维强调通过迭代和学习来取得进展，只要我们持续向前，就有足够的时间进行迭代和学习。对于延迟的反馈，应将其视为处理积压工作的"礼物"，并持续保持前进的动力。

第 21 课

1）许多组织在避免追求完美主义陷阱时，在设计、开发、测试以及培训或其他用户就绪目标方面遇到挑战。

2）尝试使用"修复破窗"技术，将不良行为的恶性循环转变为正向激励。

3）阿比林悖论的故事提醒我们，错误的假设可能导致我们偏离正确的方向。在做出可能影响团队时间和进展的决策前，我们需要真正了解团队成员的需求。我们可以通过匿名或不显眼的方式调查团队成员的真实想法，并诚实地表达我们自己的需求。

4）使用"逆向发明"设计思维技术来简化那些变得过于复杂而难以部署或采用的产品、解决方案或服务。

5）传统的"平衡必要与偶然"的设计思维技术教导我们如何从复杂性中抽丝剥茧，区分出真正必要的元素和那些非必需或多余的部分。

第 22 课

1）尽管有多种方法可以帮助 BigBank 实现其转型计划的可扩展性，但"五人团队扩展"和"反脆弱性验证"是团队可扩展性的良好起点。

2）目标和关键成果价值验证技术要求我们思考价值衡量标准，以及项目生命周期中价值观念可能发生的变化。

3）增强运营弹性的两种方法是"伙伴系统配对"以降低风险，以及"杀死英雄"以提高灾难恢复能力和整体运营弹性。

4）对"无声设计"的关注有助于 BigBank 等组织规划、管理待办事项，并随着时间的推移实施系统的可持续改进。

5）"反脆弱性验证"可以帮助 BigBank 评估其团队和成员的脆弱性。转向反脆弱性验证来评估个人和团队的健康及预期的持久性。

第 23 课

1）变革过程包括四个阶段：创建意识、提供目的、激发准备和采纳变革。

2）本课介绍的多种设计思维技术有助于提升对变革的认识，包括全局理解、分形思维、利益相关者增强映射、角色分析、封面故事模拟、思维疏通、放弃旧观念、使想法可见和可视化。此外，对于某些特定受众，还可以运用问题树分析、问题构建和问题陈述等与问题直接相关的技术。

3）对于促进变革准备，本课介绍的设计思维技术包括类比与隐喻思维、原型和模拟、结构化可用性测试和解决方案访谈，以及伙伴系统配对。

4）本课概述的四种技术可以帮助组织和团队采纳变革，包括强制机制、游戏化、构建和映射上下文，以及使变革易于接受。

5）本课介绍的设计思维技术可以帮助组织和团队考虑变革的时机，包括探索变革节奏的文化蜗牛、认识和验证偏见、反脆弱性验证、修复破窗、时间限制、逆幂定律和时间配速等。

第 24 课

1）OneBank 计划的领导者可以通过制定一系列简洁明了的规则和指导方针来优化他们各自计划的治理结构，确保执行工作的一致性和透明度。他们还可以通过为利益相关者联系建立治理框架，利用利益相关者分析和情绪映射工具来深入理解和跟踪关键的人际关系，并运用权力 / 利益网格来确定哪些关系最为关键。

2）当常规的项目范围管理方法无法取得预期成果时，计划领导者可以采用时间限制、时间配速、旅程映射、平衡必要与偶然、购买特性、靶心优先级排序、亲和力分组、逐字记录、五个为什么、黄金比例分析、快速粗略的原型设计等设计思维技术，以及"是什么，那又如何，现在怎么办？"的思考方法。

3）计划的领导者可以通过进行"船与锚"的模拟练习，更深入和直观地思考潜在的时间表影响，这有助于更好地管理时间表。

4）一些有助于提升项目质量的设计思维技术包括思维疏通、预先失败分析、最糟糕和最好的构思、三原则、开放式提问"我们该怎么做？"、杀死英雄、无声设计、穿越沼泽、黄金比例分析等。

5）计划的领导者应借助简单规则和指导原则、封面故事模拟、积极倾听、探究以更好地理解、有意识的沉默、超级反派的独白、讲故事、同心圆沟通、包容性沟通、AEIOU 提问、结构化文本和网状网络等工具，以更有效地与他们的利益相关者和团队建立联系和沟通。

设计思维技术与练习汇总

2×2 矩阵思维（2×2 Matrix Thinking） 这项技术帮助个人和团队通过两个维度和四个象限来评估多个选项，以便揭示最佳选择或理想的前进方向。

A/B 测试（A/B Testing） 通过比较两个选项，我们可以更容易地发现哪个更能满足用户需求，而不是单独解释为什么某个选项可能不适用。

积极倾听（Active Listening） 这项技术要求我们全身心投入，像初学者一样倾听，从而学习和理解他人的经历、故事以及他们面临的挑战和痛苦。

邻近空间探索（Adjacent Spaces Thinking） 当我们设定新目标或考虑下一步行动时，思考如何逐步过渡到当前流程、方法、工具等的"空白区域"或邻近空间。这种改变更容易被接受，因为它与现有的情况相似。换句话说，利用我们现有的知识和能力，逐步进入或学习新的邻近空间。

亲和力分组（Affinity Clustering） 这个由 LUMA 研究所推广的练习，通过将数据归纳为主题、逻辑组或选项集群，帮助我们做出更明智的决策，并确定下一步的最佳行动。结合玫瑰、荆棘、芽和其他优先级排序或分组练习使用，以减少复杂情境中的不确定性或模糊性。

敏捷实践（Agile Practices） 经常用于以迭代和协作方式运作的方法论、流程、技术和实践。通常反映了设计思维的思维方式、实践、技术和练习，并强调与他人密切合作，为最终用户提供逐步和增量的价值。

将人员与价值对齐（Aligning People to Value） 价值实现依赖于团队成员对交付价值和其他预期成果的理解和责任感。个人与他们负责交付的成果之间的一致性对于实现价值和成功至关重要。

根据时间跨度调整战略（Aligning Strategy to Time Horizons） 我们需要同时考虑现在、短期、中期和长期，并意识到我们的长期愿景必须优先实现（这意味着我们的短期计划需要融合新旧元素）。研究表明，中期目标往往是实现长期愿景的关键，尽管它经常被忽视。

反脆弱性验证（AntiFragile Validation） 它是一种生活技术，可帮助我们识别自身的压力和挑战，并将其转化为变得更强大的机会。不仅仅是生存或应对，而是真正地变得更强——这是脆弱性的反面。反脆弱性验证旨在确认我们如何将生活中的困难转化为增强适应力和克服挑战的新工具和经验。

避免阿比林悖论（Avoiding the Abilene Paradox） 在做出可能不必要且耗费团队时间和进展的决策之前，这项技术旨在揭示人们真正的需求。面对可能不必要的行动时，考虑如何以不引人注意或匿名的方式调查团队，以确认他们的真实需求。

回溯过去（Backporting into the Past） 在这项技术中，我们探讨如何将当前的创新成果融入现有的流程、企业或组织中，以赋予它们新的活力。通过在已有的基础上进一步构建，我们可以以更低的成本和风险，更快地实现价值最大化。

逆向发明（Backward Invention） 这项技术要求我们剥离不必要的特性，以简化设计、原型或最小可行产品，通常这些特性是用户不想要、觉得烦人或根本不需要的。

平衡必要与偶然（Balancing the Essential and the Accidental） 在处理想法、设计、界面或产品的复杂性时，重要的是要识别出哪些复杂性是可以去除的、哪些是必不可少的，以避免失去其核心价值。我们需要找到那条细微的界限，它区分了必要（必需的）和偶然（完全可选或根本不需要的）。

认识和验证偏见（Bias Recognition and Validation） 这个过程涉及理解组织或团队中根深蒂固的偏见。

全局理解（Big Picture Understanding） 这项技术要求我们研究和深入理解多个环境维度，从宏观层面的探索开始，逐步深入，以更好地理解宏观经济环境和行业背景、公司或组织在其行业和环境中的位置，以及公司或组织内部的部门或业务部门。

广告牌设计思维（Billboard Design Thinking） 这种技术由肖恩·麦奎尔（Sean McGuire）创立，它通过视觉类比广告牌的方式，组织内容、吸引利益相关者、推动讨论，并创建设计思维工作坊。

黑箱照明（Black Box Illumination） 当我们面对一个充满未知过程或状态的"黑箱"，并且对其中的进展失去信心时，我们需要"揭示"黑箱内部，以防止人们开始凭空猜测。

船与锚（Boats and Anchors） 在这种视觉化的逆向头脑风暴方法中，参与者将问题或障碍（锚）分配给特定情境或"船"，其目的是识别出阻碍船只向目的地前进的因素。这个练习可以扩展到包括水中的鲨鱼和岩石、地平线上的风暴等。在初步练习后，可以"反转"逻辑，考虑如何消除或减少这些障碍，或将它们转变为加速前进的因素。

头脑风暴（Brainstorming） 这项基础的创意生成技术要求我们与团队成员一起设定议题，激发团队成员的好奇心，通过创造性热身或思维引导等技术促进头脑风暴的过程，进行个人头脑风暴，收集反馈，并分享创意结果。

逆向头脑风暴（Brainstorming in Reverse） 与直接回答问题或思考问题不同，我们反转问题，让团队思考什么情况会使事情变得更糟。之后，将团队的答案"反转"，以帮助回答原始问题或解决原始问题（类似于船与锚练习，其中用户将问题或"锚"分配给情境或"船"）

伙伴系统配对（Buddy System Pairing） 在这个实践中，新加入的团队成员会与经验丰富的团队成员配对一段时间，例如，新成员加入项目或计划的第一个月。这样的配对有助于新成员解答入职期间的疑问，获取必要的背景信息，并逐渐适应新角色、团队的工作氛围以及组织的整体文化。这种内部的伙伴制度在某种程度上与用户跟踪相似。

边构建边思考和收敛（Building to Consider and Converge） 这项技术涉及自由形式的绘图、规划、构建、整理、思考或讨论，可以根据需要按任何顺序进行，甚至可以递归进行，帮助我们从广泛的思考范围（发散性思维）聚焦到具体的解决方案（收敛性解决方案）；可能还需要在两者之间反复调整，直到我们围绕潜在的解决方案明确了问题解决的路径。

边构建边思考（Building to Think） 这项技术基于这样一个观点：我们可能在开始构建或实际操作时，能够做出最好的创意和思考，从而更快地找到解决方案。相比之下，对于复杂的任务，如果只是"计划着去思考"，则需要更多时间，并且会将许多学习成果推迟到解决方案的制定或测试阶段，那时进行更改将导致成本高昂，而不成熟的设计可能需要重新设计。

靶心优先级排序（Bullseye Prioritization） 这项练习帮助团队将广泛的选项组织成四个区域（象限），然后允许这些选项相互之间根据优先级排序，每个象限中只有一个选项可以成为最重要的焦点（靶心）。

购买特性（Buy a Feature） 这项练习由 LUMA 研究所推广，用于在意见分歧的团队中建立共识。每个团队成员将使用虚拟货币对他们的首选方案进行投资（即每个团队成员都可以"把钱用在刀刃上"或"让投资决定发言权"）。

共同创新（Co-Innovation） 在这项技术中，我们与用户、合作伙伴、团队成员或其他人一起实时并排工作，共同开发解决方案和成果，而不是通过反复进行迭代定义、构思、原型设计、演示和测试等过程。

协作（Collaboration） 这项技术涉及与他人合作，以实现独自一人难以或不可能完成的结果或执行方式，其基于这样的理解：没有人能单独做出最好的工作，也不可能单独解决复杂的问题。

同心圆沟通（Concentric Communications） 这项技术和练习通过将利益相关者组织成一组覆盖

在网格上的同心圆，以确保所有正确的人在正确的时间获得正确的信息集。每个圆圈代表一个沟通的优先级和频率，而网格则反映了多个关键的沟通渠道。

构建和映射上下文（Context Building and Mapping） 这项技术要求我们亲自或在线访问社区当前的工作场所，通过观察和学习来了解他们如何使用现有的产品或服务，或者我们的原型或最小可行产品。

封面故事模拟（Cover Story Mockup） 利用 LUMA 研究所的封面故事模拟方法，开发杂志、报纸或在线新闻故事的封面，是一种强有力的方式，可以为未来我们的产品或服务成为他人生活的一部分的那一天创造一致性和激发兴奋感。这项技术设定了一个愿景，回答了"当我们的工作最终可供他人使用时，我们希望人们对我们的工作有何评价和想法？"。

塑造共同的身份感（Creating or Increasing a Shared Identity） 这个过程涉及寻找或创造人与、团队之间的共同点或主题；增强共同的身份感有助于建立和维持共享的愿景，推动更紧密的合作和有意识的文化塑造。

文化立方体（Culture Cube） 文化立方体通过三个维度反映一个组织或团队的文化：工作环境、工作氛围和工作方式。利用这些维度可以更好地理解组织的当前文化状态。

探索变革节奏的文化蜗牛（Culture Snail for Pace of Change） 这项技术逐一映射个人和事件，追踪组织或团队文化随时间的演变。技术的名字来源于蜗牛的行进路径，象征着文化变革是有机的、生动且缓慢的，有时无定形和混乱。

客户旅程映射（Customer Journey Map） 它展示了从开始到结束的各个接触点，共同描绘了客户如何"流转"于与产品或服务的互动过程中。每个接触点都是满足或让客户失望的机会。

"一天的生活"分析（"Day in the Life of" Analysis） 这项技术涉及观察或记录单个典型用户的日常活动，以了解他的工作内容和性质。这项分析对于重复性工作的了解尤为有用；而非重复性的极端情况通常只占典型的一天的一小部分。

演示（Demonstrations） 在这项技术中，我们向他人（包括团队成员和用户）展示模型、原型和其他演示或想法，目的是学习和调整方向，以及进行迭代改进。

设计心态（Design Mindset） 这种处理情境的方式以事物的工作方式为中心。设计心态是一种注重解决方案而非问题本身的思维方式，因此需要平衡认知分析技能和想象力。

设计思维（Design Thinking） 这是一种"以人为本的创新方法，它借鉴了设计师的工具箱，整合了人们的需求、技术的可能性和业务成功的要求"。

发散性思维（Divergent Thinking） 与寻找问题的标准答案不同，发散性思维鼓励我们开放思维，创造性地探索多种潜在的想法和解决方案。我们通过采纳进入发散性思维的建议，运用不同的思考和创意技巧，挑战现有的思维模式，以此作为探索问题周围情境的一种手段。

多样性设计（Diversity by Design） 在组建团队时，我们有意识地融入多样性，考虑技能和能力的有效性、地理位置和时区差异、沟通习惯以及人类能力等多种因素，这些因素可以帮助或阻碍创建平衡和多样化的团队。

边缘案例思维（Edge Case Thinking） 边缘情况虽然罕见，但提前思考这些在极端或边界条件下出现的情况，有助于我们洞察那些以不同于大多数人的方式思考、行动和使用系统和解决方案的用户。这种洞察有助于我们长远地创造出更智能的设计和解决方案，也可能帮助我们更快地为每个人构建更智能的解决方案。

移情沉浸（Empathy Immersion） 移情沉浸，或按 LUMA 研究所的说法"设身处地"，是指通过我们亲自体验另一个人的旅程，感受他们的喜悦、冲突和疲惫，将移情映射提升到更深层次。这种沉浸式体验帮助我们更深刻地感受和理解他人及其需求。

移情映射（Empathy Mapping） 这种映射过程通过记录用户的思维和感受、所见所闻、所说所做、最大的痛点以及最重要的一两个目标，来了解特定的角色（即执行类似活动的社区或人群）。

通过实现的变化产生同理心（Empathy Through Realized Changes） 在设计思维中，团队通常会对用户产生同理心。然而，在这个过程中，用户或其他利益相关者会对向他们寻求帮助的团队产生同理心；这种同理心是由于其看到了实际的变化和进展（无论多小）。因此，通过实现的变化产生同理心颠倒了用户与团队之间的同理心流向。

体验测试（Experience Testing） 这项技术使我们能够从未来可能使用我们产品或解决方案的人那里获得早期反馈。我们需要鼓励这些用户表达他们对我们的产品或服务的喜好、不喜欢之处以及他们认为需要改变的地方。由于体验测试是在早期进行的，后续进行的部分结构化可用性测试将自然与之重叠，并确认根据先前体验测试所做的任何更改。

向前失败（Failing Forward） 这是一种重要的技术（也是一种强制机制），通过消除在遇到困难时退回到先前状态或版本的选项来推动向前进展。这种技术也被称为"烧船"或"炸桥"，迫使我们为取得进展而努力，而不是放弃并回到可能"不再足够"的旧状态。

反馈循环（Feedback Loop） 在设计思维的一个基本原则中，我们的目标是创建并利用反馈循环来学习和将这些学习成果重新应用到最初的问题、想法、设计、原型、测试中。

五个为什么（Five Whys） 这是一种关键的技术，用于通过连续提问来发现特定情况、决策或问题背后的原因。这种方法有助于我们深入了解用户的动机、价值观和偏见，通过反复问"为什么"，我们能够超越显而易见的答案，探索更深层次的原因。

修复破窗（Fixing Broken Windows） 在取得进展之前，我们可能需要先解决围绕团队和用户而产生的"破窗"（明显的问题）。破窗理论认为，明显的疏忽或不良行为的迹象会导致更多的忽视甚至更糟糕的行为。

力场分析（Force Field Analysis） 这是一种由库尔特·勒温（Kurt Lewin）在 20 世纪 40 年代开发的工具，用于帮助我们可视化一个情况以及改变该情况所需的推动力和阻碍力。

强制机制（Forcing Functions） 这种技术通过利用即将到来的事件或安排来创建真实的或人为设定的截止日期，以推动项目或任务的进展。

分形思维（Fractal Thinking） 这种思维方式鼓励我们通过观察小规模的行为和模式来理解它们在更大规模上的反映，从而以不同的方式学习和思考。

构建协作导向的治理框架（Framing Governance for Collaboration） 这种技术涉及在我们众多的团队和利益相关者之上建立一个虚拟的治理或监督结构，通过这个结构来指定完成复杂任务所需的组织机构。

游戏化（Gamification） 在这种技术中，我们将游戏设计元素，如徽章和奖励，融入原型、试点项目、解决方案、测试或培训中，以激励更深入或更早的用户参与，并收集更丰富的反馈。

黄金比例分析（Golden Ratio Analysis） 利用斐波那契数列中的 1.618∶1 的比例，即黄金比例，我们可以理解为什么某个设计、产品或用户界面看起来或感觉不协调。

够用思维（Good Enough Thinking） 这种思维方式认为，一旦满足了设计、交付物或解决方案的基本要求，再进一步追求完美不仅是不必要的，而且从成本效益的角度来看可能是极其昂贵的。

成长心态（Growth Mindset） 这种思维方式强调学习和成长需要尝试、实践以及面对失败，并将失败视为通往成功的必经之路。

思维边界（Guardrails for Thinking） 这是一种帮助我们以新的方式集中思考的工具，它与这里概述的许多思维方式相辅相成。

指导原则（Guiding Principles） 在这种技术中，我们建立一套基础的信念、规则或行为，来描述和解释组织或团队应该如何运作。

热图绘制（Heatmapping） 这是一种通过创建数据或概念的热图或可视化来简化复杂情况的过程。热图使用颜色或标记来突出显示需要关注的重点区域。

"我们该怎么做？"提问（"How Might We?" Questioning） 这种苏格拉底式的提问方式激发了设计思维，为团队提供了一个包容、乐观和安全的创新、问题解决、协作和团队合作的环境。这种提问方式意味着存在多种潜在的解决方案，并鼓励团队共同面对挑战。

构思（Ideate） 这是激发创意、想象、学习，并最终找到问题潜在解决方案的一般过程或思维方式。构思活动可以单独进行，也可以作为团队协作的一部分。常见的构思技术包括头脑风暴、逆向头脑风暴、够用思维、视觉思维和模块化思维等。

包容性沟通（Inclusive Communications） 这项技术是促进健康的跨团队协作的基础，它帮助我们确保听取并包容团队中所有成员的意见，无论他们的能力如何，相信每个人的意见、想法和思考都值得被提出和考虑。

包容性和可访问性思维（Inclusive and Accessible Thinking） 在这种思维方式中，我们考虑到用户社区的多种能力、面临的挑战、文化背景、价值观念、生活方式和个人喜好，并让这些知识指导我们如何对用户社区移情，以及设计和交付产品。这与边缘案例思维形成对比，后者侧重于识别和提供所需的功能，而不是这些功能如何被用户接触和使用。

持续反馈机制（Instrumenting for Continuous Feedback） 它也称为建立闭环或反馈控制系统，这项技术涉及将反馈机制嵌入我们的技术或系统功能中，使我们和我们的系统能够随着时间的推移学习并做出更智能的基于用户体验或满意度的决策。

逆幂定律（Inverse Power Law） 在这项技术中，我们考虑变化（小、中、大）的分布，以及它们如何被社区接受以及如何在时间表中安排。社区或许能够吸收大量小的变化，但中等变化的数量较少，重大变化的数量更是有限（正如我们在生物学和自然界中观察到的地震和飓风的频率和规模）。如果我们计划的变化频率与逆幂定律不匹配，我们可能一次性承担了太多变化（这可能有必要，但应该影响我们如何计划、思考、准备、执行或在面对这些变化的数量和规模时如何运作）。

迭代（Iterating） 在设计思维中，迭代是极其宝贵的一环，它让我们得以在已有的基础上进一步构建、完善或改进。通过迭代过程，我们的想法、原型、解决方案或理解得以提升至更高的能力或可用性水平。

经验教训（Lessons Learned） 这项技术是回顾的一种形式，也是设计思维的核心技术之一，它帮助我们总结学习成果和反馈，以便将其应用到未来的工作中。要使这些教训和知识发挥作用，必须定期进行记录，而不仅仅是在项目或计划结束时记录。

使想法可见和可视化（Making Ideas Visible and Visual） 将我们头脑中的想法呈现出来的最佳方法是通过视觉化手段。我们可以通过创建和完善图片、图表、模型等，帮助我们与团队成员以及其他参与者建立共同的理解，并共同思考和解决问题。

网状网络（Mesh Networking） 它也称为群岛网络，涉及连接人和团队的网络。网状网络是指通过有意识的连接和非正式及正式沟通的网络来培养和支持团队。通过这些连接的叠加，我们可以增强团队的归属感、社区感、社会资本和社会凝聚力，这反过来将对团队的文化和工作氛围产生积极影响。

思维导图（Mind Mapping） 这是一种广泛应用于商业和其他领域的技术，用于激发创意、深化思考、提高清晰度，并最终形成对问题或想法的共识。托尼·布赞（Tony Buzan）在20世纪70年代创立了这种技术。通过思维导图练习，我们可以得到一个视觉化的呈现，以帮助我们在探索和深入理解一个核心问题或想法时，将与之相关联的第二层级的想法、属性或依赖关系联系起来，然后继续扩展更多的想法，形成层次分明的思考结构。思维导图通过从核心思想向外扩展，揭示了中心思想的层次结构、依赖关系和其他考量因素。

最小可行产品思维（Minimum Viable Product Thinking） 在这种思维方式中，我们进行深思熟虑，以理解为用户提供价值所需的最基本功能或能力水平，并认识到这样的最小可行产品需要通过不断地迭代来持续发展，最终成为社区最初设想或所需的成熟解决方案。最小可行产品思维帮助我们确定接下来最佳的行动步骤。这种技术有时也被称为"种子思维"，因为最小可行产品像种子一样，在得到适当的培育和关怀后，能够成长得更快。

莫比乌斯构思法（Möbius Ideation） 这种技术鼓励我们重新思考或重新组合资源，以最大化其效用。就像莫比乌斯带一样，我们可以充分利用资源的每一面，从而实现是传统方法两倍的价值。

模拟（Mocking Up） 这是创建概念性解决方案或设计的轻量级原型的做法，用于实验和可视化的目的。模拟通常是简单的绘图或图表排列，或者是更大整体的部分复制品，我们在这里使用常用的工具，如实体或虚拟白板，或者 Klaxoon、Figma、PowerPoint 等来创建。

模块化思维与构建（Modular Thinking and Building） 无论是对于设计、原型、计划、组织结构还是职业发展，模块化思维都鼓励我们以模块化的方式进行构建和思考，这样可以通过逐步添加或与其他模块重新组合来创造新的能力、成果或价值。

下一步最佳行动思维（Next Best Step Thinking） 在面对不确定性时，这种思维方式鼓励我们确定下一个最佳的单一步骤，而不是试图一次性规划整个旅程或计划。

目标和关键结果（Objectives and Key Results，OKR） 这是实现进展心态的关键，我们通过执行来提供价值。OKR 将项目或计划的战略目标与交付团队的日常活动联系起来，以实现目标。因此，OKR 是一个目标设定或价值导向的框架，旨在将社区设定的战略目标与他人为实现这些目标而执行的活动联系起来。目标的完成带来价值，两者成为同义词。因此，OKR 也帮助我们明确了价值的表现形式，以及我们如何知道已经实现了它。

模式（Pattern） 这是一个高层次的蓝图或设计，把它作为对未来工作的指导非常有用；它是（标准化或其他）模板的概念版本。

角色分析（Persona Profiling） 这是一种长期练习，用于创建抽象的虚构角色（例如财务用户、销售用户、PMO 用户、特定文档或工件用户等），这些角色代表真实用户社区的类型或子集。每个角色分析档案都有共同的需求，并以类似的方式使用解决方案或可交付成果的特定功能或特性。

试点项目（Piloting） 这个概念提出一个解决方案的早期版本，通常由一部分用户使用，其目的是收集反馈以及实现生产力的应用；与原型设计相比，试点项目在功能上更加完整。

可能的未来思维（Possible Futures Thinking） 基于杰罗姆·C. 格伦（Jerome C. Glenn）在 1971

年开发的"未来之轮"工具,我们通过这个练习,使用轮状模型和 STEEP(社会、技术、经济、环境、政治)分析法,根据当前趋势或事件及其可能的后果,可视化地构建不同的未来场景。

事后分析(Postmortem) 这是一种回顾性实践,涉及回顾和分析一个情况或问题是如何产生、发展和结束的。事后分析通常在项目或计划结束时进行,目的是总结经验教训。

权力 / 利益网格(Power/Interest Grid) 这是一种视觉化的优先级排序练习,它要求我们绘制出每个利益相关者在 IT 项目或计划中的权力(或影响力)和利益,以确定决策过程中的关键人物,以及谁需要被告知、谁需要保持满意,以及谁只需要被监控。

预先失败分析(Premortem) 这是事后分析的前瞻性版本,通过预先考虑可能的失败情况和原因,帮助我们避免失败。预先失败分析还可以帮助我们识别和缓解潜在的偏见,如确认偏见或群体思维。

探究以更好地理解(Probing tor (Better) Understanding) 这种技术要求我们通过提出需要深思熟虑的问题来调查和询问用户及其他人,目的是为当前或潜在的情况带来清晰度,避免重复过去的错误,并找到解决未来不确定性的方法。

问题构建(Problem Framing) 基于 Getzels 和 Csikszentmihalyi 的研究,问题构建练习提供了一个上下文框架,帮助我们理解和优先考虑特定问题,并为创建明确的问题陈述奠定基础。

问题陈述(Problem Stating) 这个过程或练习涉及将潜在问题转化为一个明确的问题陈述,为团队提供了对问题的清晰和共享的理解,帮助团队集中精力解决问题。

问题树分析(Problem Tree Analysis) 基于保罗·弗雷雷(Paulo Freire)的教育工作,这个练习通过树状结构帮助我们区分问题的根源和结果。树干代表问题,树根代表根本原因,而树枝则捕捉问题产生的影响和其他结果。

流程图(Process Flows) 在原型设计中,流程图通过可视化事件序列的展开来帮助我们清晰地理解和设计系统的数据流动和处理过程。

概念验证(Proof of Concept) 这是一种有限的原型设计或实验,用来证明特定的方法、能力或功能集是否符合用户需求的方向,并展示其可行性。

原型设计(Prototyping) 这是通过构建问题(或部分解决方案)的模型来促进思考的过程,随后可以与用户共享、测试,并根据反馈进行迭代改进或放弃;其目的是快速学习、快速失败、快速迭代,从而以较低的成本在学习和失败中取得实质性进展。

减少认知负荷(Reducing Cognitive Load) 这种技术旨在识别和减少我们在思考和行动时给自己和他人带来的不必要的负担。在经过一段时间的思考和创意生成后,我们可能需要找到新的方法来集中注意力并启动执行。

发布计划(Release Planning) 这个过程涉及识别、优先排序和选择要在一段时间内构建并在该时间段结束时以时间限制的"发布"形式交付的高级功能和用户故事。

回顾（Retrospective） 这种技术是一种回顾性分析，通常在冲刺或发布结束时进行，团队会讨论已完成的工作和剩余的工作，以及为什么工作进展不够快，或者为什么达到了合理的速度。我们会考虑影响因素，并讨论如何重复好的做法、改进不足之处，以及如何彻底避免糟糕的情况。

玫瑰、荆棘、芽练习（Rose, Thorn, Bud (RTB) Exercise） 这个由 LUMA 研究所推广的练习用于探索一个选项或选择，通过组织其积极因素、消极因素和机会三个方面。玫瑰代表选项或选择的积极、健康或运行良好的方面；荆棘代表不健康或消极的结果或后果；芽则代表潜在的洞察力或改进机会的领域。注意，芽通常是在选择一个选项而不是选择另一个选项时的关键因素。

快速粗略的原型设计（Rough and Ready Prototyping） 这是一种长期以来由 LUMA 研究所推广的方法，它是一种"用手思考"的技术，用于快速创建低成本的模型和设计。我们越早将可触摸的原型呈现给我们的潜在用户社区，就能越快地获得有用的反馈。这样的原型帮助我们验证我们的思维和设计的方向是否正确。快速粗略的原型设计的例子包括创建模拟图、线框图、草图和低成本的三维模型。

穿越沼泽（Running the Swamp） 这是一种时间压力下的思考练习，旨在帮助我们快速思考，以产生在恶劣情况下生存或逃脱所需的精确想法。

放弃旧观念（Sacrificing the Calf） 这种技术是一种将那些在我们头脑中漂浮的旧想法或解决方案明确地排除在外，并认识到它们对我们当前问题已无帮助的方式。这种"放弃"作为一个强制机制，促使我们尝试新的想法或学习新技能。

五人团队扩展（Scaling by Fives） 这种技术涉及使用最佳团队规模（5 人）来构建最有成效的团队。研究和大量经验表明，五人团队是最能有效连接和协作的团队规模。

SCAMPER 构思（SCAMPER Ideation） 使用这个逐步的方法和英文首字母缩写词，我们可以通过替代、组合、调整、修改或放大、目的、消除或最小化，以及反转或重新排列这些关键词并以"我们该怎么做？"的结构来考虑问题或情况，从而提高团队的头脑风暴能力。

服务可靠性工程（Service Reliability Engineering，SRE） 这种技术包括了确保系统可靠性所需的工程、技术和变更控制方法和程序，通常采用自动化或自愈的方式来解决系统的操作和基础设施问题。服务可靠性工程师致力于自动化那些可以安全自动化的任务，以避免人为引入的错误。

无声设计（Silent Design） 在这项技术中，我们通过观察用户在使用产品、服务或解决方案后所做的更改来学习和收集反馈，以提高其效果或可用性。

简单规则（Simple Rules） 这是一套六条或更少的规则，描述了你作为团队或组织的身份；它们可能包括你的行动准则、输出、优先事项、界限、停止和开始的参数等。

跟踪（Shadowing） 这是跟随或与用户并肩工作的过程，以第一手了解或学习他们的工作。通过记录标准流程或逐步说明，可以使跟踪更加可重复。

捷径或虫洞思维（Shortcut or Wormhole Thinking） 这种技术是指寻找从当前位置到目标位置的不那么明显的捷径。其关键在于避免绕路，以及根本性地改变环境以找到更短的路线。

"杀死英雄"（Slay the Hero） 这种技术是灾难恢复计划和练习的经典组成部分。它简单且巧妙，用于测试我们的系统和流程，以评估人类的韧性。

智能知识产权重用（Smart IP Reuse） 在这项技术中，我们利用模板、以前的交付物、加速器和其他知识产权来帮助我们更快地启动或以更大的速度前进。

智能多任务处理（Smart Multitasking） 这种技术在多种方式中扩展了传统的多任务处理方法：优先处理能带来最多能量的任务、首先完成最重要的工作，以及在任务缺乏完成动力时使用时间限制和强制机制。

思维疏通（Snaking the Drain） 这种轻量级的讨论技术或练习在我们倾向于回到旧的解决方案或快速修复时，帮助我们重置思维方式。通过冷静地讨论旧的工作方式的优缺点，并决定是否采用或排除旧解决方案，我们可以以清晰的思路重新开始。

解决方案访谈（Solution Interviewing） 在完成传统的用户验收测试后，我们通过解决方案访谈来确认我们的产品或解决方案是否真的被用户"接受"。这种访谈不仅超越了 UAT 的静态通过/未通过的结果，还能为我们提供宝贵的反馈，帮助我们即使在产品暂时被接受后，也能做出明智的更新。

利益相关者映射（Stakeholder Mapping） 这个过程涉及创建一个视觉化的图谱，展示所有对项目或计划结果有兴趣的相关者，包括个人、角色和团体。这张图谱围绕用户、赞助人、领导、合作伙伴以及设计、开发、测试、部署和运营解决方案或产品所需的团队进行组织，并包括联系信息、参与日期、权力和影响力的评估，以及每个利益相关者的分类和利益。

利益相关者增强映射（Stakeholder+ Mapping） 这个练习在传统利益相关者映射的基础上增加了设计思维的元素，通过在地图上为每个利益相关者添加思想泡泡和言语泡泡。思想泡泡代表了我们所认为的每个利益相关者的内心想法，而言语泡泡则反映了他们对我们或与他人分享的内容。

利益相关者情绪映射（Stakeholder Sentiment Mapping） 这项技术通过在传统利益相关者映射上应用颜色或图标来"可视化"利益相关者的情绪。通常使用 RAG（红色、黄色或琥珀色、绿色）方法进行颜色编码，其中不满意的利益相关者用红色表示，中立的用黄色或琥珀色表示，满意的用绿色表示。在颜色区分不实用的情况下，可以使用表情符号来传达状态。

讲故事（Storytelling） 这种沟通和变革管理方法通过结合大脑的创造性和逻辑性，产生富有感染力和难以忘怀的结果。故事能够以其他沟通方式无法做到的方式引起移情。好的故事能够教育人们，并改变他们的态度、偏见和思维，最终影响工作环境和文化。

结构化文本（Structured Text） 这项技术侧重于使用文字而非图片，并考虑如何通过格式化、布局、边距和其他空白区域以及文本的突出显示和颜色来提高信息的可读性和意义。

结构化可用性测试（Structured Usability Testing） 这种技术通过为我们的用户创建一个统一且可重复的测试环境，来早期测试和验证我们的原型，包括向每个用户清晰地说明测试的目的和目标，并通过一系列有序的测试用例或场景来执行。

减法游戏（Subtraction Game） 这个高度集中的定时练习结合了发散性思维和头脑风暴的元素。它包括三个 10 分钟的定时步骤，之后还有 10 分钟的时间用于分享和讨论要消除的内容以及如何实现这一点。

超级反派的独白（Supervillain Monologuing） 这种技术用来吸引和向他人学习，通过鼓励了解我们情况和背景的人来分享他们的观点——就像一个邪恶的超级反派一样！引导他们表达自己，倾听和学习他们的话。

分类法启动器（Taxonomy Kick-starters） 当我们的思维疲惫或混乱，难以用新的方式思考时，我们借助常见的分类法结构来激发我们的思考并激发创造力。例如，SCAMPER 的七个步骤构思法，敏捷宣言的四个价值观和十二个原则，启发式分析及其十个可用性启发式，STEED 英文首字母缩写词可在可能的未来练习中帮助我们跨越五个或更多维度进行思考，标准风险登记册，AEIOU 助记符用于问题验证等。

三原则（The Rule of Threes） 原型、新设计、解决方案、交付物或其他工作成果很少能一次成功；我们应该预期通常需要三次迭代才能满足最低要求。

时间限制（Time Boxing） 这种简单的敏捷时间管理技术由 James Martin 开发。它的思想是在完成一个任务或一系列工作时设定一个"时间盒"。这个盒作为一个期限，提供了推动紧迫感和"够用思维"的适当的压力。

时间配速（Time Pacing） 业务流程、自然界等在自然发展时表现出节奏性。这种技术要求我们努力理解这些现有节奏的高峰和低谷，以便有意识地围绕它们安排其他活动，创造最有效时间表或策略。

趋势分析（Trend Analysis） 这种技术基于观察、研究和分析，用于评估更广泛的环境。它通常与最终用户和用户社区趋势相关，但也可用于团队、业务部门、公司、行业等更广泛的领域。趋势分析需要从相关来源收集和分析数据，以确定数据中是否存在相关性或关系。我们可能会基于用户或其他来源的群体评估相似性和差异，并根据时间、地理位置、行业、组织、教育、语言、年龄、性别等因素，将这些相似性或差异相关联。利用趋势分析来得出关于情况大局、组织文化和团队工作氛围及偏见的高层次结论。

以用户为中心的思维（User-Centric Thinking） 这个一般术语与设计思维同义，强调在特定环境、情境和问题中理解用户或用户社区的需求，以驱动移情，并最终更好地定义问题和找到解决方案。

用户故事映射（User Story Mapping） 在这种技术中，我们使用一个过程或配方，将提供用户故事所需的步骤汇集在一起，从确定目标和用户旅程到解决方案，将工作组织到时间限制或冲刺中，并发布计划。

用户故事估算（User Story Sizing） 在这种技术中，我们使用故事点、T恤尺寸法或类似的估计方法来估计创建功能或流程所需的时间、努力或开发能力。

视觉思维（Visual Thinking） 将我们的想法、计划和解决方案通过图像和图表具象化，可以帮助我们更快地达成共识。视觉思维就是指将我们脑海中抽象和不可见的思维转化为直观的图形、地图和图像。这不仅有助于我们自己理解和思考，也便于与他人进行有效沟通和协作。

"永远的瓦坎达！"（"Wakanda Forever!"） 这种技术通过将个人与有着共同目标和成就的团队或组织联系起来，增强归属感和使命感，从而激发个人以更高的标准来执行任务。

"是什么，那又如何，现在怎么办？"（"What, So What, Now What?"） 这个基于游戏的练习旨在帮助我们摆脱犹豫不决，通过一系列问题——"是什么？""那又如何？""现在该怎么办？"——来审视最近发生的事件，并在讨论中找到下一步最佳的行动方向。

线框图（Wireframing） 线框图是一种展示流程、流向、界面或视图（特别是在用户界面设计中）的方法。一个好的线框图通过精心设计的布局和直观的导航来专注于功能性和易用性，并为后续的原型设计打下基础。

最糟糕和最好的构思（Worst and Best Ideation） 这个轻松的逆向思维练习非常适合不熟悉彼此或不习惯使用"另类"思考方式的人。它源自 Interaction-Design.org 分享的最坏点子法。不是直接解决问题，而是让每个人思考什么会使情况或问题变得更糟，然后我们可以通过逆向思维，将这些答案转化为值得考虑的潜在解决方案。

设计思维实践

第 1 课

技术与练习

设计思维循环推动进展

第 2 课

以人为本的思维

全面理解

求异思维

交付价值

迭代推动进展

第 3 课

利益相关者映射

角色分析

利益相关者增强映射

旅程映射

"一天的生活"分析

视觉思维

模式匹配

分形思维

发散性思维

问题树分析

五个为什么

逆向思维或逆向头脑风暴

模块化思维

边构建边思考

MVP 思维

封面故事模拟

预先失败分析

靶心优先级排序

邻近空间探索

玫瑰、荆棘、芽练习

亲和力分组

强制机制

时间限制

游戏化

"永远的瓦坎达！"

第 4 课

促进团队健康对齐的简单规则

确保运营一致性的指导原则

"我们该怎么做？"促进包容性团队合作

多样性设计实现更聪明的构思

促进学习与团队协作的成长心态

用于迭代的三原则

包容且高效的会议技术

网状网格用于增强团队的韧性

第 5 课

使想法可见和可视化

帮助理解的视觉思维

视觉协作练习

广告牌设计思维

准备练习的破冰活动

全面理解的热身

第 6 课

积极倾听

有意识的沉默

超级反派的独白

探究以更好地理解

全局理解

探索变革节奏的文化蜗牛

有助理解的文化立方体

认识和验证偏见

趋势分析

第 7 课

识别和映射利益相关者

权力 / 利益网格

与利益相关者互动

利益相关者情绪映射

第 8 课

用户画像分析

移情映射

移情沉浸

旅程映射

"一天的生活"分析

第 9 课

问题树分析

问题构建

问题陈述

逐字记录

AEIOU 提问快速回顾

五个为什么做根因分析

主题的模式匹配

第 10 课

分类法启动器

个体发散性思维技术

团队合作促进发散性思维

思维疏通

放弃旧观念

第 11 课

类比与隐喻思维

"够用"思维

边缘案例思维

包容性和可访问性思维

模块化思维和构建

预先失败分析

船与锚

不可能任务思维

莫比乌斯构思法

第 12 课

视觉思维

发散性思维

穿越沼泽

分形思维

黄金比例分析

逆向头脑风暴

第 13 课

下一步思维

可能的未来思维

根据时间跨度调整战略

回溯过去

邻近空间探索以降低风险

"是什么，那又如何，现在怎么办？"

MVP 思维

2×2 矩阵思维决定下一步行动

靶心优先级排序

第 22 课

五人团队扩展

减法游戏

反脆弱性验证

伙伴系统配对

"杀死英雄"以增强系统弹性

规模化运营结构

验证 OKR 和价值

将人员与价值对齐

利用无声设计促进可持续发展

第 23 课

全局理解

分形思维

利益相关者增强映射

角色分析

封面故事模拟

思维疏通

放弃旧观念

使想法可见和可视化

问题树分析

问题构建

问题陈述

"一天的生活"分析

旅程映射

逐字记录

来自原型设计和测试的反馈

力场分析

修复破窗

类比与隐喻思维

原型和模拟

结构化可用性测试

参 考 文 献

Argyris, C., & Senge, P. (1990). "Ladder of Inference." Retrieved August 13, 2022, from https://www.toolshero.com/decision-making/ladder-of-inference/.

Besant, H. (2016). "The Journey of Brainstorming." *Journal of Transformative Innovation*, Issue: 1, Vol 2.

Brown, T. (n.d.). "Why Design Thinking." Retrieved May 6, 2019, from https://www.ideou.com/pages/design-thinking.

Brown, T. (2019). *Change by Design: How Design Thinking Transforms Organizations and Inspires Innovation*. NY, NY: HarperBusiness.

Buzan, T. (2017). *Mind Maps*. Tony Buzan Learning Centre. Retrieved May 6, 2022, from https://www.tonybuzan.edu.sg/about/mind-maps/.

Carsten, B. (1989). Carsten's Corner. *Power Conversion and Intelligent Motion*. November 1989, 38.

CrowdStrike. (2022). "What Is Backporting?" Retrieved June 3, 2022, from https://www.crowdstrike.com/cybersecurity-101/backporting/.

Debevoise, N. D. (2021). "The Third Critical Step in Problem Solving That Einstein Missed." Retrieved May 13, 2022, from https://bthechange.com/the-third-critical-step-in-problem-solving-that-einstein-missed-4c0dc0c1a96d.

Drucker, P. (1954). *The Practice of Management*. New York, NY: Harper & Row.

Dweck, C. (2006). *Mindset: The New Psychology of Success*. New York, NY: Random House.

Eberle, B. (2008). *Scamper: Creative Games and Activities for Imagination Development*. Oxfordshire, GB: Routledge.

Eisenhardt, K. M., and Brown, S. L. (1998). "Time Pacing: Competing in Markets That Won't

Stand Still." *Harvard Business Review.* Retrieved June 8, 2022, from https://hbr.org/1998/03/time-pacing-competing-in-markets-that-wont-stand-still.

Forbes. (2011, July). "Global Diversity and Inclusion: Fostering Innovation Through a Diverse Workforce." *Forbes Insight Report.* Retrieved April 19, 2019, from https://i.forbesimg.com/forbesinsights/StudyPDFs /Innovation_Through_Diversity.pdf.

Freire Institute (2022). "Paulo Freire." Retrieved Aug 20, 2022, from https://www.freire.org/paulo-freire/.

Furino, R. (2016). *Stakeholder Engagement: A Very Human Endeavor.* Paper presented at PMI® North America Congress—San Diego, CA: Project Management Institute (September 25–28).

Gay. B. (2016). "Design Thinking and Project Management." Retrieved July 1, 2022, from https://www.slideshare.net/brussik3/design-thinking-project-management-june-2016.

Getzels, J. W., & Csikszentmihalyi, M. (1976). *Perspectives in Creativity. From Problem Solving to Problem Finding.* Oxfordshire, GB: Routledge.

Glenn, J. C. (1972). *Futurizing Teaching vs Futures Course.* Social Science Record, Syracuse University, Volume IX, No. 3.

Gorb, P., & Dumas, A. (1987). "Silent Design." Retrieved February 8, 2022, from https://www.sciencedirect.com/science/article/abs/pii/0142694X87900378.

Gray, D., Brown, S., & Macanufo, J. (2010). *Gamestorming: A Playbook for Innovators, Rulebreakers, and Changemakers.* Sebastopol, CA: O'Reilly Media.

Greer, L. L., de Jong, B. A., Schouten, M. E. & Dannals, J. E. (2018). "Why and When Hierarchy Impacts Team Effectiveness: A Meta-Analytic Integration," *Journal of Applied Psychology*, 103, 591-613.

Harvey, J. B. (1974). "The Abilene Paradox: The Management of Agreement." Retrieved July 17, 2022, from http://web.mit.edu/curhan/www/docs/Articles/15341_Readings/Group_Dynamics/Harvey_Abilene_Paradox.pdf.

IDEO. (2022). "Brainstorming." Retrieved June 29, 2022, from https://www.ideou.com/pages/brainstorming.

Interaction-Design.org (2022). "What is Worst Possible Idea?" Retrieved June 1, 2022, from https://www.interaction-design.org/literature/topics/worst-possible-idea.

Jung, C. G. (1980). *Psychology and Alchemy* (Collected Works of C.G. Jung Vol.12). Princeton, NJ:

Princeton University Press.

Kahneman, D. (2011). *Thinking, Fast and Slow*. NY, NY: Farrar, Straus and Giroux.

Kauffman, S. A. (2002). *Investigations*. Oxfordshire, GB: Oxford University Press.

Kelley, D., & Kelley, T. (2013). *Creative Confidence: Unleashing the Creative Potential within us All*. NY, NY: Crown Business.

Klein, G. (2007). "Performing a Project Premortem." *Harvard Business Review*. Retrieved January 2, 2022, from https://hbr.org/2007/09/performing-a-project-premortem.

Lewin, K. (1951). *Field Theory in Social Science*. New York, NY: Harper and Row.

Lowy, A., & Hood, P. (2004). *The Power of the 2 x 2 Matrix: Using 2 x 2 Thinking to Solve Business Problems and Make Better Decisions*. Hoboken, NJ: Jossey-Bass.

LUMA Institute. (2012). "Methods." Retrieved July 5, 2022, from https://www.lumaworkplace.com/methods/

Martin, J. (1991). *Rapid Application Development*. New York, NY: Macmillan Publishers.

McGuire, S. (2021). *Billboard Design Thinking Moderator Training: How to Start a Career as a Design Thinking Moderator*. Amazon Independent. Paperback. Retrieved April 25, 2022, from https://www.amazon.com/Billboard-Design-Thinking-Moderator-Training/dp/B09FRR76BC/ref=sr_1_1?crid=1W5LN9YV4VIR1&keywords=billboard+design+thinking&qid=1661233011&s=books&sprefix=billboard+design+thinking%2Cstripbooks%2C95&sr=1-1.

Mittal, P. (2021). *The Theory of Creativity*. Amazon Independent. Paperback. Retrieved May 6, 2022, from https://www.amazon.com/Theory-Creativity-Prashant-Mittal/dp/B09CKPGCCY/ref=tmm_pap_swatch_0?_encoding=UTF8&qid=&sr=.

Patnaik, D. (2022). "Innovation Starts with Empathy." Retrieved June 28, 2022, from http://www.jumpassociates.com/learning-posts/innovation-starts-with-empathy/.

Pink, D. H. (2009). *Drive: The Surprising Truth About What Motivates Us*. NY, NY: Riverhead Hardcover.

Project Management Institute. (2017). *A Guide to the Project Management Body of Knowledge (PMBOK® Guide)—Sixth Edition*. Newtown Square, PA: Project Management Institute.

Project Management Institute. (2017). *The Standard for Program Management—Fourth Edition*. Newtown Square, PA: Project Management Institute.

Project Management Institute. (2021). *A Guide to the Project Management Body of Knowledge*

(PMBOK® Guide)—Seventh Edition and The Standard for Project Management. Newtown Square, PA: Project Management Institute.

Rittel, Horst W. J.; Webber, Melvin M. (1973). "Dilemmas in a General Theory of Planning." *Policy Sciences.* 4 (2): 155–169.

Robinson, R. E. (2015). "Building a Useful Research Tool: An Origin Story of AEIOU." Retrieved June 8, 2022, from https://www.epicpeople.org/building-a-useful-research-tool/.

Scott, S. J. (2018), "What is Parkinson's Law? (and 7 Ways to Use Time Constraints to Your Advantage)." Retrieved May 4, 2022, from https://www.developgoodhabits.com/parkinsons-law/.

Sheedy, K. V. (2021). "Nurturing Nature: Leadership, Fractal Thinking and the Myth of Creativity." Retrieved May 6, 2022, from https://nebhe.org/journal/nurturing-nature-leadership-fractal-thinking-and-the-myth-of-creativity/.

Straker, D. (n.d.). "Reverse Brainstorming." Retrieved July 1, 2022, from http://creatingminds.org/tools/reverse_brainstorming.htm.

Sull, D., & Eisenhardt, K.M. (2015). *Simple Rules: How to Thrive in a Complex World.* Mariner Books.

Taleb, N. (2012). *Antifragile: Things That Gain from Disorder.* New York, NY: Random House.

Toyoda, S. (2022). "5 Whys Analysis." https://www.toolshero.com/problem-solving/5-whys-analysis/.

Tyler, C. F. (2019). "The Rise Of Empathetic Leadership." *Leadership Excellence*, 36(5), 8-9.

Wilson, J. Q., & Kelling, G. L. (1982). "Broken Windows." *The Atlantic Monthly*. Retrieved June 1, 2022, from https://www.theatlantic.com/magazine/archive/1982/03/broken-windows/304465/.

Wood, L. C., & Reiners, T. (2015). "Gamification." In M. Khosrow-Pour (Ed.), *Encyclopedia of Information Science and Technology* (3rd ed., pp. 3039-3047). Hershey, PA: Information Science Reference. DOI: 10.4018/978-1-4666-5888-2.ch297.

Zeigler, K. (2022). "Five Ways Leaders can Design a Culture of Belonging." Retrieved May 4, 2022, from https://www.linkedin.com/pulse/5-ways-leaders-can-design-culture-belonging-karen-zeigler/?trackingId=LrhImFOWSw23VrO%2BIJeIPg%3D%3D.